Títulos relaciona

DETERMINACIÓN DEL POTENCIAL SOLAR

JOSÉ ROLDÁN VILORIA

ISBN: 978-84-283-3296-5

NECESIDADES ENERGÉTICAS Y PROPUESTAS DE INSTALACIONES SOLARES

JOSÉ ROLDÁN VILORIA

ISBN: 978-84-283-3297-2

DIMENSIONADO DE INSTALACIONES SOLARES FOTOVOLTAICAS

AMADOR MARTÍNEZ JIMÉNEZ

ISBN: 978-84-283-3298-9

ORGANIZACIÓN Y CONTROL DEL MANTENIMIENTO DE INSTALACIONES SOLARES FOTOVOLTAICAS

JACINTO DÍAZ MARCILLA Y JESÚS ENRIQUE RUIZ GARCÍA

ISBN: 978-84-283-3300-9

Solicítalos en

- Librería
- www.paraninfo.es
- Solicitudes nacionales 902 995 240
- Solicitudes fuera de España +34 913 308 907
  +34 913 308 919

Autor: José Roldán Viloria
Coordinador: José Carlos Toledano Gasca
Diseño y maquetación: Ediciones Nobel, S. A.

ISBN: 978-84-283-3299-6
Depósito legal: M-35632-2013
Impresión: Cimapress

Impreso en España

Biografía

José Roldán Viloria ha tenido una intensa vida profesional en el campo de la industria, desarrollando y materializando proyectos sobre procesos de fabricación e instalaciones, lo que le ha permitido adquirir amplios conocimientos en diversas tecnologías, que ha compaginado con la enseñanza que ha impartido en el campo de la formación profesional, experiencias que ha plasmado en la escritura de libros técnicos, donde se recogen de forma clara y precisa las diferentes tecnologías desarrolladas y su aplicación práctica.

Tiene publicados más de 45 títulos abarcando diversas materias, como: neumática, hidráulica, fluidos, mecánica, electricidad y energías renovables. Algunos de estos libros están traducidos al francés, portugués y polaco.

Índice

Introducción normativa

La Ley Orgánica 5/2002, de 19 de junio, de las Cualificaciones y de la Formación Profesional fue el primer texto legislativo que reguló de forma exclusiva las enseñanzas profesionales en España. Relaciona directamente la formación con el empleo, permitiendo las convalidaciones y equivalencias entre la Formación Profesional del sistema educativo, la Formación Profesional para el empleo y experiencia laboral. Para poder desarrollar estas medidas se creó el Sistema Nacional de Cualificaciones Profesionales y dos instrumentos básicos: el Catálogo Nacional de Cualificaciones Profesionales y el Catálogo Modular de Formación Profesional.

Las Cualificaciones profesionales responden a la iniciativa que impulsa el Marco Europeo de las Cualificaciones (MEC) para el aprendizaje permanente (EQF), que aspira a facilitar un espacio abierto de aprendizaje y de empleo, así como la adecuación entre oferta y demanda no solo a nivel estatal, sino entre los distintos países.

El Catálogo Nacional de Cualificaciones Profesionales ordena las cualificaciones profesionales, incluyendo el contenido de la formación profesional asociada a cada cualificación, de acuerdo con una estructura de módulos formativos articulados en un Catálogo Modular de Formación Profesional. Entre sus principales objetivos tiene el posibilitar la integración de las ofertas de formación profesional, adecuándolas a las características y demandas del sistema productivo.

Para conseguirlo, este Catálogo, además de identificar y definir las cualificaciones profesionales que requiere el sistema productivo, establece los contenidos formativos básicos que resultan necesarios para que las ofertas formativas garanticen la adquisición de las competencias profesionales apropiadas para el desempeño profesional.

Las Cualificaciones profesionales se acreditan mediante "Títulos" de Formación Profesional del sistema educativo, y Certificados de Profesionalidad de Formación para el Empleo. Ambas acreditaciones tienen carácter oficial y son válidas en todo el Estado.

Los contenidos asociados a las diferentes unidades de competencia de las cualificaciones profesionales constituyen el Catálogo Modular de Formación Profesional, que se estructura en módulos formativos.

Mediante la superación de los módulos formativos, diseñados en itinerarios específicos para cada Cualificación profesional, se puede obtener el Certificado de Profesionalidad correspondiente. Además, se posibilita la convalidación de determinados módulos profesionales incluidos en los títulos de Formación Profesional del sistema educativo, asociados a Unidades de competencia comunes.

El Certificado de Profesionalidad es, por tanto, el instrumento de acreditación oficial, en el ámbito de la Administración laboral, de las cualificaciones profesionales incluidas en el Catálogo Nacional de Cualificaciones Profesionales, adquiridas a través de procesos formativos o mediante procedimientos de reconocimiento de competencias profesionales que acreditan la capacitación para el desarrollo de una actividad laboral con significación para el empleo, que asegura la formación necesaria para su adquisición y que pueden ser adquiridas por experiencia laboral o vías no formales de formación, regulados por el Real Decreto 1224/2009, de 17 de julio.

ESTRUCTURA DE UNA CUALIFICACIÓN

DATOS DE IDENTIFICACIÓN

Denominación

Nivel

Competencia general

Entorno profesional

UNIDADES DE COMPETENCIA		FORMACIÓN ASOCIADA
Unidad de competencia 1	↔	Módulo formativo 1
Unidad de competencia 2	↔	Módulo formativo 2
Unidad de competencia N	↔	Módulo formativo N

Las Cualificaciones profesionales se estructuran en Unidades de competencia, que se definen como agrupaciones de tareas productivas específicas que debe realizar el profesional. Las diferentes Unidades de competencia de un certificado de profesionalidad conforman la Competencia general, definiendo el conjunto de conocimientos y capacidades que permiten el ejercicio de una actividad profesional determinada.

Cada Unidad de competencia lleva asociado un módulo formativo, donde se describe la formación necesaria para adquirir esa Unidad de competencia, pudiendo dividirse en unidades formativas.

El módulo formativo es el bloque coherente de formación asociado a cada una de las Unidades de competencia que configuran la cualificación. Cada módulo formativo tiene un formato normalizado que incluye los datos de identificación y las especificaciones de la formación que se incluyen en las ofertas formativas conducentes a la obtención de los certificados de profesionalidad.

DATOS DE IDENTIFICACIÓN:

- Denominación
- Nivel de cualificación al que se vincula.
- Unidad de competencia a la que está asociado.
- Código alfanumérico y duración en horas.

ESPECIFICACIONES DE LA FORMACIÓN:

- Capacidades: expresión de los resultados esperados de las personas en situación de aprendizaje al finalizar el Módulo Formativo.
- Criterios de evaluación: conjunto de precisiones para cada capacidad que indican el grado de concreción aceptable de la misma. Delimitan el alcance y nivel de la capacidad y el contexto en el que va a ser evaluada.
- Contenidos formativos necesarios para adquirir las competencias a las que se asocia. Requisitos básicos del contexto formativo: espacios e instalaciones y perfil profesional del formador. Estos requisitos tienen carácter orientador para la normativa básica reguladora de las ofertas formativas.

El presente libro desarrolla el Módulo Formativo titulado "Organización y control del montaje de instalaciones solares fotovoltaicas", MF 0844_3, asociado a la unidad de competencia UC0844_3 perteneciente a la cualificación profesional de referencia ENA263_3, de nivel 3, incluida en el certificado de profesionalidad "Organización y proyectos de instalaciones solares fotovoltaicas", de la familia profesional Energía y Agua.

Según el RD 1114/2007, de 11 de septiembre, los contenidos de esta obra se corresponden con una duración de 90 horas.

Tanto la estructura como el desarrollo del libro se ajustan al citado RD y más concretamente a los contenidos del módulo formativo que le da título "Organización y control del montaje de instalaciones solares fotovoltaicas".

1. **Plan de seguridad en el montaje de instalaciones solares fotovoltaicas**
   - Medidas generales de seguridad.
   - Gestión de la seguridad en el izado de cargas.
   - Gestión de la seguridad ante los riesgos de origen eléctrico.
   - Prevención y protección medioambiental.
   - Gestión de emergencias.
   - Sistemas de comunicación.
2. **Organización del montaje de instalaciones solares fotovoltaicas**
   - Procesos de montaje de instalaciones térmicas.
   - Organización y preparación del montaje.
   - Técnicas de planificación estratégica:
     - Descripción de fases de trabajo.
     - Determinación de tiempos de ejecución de las fases de trabajo.
     - Determinación de las necesidades de personal.
   - Especificaciones metodológicas para el montaje de paneles.
   - Documentación de los materiales.
   - Maquinaria y equipos empleados en el montaje.
   - Requerimientos fundamentales de la reglamentación de aplicación:
     - Ordenanzas municipales.
     - Reglamentación eléctrica, reglamentos de seguridad, normativa de calidad y normativa medioambiental.
3. **Estructuras resistentes en instalaciones solares**
   - Tipos de esfuerzos. Cálculo de esfuerzos.
   - Estructuras resistentes. Tipos. Materiales.
   - Geometría y cálculos básicos.
   - Acciones de viento y nieve.
   - Sistemas de anclaje.
   - Técnicas de montaje de estructuras.
   - Sistemas de sujeción de aerogeneradores.

- Ruidos y vibraciones.

4. **Control del montaje de instalaciones solares fotovoltaicas**
    - Procedimientos y operaciones de preparación y replanteo de las instalaciones.
    - Obra civil: desplazamiento e izado de materiales y equipos.
    - Determinación y selección de equipos y elementos necesarios para el montaje a partir de los planos de la instalación. Adaptación y mejora de instalaciones.
    - Técnicas y operaciones de ensamblado, asentamiento, alineación y sujeción.
    - Montaje de los diferentes elementos de una instalación solar fotovoltaica.
    - Calidad en el montaje.
    - Pliegos de prescripciones técnicas.
    - Documentación técnica del trabajo. Informes.
    - Control de calidad de las labores de montaje.
    - Herramientas de calidad para la mejora de las operaciones de montaje.
    - Redacción del manual de montaje y procedimientos de montaje.

5 **Puesta en servicio de instalaciones solares fotovoltaicas**
- Organización de las pruebas eléctricas.
- Ajuste de circuitos de control.
- Control de puntos críticos:
    - Análisis de puntos de control críticos.
    - Estudio de métodos de control.
- Interconexión de la instalación de apoyo:
    - Métodos de conexión.
    - Sistemas de control.
- Documentación técnica relacionada con la puesta en funcionamiento.
- Confección del certificado de la instalación.
- Seguridad en la puesta en servicio de instalaciones solares fotovoltaicas.

Introducción a la obra

Los objetivos principales que se pretenden conseguir con la realización de este módulo formativo son que el alumno adquiera los siguientes conocimientos:

Vamos a repasar las normas de seguridad para poder establecer un Plan de Acción de la Seguridad a aplicar en el montaje de instalaciones solares fotovoltaicas, a partir del conocimiento de: medidas generales de seguridad, la gestión de la seguridad en el izado de cargas, la forma de prevenir y actuar ante los riesgos de origen eléctrico, y la forma de aplicar la prevención y protección medioambiental, así como la gestión de las emergencias

Estudiaremos lo relativo a la organización del montaje de instalaciones solares fotovoltaicas, para lo que necesitaremos tener en cuenta diferentes conceptos, como son: los procesos utilizados en el montaje de instalaciones solares, cómo se realiza la organización y preparación de un montaje, las técnicas de planificación y estrategia a seguir, la descripción y los tiempos de ejecución de las fases de trabajo, las necesidades de personal, las especificaciones metodológicas, y la documentación de los materiales, y por supuesto, la maquinaria y equipos empleados en los montajes.

Otro tema que debemos tener en cuenta son los requerimientos, reglamentación, ordenanzas municipales, reglamentación eléctrica, reglamentos de seguridad, normativa de calidad y normativa medioambiental.

Es muy importante que conozcamos la mecánica relativa a las estructuras, lo que se hace con un pequeño repaso a los tipos de materiales y su resistencia, los sistemas de anclaje y las técnicas de montaje. Veremos las acciones del viento y nieve sobre las instalaciones FV, también haremos pequeños cálculos de esfuerzos y de figuras geométricas.

El control del montaje de instalaciones solares FV supone que conozcamos los procedimientos y operaciones de preparación y replanteo de las instalaciones, la parte de obra civil que tiene la preparación de las zonas de montaje, las herramientas, el desplazamiento e izado de materiales y equipos, los planos de la instalación, las técnicas y operaciones de ensamblado, su asentamiento, la alineación y sujeción, la calidad y su control, la documentación técnica, los pliegos de prescripciones técnicas, etc., son algunas de los conocimientos que debe adquirir el montador.

Veremos que la puesta en servicio de las instalaciones solares fotovoltaicas requiere de una serie de análisis y ajustes, que se harán aplicando los métodos de control y seguridad establecidos para su puesta a punto, antes de ser conectadas a la utilización o a la red eléctrica. También, la documentación técnica relacionada con esta fase final de la instalación, así como la confección del certificado de la instalación.

Al final de cada capítulo, se hace un repaso a la materia estudiada. Es muy importante que el estudioso de esta materia se autoevalúe y que repase aquellas cuestiones que no tenga claras o que haya fallado en su respuesta.

1. Plan de seguridad en el montaje de instalaciones solares fotovoltaicas

Introducción

Los operarios que trabajan en operaciones de montaje, así como el empresario, los técnicos que estudian el Plan de Seguridad a aplicar en la obra, como sus responsables directos, deben estar al corriente de la normativa de seguridad a aplicar, los medios y herramientas que son adecuados para este tipo de trabajo, y el equipamiento personal (EPIs) y colectivo con que deben equipar al personal.

- Código Técnico de la Edificación (CTE, DB-HE4). Reglamento de Instalaciones Térmicas en los Edificios (RITE).
- Normas de Prevención de Riesgos Laborales y Medioambientales en el montaje de instalaciones solares fotovoltaicas.
- Normas UNE

Ley 31/1995 de 8 de noviembre sobre Prevención de riesgos laborales (P.R.L.).

Real Decreto 614/2001 sobre Disposiciones Mínimas para la Protección de la Salud y Seguridad de los Trabajadores frente al Riesgo Eléctrico.

Otras muchas normas, leyes y RD que se citan en este capítulo, para que sean tenidas en cuenta y leídas por los interesados.

Recordemos, que quien se expone al riesgo del tipo que sea, es el montador que está en la obra y realiza el trabajo. Él, es el mayor interesado en que se aplique la normativa.

Todos los trabajos de montaje de instalaciones fotovoltaicas tienen riesgo de accidente, pero mucho más, los que se hacen sobre fachadas, tejados, zonas de difícil acceso y otras. En estos casos, hay que prestar una atención especial a la preparación de la zona de trabajo, para reducir al máximo los riesgos de accidente.

La manipulación e izado de cargas varias (herramientas, equipos, maquinaria, perfiles, módulos, etc.), entraña en sí mismo un riesgo de accidente que hay que minimizar al máximo que sea posible, poniendo los medios adecuados y usándolos de una forma correcta, aplicando todas las precauciones que se consideren adecuadas.

El riesgo eléctrico es otro de los problemas con que nos encontramos en estas instalaciones. Prestemos una atención particular en todas las aplicaciones de maquinaria y herramientas motorizadas con corriente eléctrica (conexiones, protecciones, cables, aparatos).

No debemos olvidar que los módulos fotovoltaicos son generadores de corriente eléctrica y que tienen su problemática, así como el resto de la instalación, hasta su salida a la red del usuario, si la instalación es aislada, o conectada a la red eléctrica.

En los montajes se utilizan productos y se producen desechos varios que hay que tratar adecuadamente respetando siempre el medioambiente. Al finalizar una obra, se cuidará que toda la zona quede en perfecto estado.

Desgraciadamente, en los montajes se pueden producir accidentes, que habrá que tratar con diligencia, no equivocando la forma de proceder en cada caso, porque puede tener consecuencias graves.

Los primeros auxilios son básicos para asegurar un desarrollo correcto de la recuperación de la persona accidentada.

La gestión de emergencias y las comunicaciones serán eficaces para asegurar la organización y las atenciones que se han de dar al accidentado.

Recordemos siempre, que: **prevenir, es mejor que curar**.

Contenido

Montando módulos fotovoltaicos con protección personal.

1.1. Medidas generales de seguridad

En la realización de una determinada instalación u obra pueden trabajar personas de diferentes empresas y gremios. Todas sin distinción han de aplicar las normas de seguridad establecidas. La mala gestión de una, puede perjudicar a las demás, aunque no sean de su empresa. Cada una aplicará la normativa que le corresponda, de acuerdo con el trabajo que realiza y el entorno que les rodea. No es lo mismo trabajar solos que con otros gremios.

Prevenir los riesgos laborales es un compromiso que adquieren empresa y trabajadores en beneficio de la salud de éstos últimos y que beneficia a todos. El Sistema de Gestión de Prevención de Riesgos Laborales basado en la Norma UNE 81900, cuyo principal objetivo es asegurar la seguridad y la salud de los trabajadores, así como dar cumplimiento a los requisitos legales y reglamentarios que establecen tanto la Ley de Prevención de Riesgos Laborales como el resto de legislación y normativa vigente en esta materia.

Las Normas de Prevención deben ser observadas por las empresas que operen en una obra, y deben ser respetadas por todos, asegurándose que son recibidas por los trabajadores a su cargo (sus obreros, si los tiene, subcontratas, autónomos, etc.).

Todas las empresas y su personal utilizarán métodos de trabajo seguros. Los trabajadores no se arriesgarán innecesariamente y cualquier riesgo o anomalía, lo comunicarán a su superior inmediato y éste a su vez, si fuera necesario, lo transmitirá a la Unidad de Prevención

Las empresas y el personal que tenga a su cargo maquinaria y equipos se debe responsabilizar de verificar la periodicidad del mantenimiento (en especial los sistemas de protección y manutención) y se encargará de que las personas que vayan a utilizarlos tengan la formación e información adecuada. Los trabajadores no modificarán o retiraran los sistemas de protección de máquinas y equipos.

Todo el que tenga personal a su cargo es responsable de la seguridad de los mismos, así como de que hayan recibido la información adecuada para trabajar con las medidas de seguridad establecidas.

El personal utilizará los equipos de protección individual (EPIs) proporcionados por la empresa, encargándose de su conservación y buen uso.

Cada uno de nosotros tendrá en cuenta lo siguiente:

- Debemos tener bien presente, que los primeros interesados en la aplicación de las normas de seguridad frente al riesgo, es el propio trabajador.

- El trabajador debe exigir que se le suministren los medios necesarios para realizar un determinado tipo de trabajo con plenas garantías ante el riesgo, y que se aplique la normativa en vigor.
- De nada sirve tener todos los medios necesarios, si no los utilizamos o los aplicamos correctamente.
- Cada trabajo y sus respectivos materiales requieren que se aplique un método de trabajo, herramientas y equipamientos de seguridad que les son propios.
- Debemos exigir que las personas que trabajan en nuestro entorno, también apliquen las normas generales de seguridad. Si no lo hacen, también nos puede afectar lo que ellos hagan mal.
- Denunciar aquellos hechos u omisiones que se cometan contra la normativa de seguridad. Más vale prevenir que curar.

a) Seguridad en el montaje de instalaciones solares fotovoltaicas

Para la realización del estudio de la seguridad para el montaje de una instalación fotovoltaica, se tendrá en cuenta, lo siguiente:

- Ejecución del Plan de Seguridad para el montaje de la instalación solar fotovoltaica, en su conjunto, y en nuestro caso, en lo que afecta al montaje mecánico.
- Establecimiento de la Prevención de Riesgos profesionales en el ámbito del montaje mecánico y eléctrico de las instalaciones de energía solar fotovoltaica. Medios y equipos de seguridad. Equipos de protección personal. Uso y mantenimiento.
- Establecimiento de la prevención y protección medioambiental.
- Determinación de los planes de emergencia, evacuación y primeros auxilios.
- Descriptivo de las zonas de trabajo.
- Señalización de seguridad.
- Normativa que se debe aplicar.
  - Código Técnico de la Edificación (CTE, DB-HE4). Reglamento de Instalaciones Térmicas en los Edificios (RITE).
  - Normas de Prevención de Riesgos Laborales y Medioambientales en el montaje de instalaciones solares fotovoltaicas.
  - Normas UNE.

b) Para intervenciones con carácter general

En todas las obras se colocarán las señales que correspondan a los trabajos a realizar, del tipo que sean, tal como se señala en los ejemplos que se presentan a continuación.

Lo que nos indican las señalizaciones, será de obligado cumplimiento para todas las personas que trabajan o entran en la obra.

Figura 1.1. Señalización para trabajos que se realizan en obra.

c) Señalización de seguridad

Como se viene diciendo, la señalización es muy importante para la prevención de accidentes en los trabajos, y también, sobre las instalaciones. Las señales estarán bien visibles, para señalar:

- Entrada y salida a la obra.
- Prohibiciones de paso y otros avisos y advertencias.
- Indicación de los equipamientos individuales EPI's (equipamientos de protección individual), para la realización de diferentes trabajos.
- Indicación de los equipamientos colectivos.
- Señalización de posibles riesgos por: electricidad, manipulación, gases, líquidos, etc.
- Empleo de cintas de balizamiento para acotar zonas con riesgo (excavaciones, zanjas, agujeros, obras, posibles caídas, montajes, etc.).
- Acotado de partes móviles de las máquinas.

- Las señales de seguridad son un elemento imprescindible para advertir a los operarios que intervienen en una obra o instalación, sobre las normas a aplicar, obligaciones, advertencias, consignas, equipamiento, información y prohibiciones.

1.1.1. Normas UNE sobre gestión y prevención de riesgos laborales

Las Normas UNE 81900 comparten los mismos principios generales de gestión que las normas de gestión de la calidad de la serie ISO 9001, y con la norma de gestión medioambiental ISO 14001.

a) Normas

- **UNE 81900 EX:** Prevención de Riesgos Laborales. Reglas generales para la implantación de un sistema de gestión de la prevención de riesgos laborales (S.G.P.R.L.)
- **UNE 81901 EX:** Prevención de Riesgos Laborales. Reglas generales para la evaluación de los sistemas de gestión de la prevención de riesgos laborales (S.G.P.R.L.).

Proceso de auditoría.

- **UNE 81902 EX:** Prevención de Riesgos Laborales. Vocabulario.
- **UNE 81905 EX:** Prevención de Riesgos Laborales. Guía para la implantación de un sistema de gestión de la prevención de riesgos laborales (S.G.P.R.L.).

  Entre los beneficios que supone la implantación de este Sistema de Gestión se citan los siguientes:

- Sensibilización de todos los trabajadores hacia la prevención.
- Aumentar la concienciación de la organización sobre los beneficios de una óptima gestión de la prevención.
- Fomentar la participación de los trabajadores en el sistema de gestión de la Prevención.
- Mejora de las relaciones tanto internas como externas.
- Evitar accidentes y enfermedades profesionales.
- Mejora de la productividad y competitividad como consecuencia de lo anterior.
- Mejora de la imagen de la empresa.
- Cumplir con el marco legislativo derivado de la Ley de Prevención de Riesgos Laborales y del Reglamento de los Servicios de Prevención.

1.1.2. Clasificación de las señales de seguridad para instalaciones

Se distinguen cuatro tipos de señales:

a) Advertencia

Advierten de un peligro

b) Prohibición

Prohíben comportamientos susceptibles de provocar un peligro.

c) Obligación

Obligan a un comportamiento determinado.

d) Información

Proporcionan información sobre la forma de proceder o actuar.

1.1.3. Representación de las señales de seguridad

Tabla 1.1. Características de las señales de advertencia.

Señal de: ADVERTENCIA			
Forma: Triangular			
Colores que identifican la señal			
Símbolo	Color señal	Contraste	
negro	amarillo	negro	

Tabla 1.2. Características de las señales de prohibición.

Señal de. PROHIBICIÓN			
Forma: Circular			
Colores que identifican la señal			
Símbolo	Color señal	Contraste	
negro	rojo	blanco	

Tabla 1.3. Características de las señales de obligación.

Señal de: **OBLIGACIÓN**		
Forma: Circular		
Colores que identifican la señal		
Símbolo	Color señal	Contraste
blanco	azul	blanco

Tabla 1.4. Características de las señales de información.

Señal de: **INFORMACIÓN**		
Forma: rectangular o cuadrada		
Colores que identifican la señal		
Símbolo	Color señal	Contraste
blanco	verde	blanco

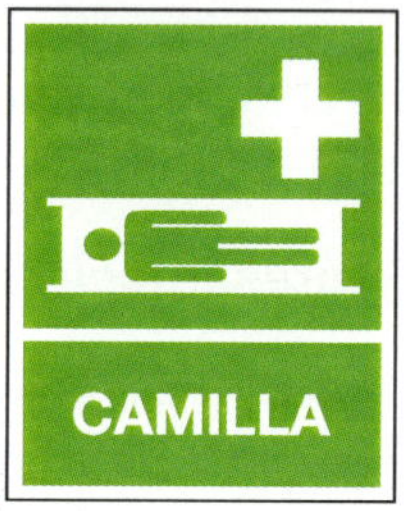

a) Resumen sobre la clasificación de las Señales de Seguridad:

Como se ha indicado, las señales de seguridad se clasifican en informativas, de advertencia de obligación y de prohibición, las cuales según su tipo y significado deben tener las formas geométricas y los colores que se indican en la tabla 1.5, además de llevar el pictograma correspondiente en su interior.

Tabla 1.5. Forma y colores de las señales de seguridad.

Tipo de señal de seguridad	Forma Geométrica	Color			
		Pictograma	Fondo	Borde	Banda
Advertencia o precaución	Triangular	Negro	Amarillo	Negro	-
Prohibición	Redonda	Negro	Blanco	Rojo	Rojo
Obligación	Redonda	Blanco	Azul	Blanco o Azul	-
Información contra incendios	Rectangular o cuadrada	Blanco	Rojo	-	-
Salvamento o socorro	Rectangular o cuadrada	Blanco	Verde	Blanco o Verde	-

b) Dimensiones de las señales en función de la distancia

Las dimensiones de una señal dependerán de la distancia a la que tiene que ser visible o leída. En la tabla 1.6 se muestran los valores correspondientes.

Tabla 1.6. Dimensiones de la señal en función de la distancia a la que debe ser visible.

Dimensiones de la señal (mm)	Distancia máxima según la forma de la señal (m)		
	Δ	○	□
1.189	34,98	49,73	53,17
841	24,74	35,18	37,61
594	17,48	24,85	26,56
420	12,36	17,57	18,78
279	8,74	12,42	13,28
210	6,18	8,78	9,39
148	4,36	6,19	6,62
105	3,09	4,39	4,70

1.1.4. Señales eléctricas

Los armarios y lugares que contengan aparatos eléctricos estarán correctamente señalizados, respecto al peligro que supone acceder o intervenir el ellos.

Figura 1.2. Ejemplo de señales advirtiendo del riesgo eléctrico.

Los trabajos que se realizan en las instalaciones FV no se limitan exclusivamente a tareas eléctricas, y por tanto, al riesgo eléctrico. Como hemos visto, hay otras tareas que realiza el montador en su fase mecánica, por lo que hay que advertir sobre la necesidad de equiparse no solo para el riesgo eléctrico, también, para los demás riesgos que nos puedan afectar. La figura 1.4 muestra diversas señales de seguridad (advertencia, obligación y prohibición) que hay que aplicar en ésa obra en concreto.

Debemos recordar, que muchos trabajos los realizamos con otros gremios, que tienen su normativa particular. También deberemos cumplir con las normas que nos puedan afectar al compartir zona de trabajo.

Figura 1.3. Cartel en obra que recoge varias señales de seguridad.

En la mayoría de los carteles se insiste en la prohibición de acceso a toda persona ajena al trabajo. Las personas ajenas desconocen lo que se está haciendo y los peligros del lugar.

1.1.5. Normativa de aplicación

Los materiales y equipos de protección para la prevención de riesgos laborales se ajustarán a la normativa vigente y deberán emplearse los homologados. Con la seguridad no se puede jugar, es una cosa muy seria.

Prevención de riesgos laborales:

Tabla 1.7. Leyes o R.D. de reglamentación nacional.

Ley o Real Decreto	Contenido
Orden de 9 de marzo de 1971	Ordenanza general de seguridad e higiene en el trabajo.
Real Decreto 7/1988 de 8 de enero. Posteriormente desarrollado	Exigencias de seguridad del material eléctrico destinado a ser utilizado en determinados límites de tensión.
Ley 31/1995 de 8 de noviembre	Prevención de riesgos laborales (P.R.L.).
Real Decreto 39/1997	Reglamento de los servicios de prevención.
Real Decreto 486/1997 de 14 de abril	Disposiciones mínimas de seguridad y salud relativas a la manipulación manual de cargas que entrañen riesgos, en particular dorsolumbares, para los trabajadores.
Real Decreto 485/1997 de 14 de abril	Disposiciones mínimas en materia de señalización de seguridad y salud en el trabajo.
Real Decreto 773/1997 de 30 de mayo	Disposiciones mínimas de seguridad y salud relativas a la utilización de los trabajadores de equipos de protección individual.
Real Decreto 1215/1997 de 18 de junio	Disposiciones mínimas de seguridad y salud para la utilización por los trabajadores de equipos de trabajo.

Muy importante:

Real Decreto 614/2001 trata sobre Disposiciones Mínimas para la Protección de la Salud y Seguridad de los Trabajadores frente al Riesgo Eléctrico. Su lectura y consulta resultará muy importante para saber cómo actuar en cada momento o aclarar las dudas que puedan surgir.

1.1.6. De los empresarios y trabajadores

a) Formación e información de los trabajadores

Según el Artículo 5 del Real Decreto 614/2001.

De conformidad con los artículos 18 y 19 de la Ley de Prevención de Riesgos Laborales, el empresario deberá garantizar que los trabajadores y los representantes de los trabajadores reciban una formación e información adecuada sobre el riesgo eléctrico, así como sobre las medidas de prevención y protección que hayan de adoptarse en aplicación del presente Real Decreto.

b) Obligaciones de los Trabajadores en Prevención de Riesgos

El artículo 29 de la Ley 31/95 de Prevención de Riesgos Laborales asigna al trabajador la obligación de velar por su propia seguridad y salud en el trabajo y por la de aquellas otras personas a las que pueda afectar su actividad profesional.

En particular los trabajadores con arreglo a su formación y siguiendo las instrucciones del empresario deberán:

- Usar adecuadamente las máquinas, aparatos, herramientas, sustancias peligrosas, equipos de transporte y, en general, cualquiera otros medios con los que desarrolle su actividad.
- Utilizar y mantener correctamente los medios y equipos de protección facilitados por el empresario, solicitando su reposición en caso de deterioro.
- Poner fuera de servicio y sustituir el material averiado, y utilizar correctamente los dispositivos de seguridad existentes.
- Informar de inmediato a su superior jerárquico directo acerca de cualquier situación que, a su juicio, entrañe un riesgo para la seguridad y la salud de los trabajadores.
- Cooperar con el empresario para que éste pueda garantizar unas condiciones de trabajo que sean seguras y no entrañen riesgos para la seguridad y la salud de los trabajadores.

- El incumplimiento de las obligaciones en materia de prevención de riesgos a que se refieren los apartados anteriores tendrá la consideración de incumplimiento laboral a los efectos previstos en el artículo 58.1 del Estatuto de los Trabajadores.

c) Equipos de trabajo, máquinas y herramientas

- No adoptar actitudes peligrosas o temerarias a la hora de manipular equipos, herramientas o máquinas-herramienta.
- Poner fuera de servicio las máquinas averiadas y señalizarlas como tal. Evitar su puesta en marcha mediante desconexión. Las reparaciones de máquinas y equipos de trabajo deben ser llevados a cabo exclusivamente por personal técnico experimentado.
- Comprar únicamente equipos que dispongan del marcado CE, manual de instrucciones en castellano y una declaración CE de conformidad (obligación legal del fabricante o importador en la Unión Europea).
- No utilizar herramientas y máquinas para fines diferentes a aquellos para los que han sido diseñados.
- Los dispositivos de elevación y transporte serán manipulados por personal autorizado y preparado con este fin.

1.1.7. Equipos de protección individual (EPI) para trabajos mecánico

Definición de EPI: cualquier equipo destinado a ser llevado o sujetado por el trabajador para que le proteja de uno o varios riesgos que puedan amenazar su seguridad o su salud, así como cualquier complemento o accesorio destinado a tal fin.

Principales materiales EPI utilizados en los montajes:

- Casco de seguridad.
- Guantes de goma.
- Guantes (frente a agresivos químicos).
- Guantes (frente a riesgo mecánico).
- Calzado (frente a riesgo mecánico).
- Botas de seguridad (frente a caídas de materiales y perfiles cortantes).
- Botas de goma.
- Gafas/pantallas (frente a impactos, virutas y chispas).
- Buzo de trabajo.

- Cinturones y dispositivos anticaídas.
- Cinturón antivibratorio.
- Protectores auditivos.
- Equipos de protección de las vías respiratorias con filtro mecánico tipo A (celulosa).
- Máscaras o mascarilla.
- Protección frente a riesgo térmico.
- Protección frente a radiaciones.
- Chalecos reflectantes.
- Pantalla, guantes y polainas para trabajos de soldadura.
- Ropa de abrigo para tiempo frío, cuando se trabaja a la intemperie.

Figura 1.4. Elementos EPI de protección para mecánicos.

1.1.8. Riesgos más frecuentes

- Caídas al mismo nivel.
- Caídas a distinto nivel.
- Caída de objetos.
- Atrapamientos.
- Aplastamientos.
- Trauma sonoro.
- Contacto eléctrico directo con líneas eléctricas en tensión.
- Contacto eléctrico indirecto con las masas de la maquinaria eléctrica en tensión.
- Lumbalgia por sobresfuerzo.

- Lesiones en manos y pies.
- Heridas en pies con objetos punzantes.
- Proyecciones de partículas en los ojos.
- Afecciones en la piel.
- Caída o colapso de andamios.
- Ambiente pulvígeno.
- Lesiones osteoarticulares por exposición a vibraciones.
- Choques o golpes contra objetos.

1.2. Gestión de la seguridad en el izado de cargas

La manipulación y elevación de cargas es una de las tareas principales que realiza el mecánico montador de instalaciones fotovoltaicas. Una defectuosa manipulación puede dar lugar a un accidente grave para los propios materiales y las personas que los manipulan o intervienen en la zona.

Observaciones respecto a los quipos de elevación de cargas:

- Comprobar que los equipos de elevación de cargas están en perfectas condiciones.

  Nunca utilizar equipos de este tipo que presenten mal estado o deterioro. Velar para que los elementos constituyentes (motores, limitadores, mandos de maniobra, cables, eslingas, etc.) sean revisados periódicamente por parte de empresas mantenedoras o personal preparado para realizar esta tarea.

- No utilizar equipos de elevación de cargas sobre zonas bajo las que se encuentre personal en ese momento, y no transitar o permitir el tránsito bajo su zona de trabajo.

- Los equipos de elevación de cargas no son aparatos aptos para ser utilizados en la elevación de personas.

1.2.1. Normativa de referencia

- Ley de Prevención de Riesgos Laborales.
- Directiva 2006/42/CE del Parlamento Europeo y del Consejo, de 17 de mayo de 2006, relativa a las máquinas y por la que se modifica la Directiva 95/16/CE (refundición).

- Real Decreto 1644/2008, de 10 de octubre, por el que se establecen las normas para la comercialización y puesta en servicio de las máquinas.
- Real Decreto 1215/97 por el que se establecen las disposiciones mínimas de Seguridad y Salud para la utilización por los trabajadores de los equipos de trabajo.
- Norma UNE-EN 13155. Equipos Amovibles de Elevación de Cargas.
- Norma UNE-EN 13157/2010. Grúas Manuales.
- Norma UNE-EN 818/2008 (7 partes). Eslingas de cadena.
- Norma UNE-EN 1492-2/2009. Eslingas textiles. Seguridad.
- Norma UNE-EN 1677/ 2009. (6 partes). Accesorios para eslingas.
- Norma UNE-EN 13414. Eslingas de Cable.
- Norma UNE-EN 13889. Grilletes forjados de acero para aplicaciones generales de elevación.
- Norma UNE-EN 12385-4. Cables de acero. Seguridad.
- Norma UNE-EN ISO 9554. Cuerdas de fibra-especificaciones generales.
- Norma UNE-EN 12195. Dispositivos para sujeción de la carga en vehículos de carretera.
- Norma UNE-EN ISO 3266. Cáncamos.
- Norma UNE 14502-1/2010. Sobre cestas acopladas a Equipos Elevación Cargas.
- Guía Técnica RD 1215/97. (Con criterios sobre Anexo II y III).
- Notas Técnicas de Prevención del Instituto Nacional de Seguridad e Higiene en el Trabajo:
  - NTP 822. Clasificación de los Equipos utilizados para la elevación de cargas.
  - NTP 841. Eslingas textiles (I).
  - NTP 842. Eslingas textiles (II).
  - NTP 861. Eslingas de cadena.
  - NTP 866. Eslingas de cables de acero.

Cód. Color Norma CEN	Carga máx. de utilización (kg)
Violeta	1.000
Verde	2.000
Amarillo	3.000
Gris	4.000
Rojo	5.000
Marrón	6.000
Azul	8.000
Naranja	10.000

Tabla 1.8. Código de color para carga máxima de eslingas textiles.

Figura 1.5. Eslinga amarilla para carga máxima de 3.000 kg.

1.2.2. Seguridad para los trabajos de montaje mecánico

En primer lugar, debemos tener en cuenta que los trabajos de montaje de instalaciones fotovoltaicas y complementarias, se realizan en lugares muy diversos, con situaciones y dificultades muy diferentes, como son los montajes en: tejados, azoteas, cornisas, fachadas, emplazamientos en altura, sobre estructuras, en zonas con pendiente, bordes de edificios, en pleno campo, etc.

El trabajo de montaje debe realizarse con plenas garantías de seguridad, para lo que hay que acondicionar la zona de trabajo y, utilizar dispositivos y equipamiento adecuado. En la seguridad no hay que improvisar, ni escatimar medios, hay que prever con anticipación las dificultades y aplicar los medios más idóneos para garantizar nuestra seguridad y la de los demás.

En los trabajos en altura hay que estar protegidos contra las posibles caídas con arneses, plataformas, montaje de defensas, barandillas, redes, etc.

Utilizar equipamiento personal adecuado, empezando por el calzado y acabando por el casco y el arnés. También, herramientas adecuadas al trabajo que se realiza.

1.2.3. Izado de cargas

El izado de cargas con seguridad, requiere el cumplimiento de una serie de normas y formas de proceder, como son:

- Utilizar medios adecuados a la carga a manipular (polipastos, diferenciales, poleas, grúas, etc.).

- Utilizar medios de amarre que se correspondan con la forma de la pieza a manipular, y el peso de la misma, como: cadenas, eslingas metálicas o textiles, cables, ganchos, etc.
- Despejar la zona o radio de acción de materiales y personas a que podría afectar la posible caída de la carga o parte de la misma.
- Disponer la carga con uno o varios tirantes, para evitar giros inadecuados.
- Que la carga no pegue contra las paredes o los objetos en su recorrido.
- En el momento de la recepción de la carga, manipularla de forma que se deposite en el lugar que corresponda, asegurando los apoyos.
- Si la carga es pesada, que el suelo admita dicho peso (kg/m^2). En caso contrario, preparar la zona para que haya una distribución del peso sobre mayor superficie.
- El personal que manipula las cargas se equipará con las prendas adecuadas (botas, guantes, casco, etc.).
- Habrá una (y no más) persona que dirija las operaciones.
- Al finalizar la operación de izado, se recogerán y guardarán todos los elementos empleados.

1.2.4. Maquinaria de elevación

Para manipular piezas, perfiles, estructuras y otros materiales, incluida la maquinaria, se utilizan diversos aparatos y procedimientos, como son:

- Grúas-torre.
- Montacargas.
- Polipastos manuales y automáticos.
- Grúas-camión.

Condiciones generales de servicio:

- Los elementos de tracción tendrán la potencia suficiente para elevar las cargas.
- La instalación y funcionamiento de los medios de elevación, será el correcto.
- Los dispositivos de elevación tendrán marcado en lugar bien visible, sus características, especialmente: carga máxima de elevación (XXX kg).

- El operador estará bien formado y será una persona autorizada.
- Este tipo de aparatos tendrán las revisiones periódicas reglamentarias.
- Los elementos de elevación tendrán los fines de curso que garanticen los límites de su desplazamiento.
- Los dispositivos de elevación dispondrán de limitadores de carga.
- Los montacargas que sean para "sólo carga" (materiales y productos), tendrán prohibida la utilización para transportar personas.
- Los montacargas y las grúas puente tendrán una instalación eléctrica con un interruptor diferencial de 300 mA de sensibilidad.
- Para las grúas-torre y grúas-camión habrá un auxiliar que colabore con los gruistas, para la realización de las maniobras.
- Se observará escrupulosamente la normativa que corresponda a los medios de manipulación y elevación, así como los medios auxiliares que cada tipo de carga precise para su manipulación.
- Atención muy especial a cables, ganchos, eslingas, cables, cadenas, etc., en lo que respecta a su buen estado y utilización.

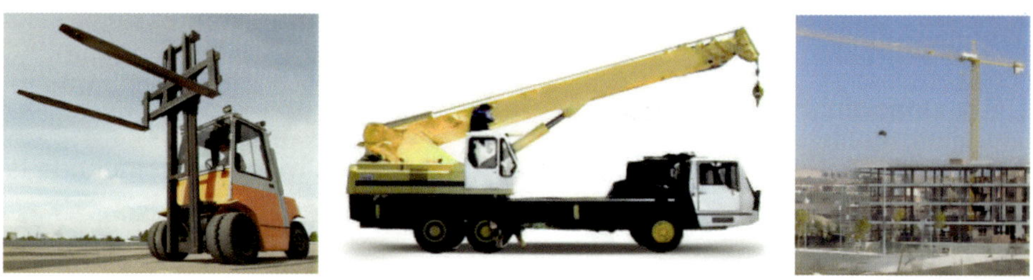

Figura 1.6. Medios para elevar cargas.

1.3. Gestión de la seguridad ante los riesgos de origen eléctrico

No pensemos que por que los módulos fotovoltaicos generan corriente a pequeñas tensiones eléctricas (12, 24, 48 V), no hay riesgo de accidente. En los circuitos pueden darse tensiones con un valor que entraña un riesgo eléctrico importante, como vemos a continuación.

En el montaje de las herramientas eléctricas, grúas, elevadores, etc., también se emplean otras tensiones, como son: 230 V monofásica, y 400 V trifásica.

1.3.1. Respecto a la manipulación de los módulos fotovoltaicos

Advertencias:

Debemos tener en cuenta, que un módulo cuando se expone a la luz del Sol, genera electricidad y por tanto, si tocamos los bornes, nos exponemos a sufrir una descarga eléctrica, cuyo peligro dependerá de la tensión y de si hay módulos conectados en serie y derivación.

- No manipular los conectores de los módulos, ni quitar las tapas de cierre.
- No desconectar los conectores del módulo durante las horas de luz diurna a menos que el módulo se encuentre en circuito abierto o que todos los módulos conectados en serie o en paralelo se encuentren cubiertos con un material opaco, como son por ejemplo: una lona o una manta. Podría producirse un arco eléctrico capaz de atravesar los dedos y el cuerpo de la persona que sujete los dos extremos del conector.
- Un solo módulo puede presentar riesgo de una descarga mortal en horas de luz, incluso en los períodos de baja irradiación.
- Mantener todos los cables fuera del alcance de los operarios que están en el entorno de los módulos.
- Para más seguridad en el momento de intervención, cerrar las cajas de conexión y cubrir el módulo con material opaco.
- Los módulos deben manipularse con cuidado. Evitar los impactos de un viento fuerte lateral o trasero.
- Hay que evitar igualmente trabajar con lluvia o humedad elevada.
- No montes módulos solares que estén dañados. Si el cristal delantero está roto, o la lámina trasera estropeada, podrían producirse daños personales, ya que se generarían tensiones peligrosas y cortes.
- Los cortocircuitos en la parte de corriente continua (CC) de la instalación, pueden dar lugar a arcos eléctricos, lo que constituye un riesgo de que puedan producirse incendios y quemaduras.

  A diferencia de los arcos que se producen en el cableado de corriente alterna (CA) de baja tensión convencional, estos arcos no se extinguen por sí solos. Las altas temperaturas generadas por estos arcos pueden producir quemaduras e incendios.
- No se debe aplicar pintura, adhesivos, ni detergentes en la parte trasera de la lámina. No marque el módulo con objetos afilados o punzantes.

- Peligro por arco eléctrico: recordamos que los módulos solares FV generan corriente continua (CC) cuando están expuestos a la luz. La rotura o apertura de una conexión en carga, es decir, cuando la corriente está fluyendo, puede dar lugar a que se produzca un arco eléctrico, que no se extinguirá por sí solo. Por lo tanto, se recomienda cubrir los módulos con una cubierta no transparente durante la instalación. La apertura o ruptura de la conexión en cadena de módulos en los que fluya corriente, por ejemplo, la desconexión de un cable de CC del inversor mientras está en carga o conectado a la red de energía eléctrica, puede producir un arco eléctrico potencialmente mortal.

1.3.2. Protección contra los contactos directos

Contacto directo. Contacto de personas o animales con partes activas de conductores, materiales y equipos.

La norma UNE 20460-4-41 recoge los medios de protección a utilizar contra los contactos indirectos y que se resumen en el punto 2.

Protección contra los contactos directos:

- Protección por aislamiento de las partes activas.
- Protección por medio de barreras o envolventes.
- Protección por medio de obstáculos.
- Protección por puesta fuera del alcance por alejamiento.
- Protección complementaria por dispositivos de corriente diferencial residual.

1.3.3. Protección contra contactos indirectos

Contacto indirecto. Contacto de personas o animales domésticos con partes que se han puesto bajo tensión como resultado de un fallo de aislamiento.

Conceptos básicos:

a) ***Corriente diferencial residual***

Suma algebraica de los valores instantáneos de las corrientes que circulan a través de todos los conductores activos de un circuito, en un punto de una instalación eléctrica.

b) ***Corriente diferencial residual de funcionamiento***

Valor de la corriente diferencial que provoca el funcionamiento de un dispositivo de protección.

c) Corriente de contacto

Corriente que pasa a través del cuerpo humano o de un animal, cuando está sometido a una tensión eléctrica.

d) Corriente de choque

Corriente de contacto que podría provocar efectos fisiopatológicos.

Efectos fisiopatológicos. Efectos que padece el cuerpo humano (agarrotamiento, tetanización, etc., cuando está sometido a una corriente eléctrica.

e) Corriente de defecto o de falta

Corriente que circula debido a un fallo de aislamiento.

Protección contra contactos indirectos:

- Protección por corte automático de la alimentación.
- Protección por empleo de equipos de la Clase II o por aislamiento equivalente.
- Protección en los locales o emplazamientos no conductores.
- Protección mediante conexiones equipotenciales locales no conectadas a tierra.
- Protección por separación eléctrica.

1.3.4. Otras protecciones

Protección por empleo de equipos de Clase II o por aislamiento equivalente.

- Utilización de equipos con aislamiento doble o reforzado (Clase II).
- Conjuntos de aparamenta construidos en fábrica y que posean aislamiento equivalente (doble o reforzado).
- Aislamientos suplementarios montados en el curso de la instalación eléctrica y que aíslen equipos eléctricos que posean únicamente un aislamiento principal.
- Aislamientos reforzados en el curso de la instalación eléctrica y que aíslen las partes activas descubiertas, cuando por construcción no sea posible la utilización de un doble aislamiento.

1.3.5. Protección en los locales o emplazamientos no conductores

La norma UNE 20.460-4-41 indica las características de las protecciones y medios para estos casos.

- Protección mediante conexiones equipotenciales locales no conectadas a tierra.
- Protección por separación eléctrica.

El circuito debe alimentarse a través de una fuente de separación, es decir:

- Un transformador de aislamiento.
- Una fuerte que asegure un grado de seguridad equivalente al transformador de aislamiento anterior, por ejemplo: un grupo motor generador que posea una separación equivalente.

Tabla 1.9. Clases de protección contra los choques eléctricos.

Clase 0	Materiales sin ninguna clase de protección adicional.
Clase I	Materiales con aislamientos propios y masa unida a tierra a través del conductor de protección.
Clase II	Materiales que tienen sus partes accesibles separadas de las partes activas por medio de un doble aislamiento o un aislamiento reforzado. Las partes metálicas, si las tienen, no estarán unidas a tierra.
Clase III	Materiales previstos para ser alimentados en muy baja tensión.

Tabla 1.10. Representación simbolizada de la clase de protección.

Clase	Símbolo	Características:
0	(ninguno)	Sin protección especial.
I		Puesta a tierra.
II	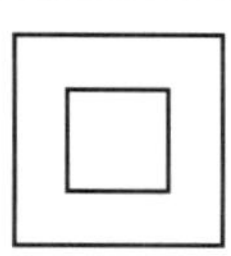	Receptor con doble aislamiento.
III	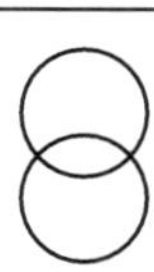	Circuitos separados y baja tensión

1.3.6. Clasificación de las bajas tensiones

Las tensiones especiales tienen la finalidad de proteger a las personas contra los efectos de la corriente eléctrica en instalaciones especiales.

Tabla 1.11. Clasificación de las bajas tensiones.

Instrucción ITC-BT-36		
MBTS	MBTP	MBTF
Muy Baja Tensión de Seguridad	**Muy Baja Tensión de Protección**	**Muy Baja Tensión Funcional**
≤ 50 V en CA.	≤ 50 V en CA.	≤ 50 V en CA.
≤ 75 V en CC.	≤ 75 V en CC.	≤ 75 V en CC.
Alimentación a través de transformador de seguridad o fuentes equivalentes. Las masas no deben ser puestas a tierra. Según normas UNE-EN 60742 o UNE-EN 61558-2-4. Sin puesta a tierra.	Alimentación a través de transformador de seguridad o fuentes equivalentes. Puesta a tierra del conductor de protección del circuito primario de la instalación. Según normas UNE-EN 60742 o UNE-EN 61558-2-4.	Alimentación por fuente sin aislamiento de protección, según indica la ITC-BT-24, "protección contra contactos directos e indirectos".

1.3.7. Identificación de las zonas de peligro a causa de la electricidad

Las instalaciones eléctricas estarán preparadas para proteger las personas contra corrientes que superen los 30 mA, desconectando las mismas en el tiempo más corto posible. Cuanto más tiempo circula una corriente por el cuerpo humano, más peligro de padecer un accidente grave.

La figura 1.7 muestra los efectos fisiológicos de la corriente alterna sobre las personas con indicación de las zonas tiempo/corriente y curvas de umbrales de peligrosidad para el organismo humano en circuitos de corriente alterna.

La corriente eléctrica produce diferentes efectos en las personas, que dependerán de las condiciones en que se produzcan los contactos directos o indirectos.

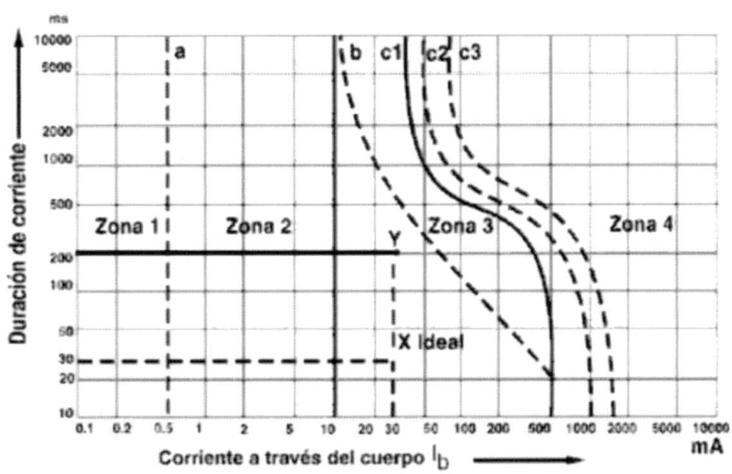

Figura 1.7. Zonas y curvas de tiempo, corriente de umbrales de peligrosidad.

Leyenda:

Zona A1: Imperceptible. Habitualmente, ninguna reacción.

Zona A2: Perceptible. Habitualmente, ningún efecto fisiológico peligroso.

Zona A3: Efectos reversibles: contracción muscular. Habitualmente, ningún daño orgánico. Con duración superior a 2 segundos se pueden producir contracciones musculares dificultando la respiración, paradas temporales del corazón sin llegar a la fibrilación ventricular.

Zona A4: Posibilidad de efectos irreversibles. Riesgo de parada cardiaca por: fibrilación ventricular, parada respiratoria, quemaduras graves, etc.

Zona C1: Hasta el 5 % de posibilidad de fibrilación cardíaca.

Zona C2: Hasta el 50 % de posibilidad de fibrilación cardíaca.

Zona C3: Más del 50 % de posibilidad de fibrilación cardíaca.

Curva b: Umbral de percepción de corriente (reacciones musculares).

1.3.8. Consecuencias del paso de la corriente por el organismo

Las consecuencias del paso de la corriente por el organismo humano son diferentes, según sea la intensidad de corriente (CC o CA), si se es hombre o mujer, el tiempo y las circunstancias que rodean al incidente.

a) Efectos en el organismo

La corriente eléctrica produce diferentes lesiones en el organismo humano, dependiendo su gravedad del valor que pueda adquirir la corriente.

Tabla 1.12. Efectos que se producen en el organismo humano.

Corriente de paso	Efectos en el organismo
1 A	Parada del corazón.
75 mA	Umbral de fibrilación cardíaca irreversible.
30 mA	Umbral de parálisis respiratoria.
10 mA	Contracción muscular (tetanización).
0,5 mA	Sensación muy débil.

b) Tiempo para llegar a la fibrilación

Tabla 1.13. Tiempo que se tarde en llegar a la fibrilación, en función del valor de la corriente.

Corriente circulante	Duración del paso de corriente
10 mA	120 s (2 min)
20 mA	60 s (1 min)
30 mA	35 s
100 mA	3 s
500 mA	0,1 s
1.000 mA (1 A)	0,03 s

c) Análisis de las tablas precedentes

El valor de la intensidad circulante por el organismo humano depende de:

- La tensión de contacto (voltios).
- La resistencia de contacto (ohmios) de los puntos bajo tensión.

La resistencia de contacto depende de:

- En qué parte del cuerpo se hace el contacto.
- Edad de la persona.
- Si es hombre o mujer.
- Si hay humedad ambiental, si está sudando, etc.
- Situación de la persona en el momento de contacto (relajado, nervioso, tenso, etc.).
- Otras circunstancias que pueden favorecer un mayor contacto.

La siguiente fórmula determina el valor de la intensidad circulante por el organismo humano:

$$I = \frac{U}{R_{com}} \text{ (A)}$$

U – Tensión de contacto, en voltios (V).
R_{con} – Resistencia de contacto, en ohmios (Ω).

1.3.9. Seguridad en el trabajo eléctrico

El trabajo debe realizarse aplicando todos medios de seguridad que se ponen a nuestra disposición. Antes de intervenir, nos aseguraremos de la presencia o no de electricidad lo que verificaremos sobre la propia instalación. Utilizaremos las herramientas adecuadas y aplicaremos las consignas que se establezcan para cada caso. A este respecto, es muy importante que tengamos en cuenta las recomendaciones que se recogen en el Real Decreto 614/2001, de 8 de junio 2001, sobre "**Riesgo eléctrico**"

Real Decreto 614/2001 de 8 de junio, sobre disposiciones mínimas para la protección de la salud y seguridad de los trabajadores frente al riesgo eléctrico. BOE núm. 148 de 21 de junio de 2001.

Recordatorio de las "**5 Reglas de Oro**" para las intervenciones en circuitos sin tensión:

a) “Cinco reglas de oro” para los trabajos eléctricos sin tensión

La tabla 1.14 recoge las “5 Reglas de Oro” que se deben aplicar en los trabajos que se realizan en circuitos eléctricos sin tensión.

Tabla 1.14. Cinco Reglas de Oro para realizar trabajos eléctricos sin tensión.

Las 5 REGLAS DE ORO para trabajar en instalaciones eléctricas sin tensión		Tipo de instalación	
		BAJA TENSIÓN $U \leq 1.000$ V	ALTA TENSIÓN $U \geq 1.000$ V
1ª	Abrir todas las fuentes de tensión.	OBLIGATORIO	OBLIGATORIO
2ª	Enclavamiento o bloqueo, si es posible, de los aparatos de corte (candado).	OBLIGATORIO SI ES POSIBLE	OBLIGATORIO
3ª	Comprobación de la ausencia de tensión.	OBLIGATORIO	OBLIGATORIO
4ª	Puesta a tierra y en cortocircuito.	RECOMENDABLE	OBLIGATORIO
5ª	Señalización y delimitación de la zona de trabajo.	RECOMENDABLE	OBLIGATORIO

Nota: *no hay que fiarse nunca de la corriente eléctrica, no se ve, y es traicionera.*

Figura 1.8. Ejemplos de proceder para aplicar las Cinco Reglas de ORO.

1.3.10. Normativa aplicada a trabajos eléctricos

- Real Decreto 614/2001 sobre disposiciones mínimas para la protección de la salud y seguridad de los trabajadores frente al riesgo eléctrico.

- Real Decreto 1955/2000 por el que se regulan las actividades de transporte, distribución, comercialización, suministro y procedimientos de autorización de instalaciones de energía.
- Real Decreto 842/2002 por el que se aprueba el Reglamento Electrotécnico para Baja Tensión y sus Instrucciones Técnicas Complementarias ITC-BT.
- Real Decreto 223/2008. Aprueba el Reglamento sobre condiciones técnicas y garantías de seguridad en líneas eléctricas de alta tensión y sus Instrucciones Técnicas Complementarias ITC-LAT 01 a 09.
- Real Decreto 3275/1982. Aprueba el Reglamento sobre condiciones técnicas y garantías de seguridad en centrales eléctricas, subestaciones y centros de transformación.
- Real Decreto 773/1997 sobre disposiciones mínimas de seguridad y salud relativas a la utilización por los trabajadores de equipos de protección individual.
- Real Decreto 1407/1992 sobre comercialización de equipos de protección individual.

a) Guía básica para la prevención del riesgo eléctrico:

Acción en Salud Laboral:

- Real Decreto 486/1997 sobre disposiciones mínimas de seguridad y salud en los lugares de trabajo.
- Real Decreto 485/1997 sobre disposiciones mínimas en materia de señalización de seguridad y salud en el trabajo.
- Real Decreto 1215/1997 por el que se establecen las disposiciones mínimas de seguridad y salud para la utilización por los trabajadores de los equipos de trabajo.

b) Guías y normas técnicas del INSHT

- Guía técnica para la evaluación y prevención del riesgo eléctrico. Instituto Nacional de Seguridad e Higiene en el Trabajo (INSHT).
- Notas Técnicas de Prevención (NTP) del INSHT:
  - NTP 71: Sistemas de protección contra contactos eléctricos indirectos.
  - NTP 72: Trabajos con elementos de altura en presencia de líneas eléctricas aéreas.
  - NTP 87: Equipo eléctrico en máquinas herramientas. Medidas de seguridad.

- NTP 142: Grupos electrógenos. Protección contra contactos eléctricos indirectos.
- NTP 225: Electricidad estática en el trasvase de líquidos inflamables.
- NTP 374 y 375: Electricidad estática en la carga y descarga de camiones cisterna.
- NTP 437: Aspectos particulares de los efectos de la corriente eléctrica.
- NTP 400: Corriente eléctrica: efectos al atravesar el organismo humano.
- NTP 567: Protección frente a cargas electrostáticas.
- NTP 588: Grado de protección de las envolventes de los materiales eléctricos.
- NTP 763: Distancias a líneas eléctricas de baja tensión.
- NTP 827 y 828: Electricidad estática en polvos combustibles.
- NTP 887: Calzado y ropa de protección "antiestáticos".
- INSHT – Instituto Nacional de Seguridad e Higiene en el Trabajo.

Respecto al Real Decreto 614/2001 sobre Disposiciones Mínimas para la Protección de la Salud y Seguridad de los Trabajadores frente al Riesgo Eléctrico.

Figura 1.9. Carteles que nos advierten e informan sobre la forma de proceder y la necesidad de aplicar y cumplir las normas de seguridad en el trabajo.

ANEXO II. Trabajos sin tensión

A. Disposiciones generales

Las operaciones y maniobras para dejar sin tensión una instalación, antes de iniciar el «trabajo sin tensión», y la reposición de la tensión, al finalizarlo, las realizarán trabajadores autorizados que, en el caso de instalaciones de alta tensión, deberán ser trabajadores cualificados.

A.1 Supresión de la tensión

Una vez identificados la zona y los elementos de la instalación donde se va a realizar el trabajo, y salvo que existan razones esenciales para hacerlo de otra forma, se seguirá el proceso que se describe a continuación, que se desarrolla secuencialmente de acuerdo con la siguiente forma de proceder:

- Desconectar.
- Prevenir cualquier posible realimentación.
- Verificar la ausencia de tensión.
- Poner a tierra y en cortocircuito.

Proteger frente a elementos próximos en tensión, en su caso, y establecer una señalización de seguridad para delimitar la zona de trabajo.

Hasta que no se hayan completado las cinco etapas no podrá autorizarse el inicio del trabajo sin tensión y se considerará en tensión la parte de la instalación afectada. Sin embargo, para establecer la señalización de seguridad indicada en la quinta etapa podrá considerarse que la instalación está sin tensión si se han completado las cuatro etapas anteriores y no pueden invadirse zonas de peligro de elementos próximos en tensión.

Desconectar

La parte de la instalación en la que se va a realizar el trabajo debe aislarse de todas las fuentes de alimentación. El aislamiento estará constituido por una distancia en aire, o la interposición de un aislante, suficientes para garantizar eléctricamente dicho aislamiento.

Los condensadores u otros elementos de la instalación que mantengan tensión después de la desconexión deberán descargarse mediante dispositivos adecuados.

Prevenir cualquier posible realimentación

Los dispositivos de maniobra utilizados para desconectar la instalación deben asegurarse contra cualquier posible reconexión, preferentemente por bloqueo del mecanismo de maniobra, y deberá colocarse, cuando sea necesario, una señalización para prohibir la maniobra. En ausencia de bloqueo mecánico, se adoptarán medidas de protección equivalentes. Cuando se utilicen dispositivos accionados por telemando, deberá impedirse la maniobra errónea de los mismos, por enclavamiento.

Cuando sea necesaria una fuente de energía auxiliar para maniobrar un dispositivo de corte, ésta deberá desactivarse o actuarse en los elementos de la instalación de forma que la separación entre el dispositivo y la fuente quede asegurada.

Verificar la ausencia de tensión

La ausencia de tensión deberá verificarse en todos los elementos activos de la instalación eléctrica en, o lo más cerca posible, de la zona de trabajo. En el caso de alta tensión, el correcto funcionamiento de los dispositivos de verificación de ausencia de tensión deberá comprobarse antes y después de dicha verificación.

Para verificar la ausencia de tensión en cables o conductores aislados que puedan confundirse con otros existentes en la zona de trabajo, se utilizarán dispositivos que actúen directamente en los conductores (pincha-cables o similares), o se emplearán otros métodos, siguiéndose un procedimiento que asegure, en cualquier caso, la protección del trabajador frente al riesgo eléctrico.

Los dispositivos de telemando utilizados para verificar que una instalación está sin tensión serán de accionamiento seguro y su posición en el telemando deberá estar claramente indicada.

Poner a tierra y en cortocircuito

Las partes de la instalación donde se vaya a trabajar deben ponerse a tierra y en cortocircuito:

En las instalaciones de alta tensión.

En las instalaciones de baja tensión que, por inducción, o por otras razones, puedan ponerse accidentalmente en tensión.

Los equipos o dispositivos de puesta a tierra y en cortocircuito deben conectarse en primer lugar a la toma de tierra, y a continuación, a los elementos que se ponen a tierra, y deben ser visibles desde la zona de trabajo. Si esto último no fuera posible, las conexiones de puesta a tierra deben colocarse tan cerca de la zona de trabajo como se pueda.

Si en el curso del trabajo los conductores deben cortarse o conectarse y existe el peligro de que aparezcan diferencias de potencial en la instalación, deberán tomarse medidas de protección, tales como efectuar puentes o puestas a tierra en la zona de trabajo, antes de proceder al corte o conexión de estos conductores.

Los conductores utilizados para efectuar la puesta a tierra, el cortocircuito y, en su caso, el puente, deberán ser adecuados y tener la sección suficiente para la corriente de cortocircuito de la instalación en la que se colocan.

Se tomarán precauciones para asegurar que las puestas a tierra permanezcan correctamente conectadas durante el tiempo en que se realiza el trabajo. Cuando tengan que desconectarse para realizar mediciones o ensayos, se adoptarán medidas preventivas apropiadas adicionales.

Los dispositivos de telemando utilizados para la puesta a tierra y en cortocircuito de una instalación serán de accionamiento seguro y su posición en el telemando estará claramente indicada.

Proteger frente a los elementos próximos en tensión y establecer una señalización de seguridad para delimitar la zona de trabajo.

Si hay elementos de una instalación próximos a la zona de trabajo que tengan que permanecer en tensión, deberán adoptarse medidas de protección adicionales, que se aplicarán antes de iniciar el trabajo, según lo dispuesto en el apartado 7 del artículo 4 de este Real Decreto.

1.4. Prevención y protección medioambiental

La prevención se logra utilizando los medios adecuados a cada tipo de trabajo que realizamos, bien sea de forma individual, en equipo o en colectivo, para lo que necesitaremos equipamiento individual como el que se relaciona en el apartado 1.1.7 o protecciones colectivas como las que se relacionan a continuación.

Figura 1.10. Aplicando las normas de seguridad en un montaje FV sobre un tejado.

a) Protecciones individuales

- Cascos: para todas las personas que participan en la obra, incluso visitantes.
- Guantes de cuero.
- Guantes de goma fina.
- Guantes de soldador.
- Guantes dieléctricos.
- Botas impermeables al agua y a la humedad.
- Botas de seguridad de lona (clase III).
- Botas de seguridad de cuero (clase III).
- Botas dieléctricas.

- Monos o buzos.
- Trajes de agua.
- Gafas contra impactos y antipolvo.
- Gafas para oxicorte.
- Pantalla de seguridad para soldador.
- Mascarillas antipolvo.
- Filtros para mascarillas.
- Protectores auditivos.
- Mandiles de soldador.
- Polainas de soldador.
- Manguitos de soldador.
- Cinturón antivibratorio.

b) Protecciones colectivas

- Pórticos protectores de líneas eléctricas.
- Vallas de limitación y protección.
- Señales de tráfico.
- Señales de seguridad.
- Cintas de balizamiento.
- Topes de desplazamiento de vehículos.
- Barandillas.
- Redes.
- Lonas.
- Soportes y anclajes de redes y lonas.
- Cables de sujeción de cinturón de seguridad.
- Anclajes de cables.
- Casetas de operadores de máquinas.
- Limitadores de movimiento de grúas.
- Anemómetros.
- Balizamiento luminoso.
- Extintores.
- Interruptores diferenciales.
- Tomas y red de tierra.
- Transformadores de seguridad.

c) Formación

Corresponde a los empresarios, contratistas, subcontratistas y trabajadores autónomos adoptar las medidas pertinentes para la adecuada formación de los trabajadores en materia de prevención de riesgos laborales.

d) Protección medioambiental

Debemos proteger el medioambiente porque es una necesidad para todos, en todos los niveles de nuestra actividad, nuestra casa, nuestro entorno, nuestro ocio, y por supuesto; nuestro trabajo.

En las actividades de montaje se puede contaminar o atentar contra el medioambiente de muchas formas, como son:

- Realizando accesos a la obra sin tener en cuenta el medio.
- Preparación inadecuada de las zonas de almacenado y de trabajo.
- Efectuar los trabajos sin aplicar las medidas de seguridad establecidas para un determinado tipo de trabajo.
- Dejando abandonados los residuos del montaje.
- No reacondicionando la zona en el momento de abandonar la obra.
- Dejando abandonada y sin mantenimiento la zona.

1.5. Gestión de emergencias

Hay que tener muy en cuenta, que una situación de crisis se puede convertir en una catástrofe, si la forma de actuar o de gestionar una situación en los primeros minutos, no es la adecuada.

- Las situaciones de crisis han de ser previstas por anticipado, para estar preparados en el momento en que se produzcan.
- Cuando se produzca una crisis, es preciso dar la alarma acerca de la situación en el menor tiempo posible, y además, tener la seguridad de que esta comunicación ha sido efectivamente enviada a los destinos que proceda, y a su vez, que se reciben en su destino.
- En primer lugar, tener identificados los riesgos potenciales y las amenazas que afecten o puedan afectar al personal, instalaciones, infraestructuras, montajes, etc., a cualquier nivel, permitiendo estar preparado para una gestión eficaz de las situaciones de crisis y gestionar protocolariamente los momentos iniciales de una crisis, así como las actuaciones.

- Comunicar adecuadamente la situación de emergencia a responsables, equipos, directivos, empleados, etc., haciendo de esta comunicación el pilar fundamental en la gestión de incidencias.
- Se necesita actuar de modo protocolizado, organizado, planificado, sin improvisaciones e inmediatamente.
- Los gestores de emergencias se anticipan a futuros desastres y toman medidas preventivas y preparatorias para establecer las medidas que sean capaces de resistir y superar los desastres.

Norma ISO 22320. Principio del formulario:

La Organización Internacional de Normalización (ISO), ha publicado la Norma ISO 22320 sobre los requisitos de respuesta ante emergencias. El objetivo de este documento es minimizar el impacto de desastres naturales, atentados terroristas y cualquier otro suceso de graves magnitudes.

La norma recoge las mejores prácticas para establecer el orden y el control organizacional de estructuras y procedimientos, tomas de decisiones, trazabilidad y gestión de la información. La norma también ayuda a asegurar de forma correcta, la información operacional relevante y fiable, especificando procesos, sistemas de trabajo, captura de información y gestión. Además, establece que la coordinación y la cooperación entre todas las partes involucradas, públicas y privadas, es fundamental. De hecho, la norma anima a la comunidad a participar en el desarrollo e implementación de medidas de respuesta ante incidentes, para así garantizar una respuesta apropiada a las necesidades de la población.

a) Riesgos más frecuentes

- Caídas al mismo nivel.
- Caídas a distinto nivel.
- Caída de objetos.
- Atrapamientos.
- Aplastamientos.
- Trauma sonoro.
- Contacto eléctrico directo con líneas eléctricas en tensión.
- Contacto eléctrico indirecto con las masas de la maquinaria eléctrica en tensión.
- Lumbalgia por sobresfuerzo.
- Lesiones en manos y pies.
- Heridas en pies con objetos punzantes.

- Proyecciones de partículas en los ojos.
- Afecciones en la piel.
- Caída o colapso de andamios.
- Ambiente pulverulento.
- Lesiones osteoarticulares por exposición a vibraciones.
- Choques o golpes contra objetos.

b) Principales riesgos de accidente en los montajes mecánicos

- Golpes y atrapamientos.
- Cortes y heridas.
- Esguinces y torceduras.
- Caídas de igual o distinto nivel.
- Contactos eléctricos.
- Ruido.
- Quemaduras.
- Proyección de partículas.
- Radiaciones no ionizantes (soldadura eléctrica).
- Contactos con sustancias peligrosas.
- Sobreesfuerzos.
- Incendio o explosiones.

La tabla 1.15 resume la procedencia de los riesgos a los que está sometido el mecánico en un montaje.

Tabla 1.15. Riesgos que generan los trabajos de montaje.

Riesgos	Consecuencias
Riesgo mecánico	Cortes y contusiones con componentes, láminas y piezas metálicas afiladas, herramientas y útiles de trabajo, vidrio. Atrapamientos por causas varias. Caída de materiales.
Riesgo térmico	Herramientas electro-portátil, condiciones térmicas y climatológicas (descarga del rayo). Equipos de soldadura.
Riesgo eléctrico	Herramientas y maquinaria electro-portátil, soldadura eléctrica, instalaciones eléctricas. Manipulación de módulos FV.
Riesgo químico	Pinturas y disolventes para el acabado de superficies, desengrasantes, adhesivos, masillas, aceites minerales, combustibles, aislamientos, etc.
Riesgo de altura	Caídas debidas a causas varias.

c) Respecto al montador

De nada sirve que la empresa se preocupe por estudiar adecuadamente las instalaciones a realizar, prevenir los riesgos, equipar adecuadamente a los operarios y la zona de trabajo, si el montador no utiliza y aplica los equipos de protección individuales y colectivos, así como las consignas y normativas establecidas.

El montador debe ser responsable del trabajo que realiza y preservar su seguridad y la de los demás.

d) Prevención frente al riesgo mecánico en el montaje

El riesgo mecánico es aquel que puede producir lesiones corporales tales como cortes, abrasiones, punciones, contusiones, golpes por objetos desprendidos o proyectados, atrapamientos, aplastamientos, quemaduras, etc.

El riesgo mecánico puede producirse en toda operación que implique manipulación de herramientas manuales, motorizadas, maquinaria, manipulación de vehículos, utilización de dispositivos de elevación (grúas, puentes grúa, polipastos), etc.

e) Recomendaciones generales de seguridad frente al riesgo mecánico

- Asegurarse, antes de usar las máquinas, que los equipos de izado y manutención no tengan anulados los dispositivos de seguridad, enclavamiento y emergencia. Bajo ningún concepto, salvo en operaciones de reparación y mantenimiento con la máquina desconectada, deben quitarse estos dispositivos de seguridad.
- No entrar en las zonas señalizadas como de acción de las máquinas que disponen de partes móviles.
- No acceder a las áreas de riesgo mientras la máquina esté en funcionamiento o conectada.
- Respetar siempre las señales de seguridad (pictogramas) que indican los riesgos potenciales de los lugares de trabajo.
- En la zona de trabajo, no fumar, comer o beber durante la realización de las tareas.
- No llevar prendas u objetos que puedan dar lugar a atrapamientos o enganches con las partes móviles de las máquinas (corbatas, bufandas, pañuelos, colgantes, pulseras, anillos, etc.), e incluso pelo largo.
- Utilizar los medios de protección individual y colectivos en las operaciones que sean necesarios (cascos, gafas o pantallas de protección facial, mandiles, guantes, polainas, calzado de seguridad, cinturones, etc.)

- El operario debe conocer y aplicar los procedimientos de trabajo de que se disponga en el taller y en lugar de montaje.
- El nivel de iluminación en la zona de trabajo será suficiente para garantizar la seguridad del lugar y la calidad del trabajo que se realiza.

Figura 1.11. Cartel en el que se presenta la forma de proceder para proporcionar respiración artificial a una persona accidentada.

- Durante el montaje, se mantendrá limpia y ordenada toda la zona de trabajo, y también la maquinaria, herramientas, materiales, etc. El orden ayuda a reducir los riesgos de accidentes.
- Cumplir en todo momento las normas y consignas de seguridad establecidas para una determinada tarea, así como las que se puedan dar de forma verbal.

1.6. Sistemas de comunicación

a) Cómo actuar ante un accidente laboral. Todo lo que la empresa debe saber

El empresario debe conocer todas las obligaciones que le afectan en torno a los accidentes laborales, y el trabajador debe saber cómo actuar en tal caso.

La primera obligación del empresario es evitar todo tipo de riesgo (prevención del riesgo), para evitar que el accidente pueda darse. Cuando por desgracia, el accidente se produce, la empresa debe garantizar una rápida y eficaz atención a la víctima, y también, realizará el tratamiento documental del accidente, llevando a cabo la correspondiente investigación para determinar las causas que lo provocaron y revisar la evaluación de riesgos y la planificación de la actividad preventiva, con objeto de adoptar las medidas necesarias para evitar que vuelvan a ocurrir accidentes similares.

Dependiendo del volumen de la empresa, es conveniente realizar un análisis estadístico de la accidentalidad en la empresa y de los costes derivados para valorar la posible rentabilidad económica de las medidas preventivas y de protección necesarias.

b) Atención al accidentado

Material de primeros auxilios:

Figura 1.12. Cartel que nos señala el local donde se suministran los Primeros Auxilios.

Dependiendo del tamaño y actividad de la empresa, deberá disponer del material de primeros auxilios, que serán adecuados, en cantidad y características, al número de trabajadores, a los riesgos a que estén expuestos y a las facilidades de acceso al centro de asistencia médica más próximo. No siempre puede darse esta circunstancia.

Los lugares de trabajo de más de 50 trabajadores deberán disponer de un local destinado a los primeros auxilios y otras posibles atenciones sanitarias, disponiendo, como mínimo, de un botiquín, una camilla y una fuente de agua potable. Estando próximos a los puestos de trabajo y teniendo fácilmente accesibles las camillas.

Características del botiquín de primeros auxilios:

- Ser adecuado al número de trabajadores.
- Disponer de los medios que sean adecuados a la actividad que se realiza.
- Estará debidamente señalizado.
- Estará ubicado en un lugar de fácil acceso, que será conocido por todos los trabajadores.
- Dispondrá de al menos un maletín portátil.
- El material del botiquín y el maletín serán revisados periódicamente para garantizar que dispongan de todo lo necesario, desechando los que estén caducados.

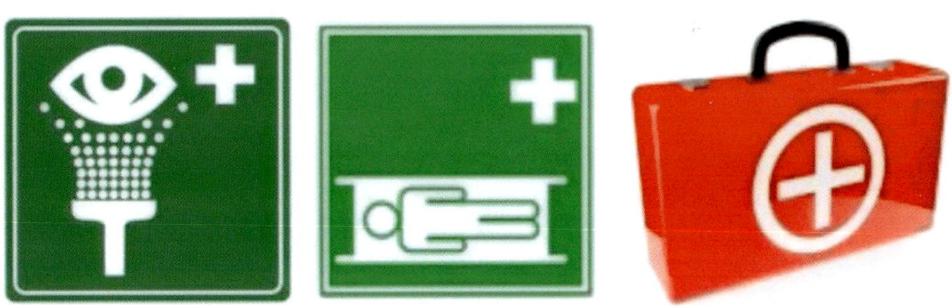

Figura 1.13. Señales de información para primeros auxilios.

c) Atención al trabajador en caso de accidentes leves

Para accidentes de trabajo de carácter leve, el botiquín dispondrá de los materiales necesarios de primeros auxilios, para hacer una pequeña cura.

Cuando la situación lo requiera, el trabajador acudirá al centro médico de la Mutua que la empresa tenga concertada, informando previamente de ello a su responsable directo.

El encargado de la seguridad en la obra deberá conocer la dirección del centro médico al que debe enviar el personal accidentado en caso de necesidad.

En caso de ser necesaria la baja laboral, el médico de la Mutua emitirá el correspondiente parte, que el trabajador deberá entregar en la empresa. A partir de ahí, la empresa efectuará la gestión documental del accidente.

d) Atención al trabajador en caso de accidente grave y muy grave

Cuando en el desarrollo de la actividad se produzca un accidente laboral de carácter grave o muy grave, el responsable en la obra de la seguridad y que haya recibido la formación necesaria en materia de primeros auxilios prestará una primera atención al accidentado, hasta que llegue la ambulancia y/o los servicios de emergencia.

El herido debe ser trasladado en un vehículo adecuado, al centro (mutua, centro sanitario u hospital) que la empresa tenga concertado.

Nota: *el encargado de la seguridad en la obra tendrá conocimiento de la mutua u hospital al que tenga que pedir el socorro, y dispondrá de los teléfonos de emergencia, a los que tenga que llamar.*

e) Respuesta ante un accidente

Ante un accidente: aplicar PAS
1. PROTEGER 2. AVISAR 3. SOCORRER
Reconocer signos vitales del accidentado
a) CONSCIENCIA b) RESPIRACION c) PULSO

1.7. Repaso de la materia estudiada

A continuación y a modo de repaso sobre la materia estudiada, se presentan una serie de preguntas con respuesta, que tienes que intentar responder correctamente, tapando la respuesta, para que puedas evaluarte sobre los conocimientos adquiridos.

Preguntas		Respuestas
1	¿Qué obligaciones tiene el trabajador respecto al riesgo de accidente?	Debemos tener bien presente, que los primeros interesados en la aplicación de las normas de seguridad frente al riesgo, es el propio trabajador. Debemos exigir los medios y aplicarlos.
2	Clasificación de las señales de seguridad para instalaciones: .	Se distinguen cuatro tipos de señales: a) Advertencia. Advierten de un peligro. b) Prohibición. Prohíben comportamientos susceptibles de provocar un peligro. c) Obligación. Obligan a un comportamiento determinado. d) Información. Proporcionan información sobre la forma de proceder o actuar.
3	 ¿Qué tipo de señal es esta?	Señal de advertencia.
4	 ¿Qué tipo de señal es esta?	Señal de prohibición. Está prohibido fumar.
5	Notas Técnicas de Prevención (NTP) del INSHT, que tratan sobre eslingas:	NTP 841. Eslingas textiles (I). NTP 842. Eslingas textiles (II). NTP 861. Eslingas de cadena. NTP 866. Eslingas de cables de acero
6	¿De qué trata el Real Decreto 614/2001?	Sobre: Disposiciones Mínimas para la Protección de la Salud y Seguridad de los Trabajadores frente al Riesgo Eléctrico.
7	¿A quién corresponde las siglas INSHT?	Al Instituto Nacional de Seguridad e Higiene en el Trabajo.
8	¿Qué se entiende por materiales EPI?	Cualquier equipo destinado a: ser llevado o sujetado por el trabajador para que le proteja de uno o varios riesgos que puedan amenazar su seguridad o su salud, así como cualquier complemento o accesorio destinado a tal fin.
9	Importancia del izado de cargas en el montaje de instalaciones fotovoltaicas:	La manipulación y elevación de cargas es una de las tareas principales que realiza el mecánico montador de instalaciones fotovoltaicas. Una defectuosa manipulación puede dar lugar a un accidente grave para los propios materiales y las personas que los manipulan o intervienen en la zona.
10	Tiempo para llegar a la fibrilación con una corriente de 100 mA:	3 segundos.
11	¿Qué señala el artículo 29 de la Ley 31/95 de Prevención de Riesgos Laborales, respecto al trabajador?	La obligación de velar por su propia seguridad y salud en el trabajo y por la de aquellas otras personas a las que pueda afectar su actividad profesional.
12	¿Qué efectos producen en el organismo humano una corriente de 75 mA?	Umbral de fibrilación cardíaca irreversible.

13	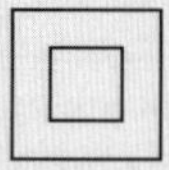 ¿Qué significa este símbolo en un aparato eléctrico?	Que está protegido con doble aislamiento.
14	¿Qué se entiende por contacto indirecto?	Contacto de personas o animales domésticos con partes que se han puesto bajo tensión como resultado de un fallo de aislamiento.
15	¿De qué tratan las llamadas "Cinco Reglas de Oro"?	De las recomendaciones para trabajos que se realizan en circuitos eléctricos sin tensión.
16	¿Cuáles son los parámetros que influyen en un mayor riesgo de la corriente eléctrica en el organismo humano?	• Tensión eléctrica (voltios). • Intensidad de corriente (miliamperios). • Resistencia de la persona ante la corriente eléctrica (ohmios).
17	¿La protección medioambiental afecta a nuestro trabajo?	Debemos proteger el medioambiente porque es una necesidad para todos, en todos los niveles de nuestra actividad, nuestra casa, nuestro entorno, nuestro ocio, y por supuesto; nuestro trabajo de montaje.
18	Riesgos que generan los trabajos de montaje:	• Riesgo mecánico. • Riesgo térmico. • Riesgo eléctrico. • Riesgo químico. • Riesgo de altura.
19	Ante un accidentado, ¿qué debemos reconocer de forma inmediata?	Comprobar: • La consciencia. • La respiración. • El pulso.
20	Respecto al socorro de accidentados en lugares de trabajo de más de 50 trabajadores, dispondrán de:	Deberán disponer de un local destinado a los primeros auxilios y otras posibles atenciones sanitarias, disponiendo, como mínimo, de un botiquín, una camilla y una fuente de agua potable. Estando próximos a los puestos de trabajo y fácilmente accesibles para las camillas.
21	Ante un accidente: aplicar PAS. ¿Qué significa PAS?	Ante el accidente esta será nuestra forma de proceder: 1. Proteger. 2. Avisar. 3. Socorrer.

2. Organización del montaje de instalaciones solares fotovoltaicas

Introducción

Como sabemos, el volumen de trabajo de montaje y actividad de una instalación, depende de su dimensionado. Las hay desde muy sencillas, hasta muy complicadas, en cantidad de módulos, estructuras y paneles. Además pueden ser con paneles fijos o móviles, que siguen el camino del Sol.

Para la planificación del montaje se tendrán en cuenta todas las particularidades del mismo, y en función de las circunstancias que los rodea, se diseñará la correspondiente estrategia a seguir.

Para planificar un proyecto y su montaje, habrá que conocer el Cuaderno de Cargas y demás documentación generada por el Proyecto, y a partir de esa documentación y de las fechas establecidas, elaborar el correspondiente Planning de montaje.

Como todas las planificaciones, cuanto más detalladas y precisas sean, más seguras serán y más fácil resultará su seguimiento.

En toda planificación hay que seguir una metodología, en función de la tecnología de que se trate, de forma que se lleve el montaje con un orden normal, de manera que no se produzcan esperas, ni retrasos, ni atropellos en la actividad de los diferentes gremios que puedan intervenir en el montaje.

Las fechas con los objetivos fijados se indican en el Plan Director o Cuaderno de Cargas General del Proyecto, y sobre estas fechas de referencia, deberemos planificar la realización del montaje del mismo.

La planificación de un montaje no se debe limitar exclusivamente a determinar fechas de inicio y final de una tarea, deberá incluir un descriptivo con las necesidades de personal, herramientas, equipamiento, modo de ejecución, etc.

Para la ejecución de un montaje, se tendrán en cuenta las tecnologías y gremios que intervienen, y el entorno que les rodea. Se aplicarán las normativas que les corresponda, de tipo: reglamentos, normas, ordenanzas municipales, reglamentos de seguridad, normativa de calidad y normativa medioambiental.

Instalación en proceso de montaje.

Contenido

2.1. Procesos de montaje de instalaciones solares fotovoltaicas

Fases de un proyecto:

Cualquier proyecto que se emprenda pasa por las siguientes fases:

Fases	Actividad	1	2	3	4	5	6	7	8	9	10
1	Planteamiento de una necesidad	■									
2	Estudio y planificación		■								
3	Compras y contratos			■							
4	Fabricación de soportes, estructuras, etc.				■						
5	Preparación de la zona de montaje					■					
6	Acopio de materiales a la obra						■				
7	Montaje							■			
8	Verificaciones, pruebas y ensayos								■		
9	Puesta en servicio de la instalación									■	
10	Entrega de la instalación										■

***Nota:** cuanto más desglosadas estén las fases, más fácil resultará precisar cada una de las operaciones a realizar.*
El tiempo de cada etapa se fijará de acuerdo con la previsión y las posibilidades reales.

1ª Fase: Planteamiento de una necesidad

El inicio de un proyecto se inicia con el establecimiento de una necesidad, como es en nuestro caso, la realización de una instalación de generación fotovoltaica.

Búsqueda de recursos (económicos, materiales y humanos).

2ª Fase: Estudio y planificación

Se iniciará con la elaboración de la Memoria Descriptiva de la Necesidad que deberá contener:

- Descripción de Instalación.
- Identificación de los objetivos.
- Definición de líneas de acción y actividades concretas.
- Calendario de ejecución.
- Presupuesto.
- Toda información adicional que se considere oportuna.

3ª Fase: Compras y contratos

Contratos de suministros de:

- Obra civil.
- Mecánica (suministros y montaje).
- Módulos.
- Electricidad (suministros y montaje).
- Complementos.

4ª Fase: Fabricación de soportes, estructuras, etc.

- Fabricación en taller de los materiales que se vayan luego a montar.

5ª Fase: Preparación de la zona de montaje

- Casetas de obra.
- Acotado y señalización de la zona de instalación.
- Acondicionamiento de la zona (cimentaciones y accesos).
- Obra civil.

6ª Fase: Acopio de materiales a la obra

- Todos los materiales, de acuerdo con el momento en que se necesiten.

7ª Fase. Montaje

- Suministro de materiales (mecánicos, eléctricos y complementarios).
- Montaje mecánico de estructuras y soportes.
- Montaje de los módulos.
- Realización de la instalación eléctrica.
- Realización de los complementos.

8ª Fase. Verificaciones, pruebas y ensayos

- Revisión del montaje en su conjunto. Anotación de cosas a corregir, mejorar o sustituir.
- Pruebas de funcionamiento individuales y de conjunto.

9ª Fase. Puesta en servicio de la instalación

- Una vez realizadas las pruebas, se pasará a la puesta en servicio de la instalación.

10ª Fase: Entrega de la instalación

- Información y formación del cliente.
- Entrega de la documentación.

2.2. Organización y preparación del montaje

Todos los montajes deben ser programados, tanto que sean de pequeña como de gran identidad o volumen de operaciones.

Cuanto mejor preparados estén, más fácil será encontrar solución a los problemas que surjan en la fase de montaje.

Para organizar y preparar el montaje, se procederá cono sigue:

- Habrá una persona o equipo encargado del montaje (dirección).
- Recopilación de toda la documentación emitida para la realización del Proyecto (Especificaciones Técnicas, Descriptivos, Planning Director, planos de construcción, implantación y montaje, incluidos los pedidos de todos los materiales).
- Elaboración de un Planning de montaje, que incluya:
  - Especificación de fluidos necesarios (electricidad, agua, alumbrado, aire neumático).
  - Características de los lugares de acogida del personal de montaje, dirección de la obra y almacenado de materiales (casetas de obra).
  - Suministros de materiales (fechas de suministro a la obra).
  - Gremios que participan en el montaje (obra civil-albañiles, mecánicos, electricistas, pintores, impermeabilizadores, etc.).
  - Equipamiento de herramientas y equipos.
  - Acotado y señalización de la obra.
  - Protecciones y cerramientos a colocar en el perímetro de la obra.
  - Personal y gremios necesarios en cada fase de la obra.
  - Acondicionamiento de la zona de montaje (preparación al montaje).
  - Trabajos de obra civil (acondicionamiento, canalizaciones, locales, etc.).
  - Equipos de elevación y movimiento de materiales y equipos.
  - Montaje de estructuras y paneles.
  - Recepción del montaje mecánico
  - Montaje de los módulos FV.
  - Recepción del montaje de los módulos FV.
  - Instalación eléctrica.
  - Pruebas de la instalación eléctrica.
  - Entrega de la instalación al cliente.
  - Retirada de los materiales de la obra.

Nota: cuantos más detalles contenga el Planning más preciso será, y más nos ayudará a la ejecución del montaje.

Como hemos leído en el Contenido, la planificación de un montaje no se debe limitar exclusivamente a determinar fechas de inicio y final de una tarea, deberá incluir un descriptivo con las necesidades de personal, herramientas, equipamiento, modo de ejecución, etc.

Planificación del montaje:

La planificación de un montaje puede hacerse de diferentes formas, como serían:

- Planning donde se puedan ver las fechas de objetivos principales del Proyecto.
- Planning de obra civil (cuando el Proyecto tenga obra civil).
- Planning de preparación y acondicionamiento de la zona.
- Planning para el suministro y retirada de fluidos (agua, electricidad, alumbrado, aire neumático, etc.).
- Planning de montaje mecánico.
- Planning de otros gremios que puedan intervenir en el proyecto (tuberos, limpieza, impermeabilización, etc.).
- Planning de montaje de módulos fotovoltaicos.
- Planning del montaje eléctrico.
- Planning de pruebas y entrega de la instalación al Cliente.

Planning de montaje mecánico:

Fases	Tareas	1	2	3	4	5	6	7	8	9	10	11
1	Casetas de obra	■										
2	Aprovisionamiento de fluidos	■										
3	Acondicionamiento de la obra (seguridad)	■										
4	Trabajos de obra civil		■									
5	Aprovisionamiento de herramientas			■								
6	Aprovisionamiento de máquinas			■								
7	Aprovisionamientos de materiales				■	■	■	■				
8	Montaje de materiales					■	■	■	■			
9	Montaje de módulos FV								■			
10	Canalizaciones eléctricas								■	■		
11	Trabajos complementarios									■		
12	Recepción del montaje										■	
13	Retirada materiales de la obra											■

Nota: el tiempo de ejecución puede darse en meses, semanas, días e incluso, horas.

2.3. Técnicas de planificación estratégica

La improvisación siempre supone un coste añadido. Se pierde tiempo, se encarece el montaje. Una buena planificación y seguimiento de la obra ayudará a conseguir objetivos, como son:

- Disponer de todos los medios en el momento que se precisen (equipamientos, medios de elevación, manipulación y trasporte, etc.).
- Que los materiales y suministros estén en obra en el momento en que se van a montar.
- Que haya control de los materiales recepcionados y estén correctamente marcados y controlados en todo momento.
- Que el equipo humano sea el que corresponda a cada fase del montaje.
- Cumplimiento de los objetivos previstos según el Planning establecido.

¿Cómo se consigue estos objetivos?: con la planificación y seguimiento.

- Debe haber una persona o equipo (depende del volumen de la instalación) encargado del seguimiento, de acuerdo con la planificación y objetivos establecidos, y que harán el seguimiento de las fases del proyecto y del cumplimiento de los mismos.
- Serán receptores de toda la información que genera el proyecto (cuadernos de Cargas, Especificaciones Técnicas, planos constructivos, copia de pedidos, documentación entregada por los proveedores, etc.).
- El Planning general del proyecto será la referencia o guía.
- Se ocupará de que cada fase de la realización del proyecto se inicie en el momento previsto, teniendo todo a disposición.
- Hará el seguimiento diario de la marcha del proyecto en su conjunto (habrá que agilizar atrasos, lanzar los pedidos no realizados, agilizar la ejecución de los diseños retrasados, etc.). La referencia o guía será siempre el Planning establecido.
- Examinará y resolverá aquellas deficiencias que vayan surgiendo con el paso de los días.

¿Cuál es el método para conseguir los objetivos?

- La planificación, su seguimiento y cumplimiento riguroso.

- El Planning tiene que ser desde el principio realista y con el máximo de detalles posibles, integrando a todos los gremios que participan en el mismo.
- Como se ha dicho, puede haber un Planning director y Planning derivados de éste, por gremios o tareas.

Resumiendo: el éxito de una buena estrategia de planificación está en:

- Buen estudio de la ejecución de la obra (**Planning Director**).
- **Planificación precisa.**
- **El seguimiento continuado.**

2.3.1. Descripción de fases de trabajo

Las fases de trabajo dependen de:

Magnitud o volumen de la instalación. No es lo mismo una pequeña instalación con un pequeño soporte para uno o varios módulos FV, que una instalación sobre tejado o fachada, o un huerto solar con paneles que tienen seguimiento solar de dos ejes y bases de hormigón y acondicionamiento del terreno.

Se enumeran a continuación las grandes fases o etapas en la materialización de un proyecto:

- Surge la idea de realizar un determinado Proyecto.
- Estudio de la viabilidad del Proyecto.
- Planificación de las fases de realización del Proyecto.
- Fase de estudio (cuaderno de cargas, descriptivos, planos de construcción, listado de materiales, etc.).
- Fase de creación (fabricación y compra de materiales).
- Contratos para la ejecución de la obra (grúas, protecciones, casetas de obra, etc.).
- Recepciones parciales de los montajes.
- Fase de ejecución (materialización del Proyecto).

Obra civil, mecánica, electricidad, otros gremios.

- Fase de pruebas y funcionamiento.
- Entrega de la instalación.

2.3.2. Determinación de tiempos de ejecución de las fases de trabajo

Para determinar los tiempos de ejecución de las fases de trabajo, habrá que recopilar previamente toda la documentación y después establecer la forma más conveniente de intervención para llegar al objetivo de puesta en servicio de la instalación. Así pues, tendremos que determinar los tiempos de ejecución comprendidos entre:

Preparación y condicionamiento de la zona	**Recepción de materiales**	**EJECUCION Fases de trabajo MONTAJE**	**Entrega de la instalación**

Los tiempos de ejecución del montaje los podemos agrupar en las siguientes fases:

1. Preparación de la zona de recepción de materiales y personal.
2. Acondicionamiento de la zona de trabajo.
3. Realización de la obra civil o similar.
4. Montaje mecánico de estructuras y soportes.
5. Montaje de módulos FV.
6. Instalación eléctrica.
7. Recepciones parciales.
8. Pruebas.
9. Retirada de materiales y restos de obra.
10. Entrega de información y documentación al cliente.

Para cada fase o tarea se establecerá un tiempo de ejecución, teniendo en cuenta los objetivos fijados para el conjunto de la obra.

2.3.3. Determinación de las necesidades de personal

En la ejecución de una instalación fotovoltaica del tipo que sea, entran diferentes tecnologías y gremios, dependiendo de la fase de ejecución de que se trate. En nuestro caso nos limitamos a la Organización del montaje de instalaciones solares fotovoltaicas.

El lugar de instalación puede ser muy diferente según se trate de:

- Tejados.
- Fachadas.

- Tejavanas.
- Azoteas.
- Huertos solares.
- Postes.
- Terrenos varios.
- Soportes varios.

Para cada lugar, situación y tipo de implantación se elegirá el equipamiento que corresponda.

Gremios que pueden intervenir en un montaje:

- Obra civil (albañilería).
- Mecánicos ajustadores.
- Mecánicos montadores.
- Soldadores (soldadura eléctrica y autógena).
- Tuberos.
- Pintores.
- Profesionales del aislamiento.
- Electricistas.
- Peones.

En el momento de establecer las necesidades de equipamiento para una determinada instalación fotovoltaica, se estudiará toda la documentación disponible para la misma, como son:

- Planning.
- Especificaciones Técnicas.
- Cuaderno de Cargas.
- Planos de implantación.
- Planos constructivos de los materiales.
- Planos de montaje.
- Descriptivos que acompañan a los pedidos.
- Recomendaciones de los fabricantes de módulos fotovoltaicos.
- Inspección del lugar de instalación.

Cuanto más información pueda recopilarse, más fácil resultará determinar con el mínimo error, el equipamiento necesario para cada una de las fases de la realización de la instalación.

2.4. Especificaciones metodológicas para el montaje de paneles

En primer lugar, para realizar el montaje de los módulos FV, se tendrán en cuenta las indicaciones y observaciones dadas por el fabricante, que es quien mejor conoce cómo hay que tratar el material que fabrica.

Varias son las formas en que se puede montar un módulo FV sobre una estructura o panel, y que se resumen a continuación.

- Atornillados a la estructura o soporte.
- Fijados por grapas a la estructura o soporte.
- Introducidos en guías.
- Pegados o sellados.
- Introducidos en marcos especiales.

Cada forma o procedimiento tiene un método de montaje que habrá que aplicar en cada caso.

En todos los casos hay que tener precaución en no forzar el marco con aprietes o deformaciones innecesarias, ni que las grapas puedan afectar al cristal del módulo.

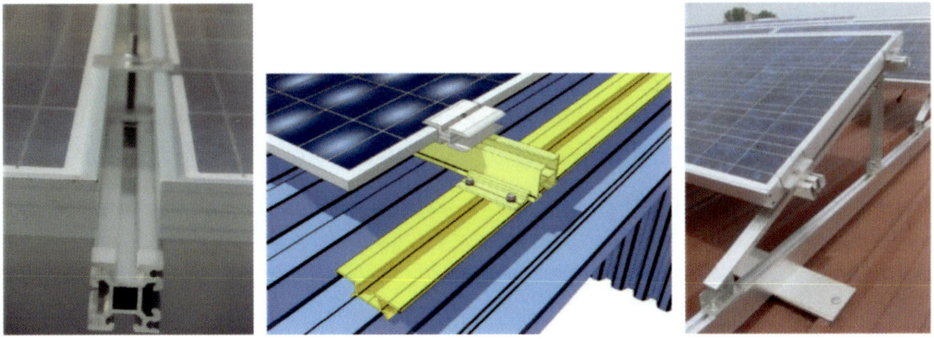

Figura 2.1. Fijación de módulos a paneles y estructuras.

a) Advertencias respecto a la manipulación de los módulos fotovoltaicos

Recomendaciones para la manipulación de los módulos FV en las operaciones de almacenado, desembalado y montaje de los módulos:

- Se deben respetar las advertencias y las instrucciones señaladas en el embalaje, así como en los folletos que los acompañan.
- Si fuera necesario almacenar los módulos temporalmente, se deberán guardar en un lugar seco y bien ventilado.

- Los módulos se deben manejar con cuidado en las operaciones de desembalado, almacenado y manipulación de los mismos. Se evitarán golpes e incorrectos apilados.
- Los módulos se deben transportar con ambas manos. No se debe usar la caja de conexiones a modo de sujeción.
- No deje que los módulos se curven o cedan bajo su propio peso al transportarlos.
- Los módulos no deben someterse a cargas/tensiones y no se deben pisar ni dejar caer.
- Todos los contactos eléctricos se deben mantener limpios y secos.
- Se deben anotar los números de serie de los módulos antes de la instalación y se deben incluir en la documentación del sistema.
- Durante la manipulación de un módulo, no exponerlo a la luz del sol estando la caja de conexiones abierta (habrá tensión en bornes).
- Durante el montaje mecánico de los módulos, no se manipularán los conectores de los módulos, ni se quitará la tapa de cierre.
- No desconectar los conectores del módulo durante las horas de luz diurna a menos que el módulo se encuentre en circuito abierto o que todos los módulos conectados en serie o en paralelo se encuentren cubiertos con un material opaco como, por ejemplo, una lona o una manta. Podría producirse un arco eléctrico capaz de atravesar los dedos y el cuerpo de la persona que sujete los dos extremos del conector.
- Un solo módulo puede presentar riesgo de una descarga mortal en horas de luz, incluso en los períodos de baja irradiación.
- Mantener todos los cables fuera del alcance de los operarios que están en el entorno de los módulos.
- Para más seguridad en el momento de intervención, cerrar las cajas de conexión y cubrir el módulo con material opaco.
- Los módulos deben manipularse con cuidado. Evitar los impactos de un viento fuerte lateral o trasero.
- Hay que evitar igualmente trabajar con lluvia o humedad elevada.
- No monte módulos solares que estén dañados. Si el cristal delantero está roto, o la lámina trasera estropeada, podrían producirse daños personales, ya que se generarían tensiones peligrosas y posibles cortes.

- Los cortocircuitos en la parte de CC de la instalación pueden dar lugar a arcos eléctricos, lo que constituye un riesgo de que se produzcan incendios o quemaduras.

  A diferencia de los arcos que se producen en el cableado de CA de baja tensión convencional, estos arcos no se extinguen por sí solos. Las altas temperaturas generadas por estos arcos pueden dar lugar a quemaduras.

- No se debe aplicar pintura, adhesivos, ni detergentes en la parte trasera de la lámina. No marque el módulo con objetos afilados o punzantes.

- Peligro por arco eléctrico. Los módulos solares generan corriente continua (CC) cuando están expuestos a la luz. La rotura o apertura de una conexión en carga, es decir, cuando la corriente está fluyendo, puede dar lugar a que se produzca un arco eléctrico, que no se extinguirá por sí solo. Por lo tanto, se recomienda cubrir los módulos con una cubierta no transparente durante la instalación. La apertura o ruptura de la conexión en cadena de módulos en los que fluya corriente, por ejemplo, la desconexión de un cable de CC del inversor mientras está en carga o conectado a la red de energía eléctrica, puede producir un arco eléctrico potencialmente mortal.

b) Factores medioambientales peligrosos para la instalación de módulos FV

Los módulos FV están diseñados para instalarse en condiciones climáticas moderadas y templadas.

Los módulos no están preparados para instalarse en entornos potencialmente explosivos o inflamables. En casos donde exista un riesgo de cargas de nieve y/o avalanchas, se deben tomar medidas para garantizar que los bastidores de los módulos instalados en los bordes de techos bajos no se doblen ni se desplacen.

Los módulos no se deben instalar en las siguientes ubicaciones:

- Cerca de fuentes de gases y vapores inflamables, como gasolineras, contenedores de almacenamiento de gas, instalaciones de pintura en espray, etc.

- Cerca de materiales inflamables.

- Bajo el agua o en una fuente u otro entorno en el que el agua esté presente de forma continuada.

- Expuestos a salinidad. Se recomienda que haya una distancia respecto al mar de al menos 500 m.

- Expuestos al azufre, como cerca de yacimientos de azufre o volcanes, debido al peligro de corrosión.
- Expuestos a sustancias químicas corrosivas.

2.5. Documentación de los materiales

Todo material estará acompañado de su correspondiente documentación.

Habrá un descriptivo general del proyecto, y de cada uno de sus elementos o componentes.

Para hacer el pedido de un determinado material, habrá un descriptivo del mismo, al que se incorporará después la documentación aportada por el suministrador, proveedor o fabricante.

Cada pedido tendrá su propia carpeta de documentos. Cuantos más datos e información se recopile, mejor se podrá informar a los montadores y usuarios de la instalación de que se trate.

Resumiendo, los documentos proceden de:

- Descriptivo general de la instalación (Cuaderno de Cargas).
- Documentos y descriptivos de detalle.
- Pedidos de: materiales, construcción y montajes.
- Descriptivos que acompañan a los pedidos.
- Documentos aportados por el proveedor o fabricante.
- Planos constructivos.
- Todos los materiales llevarán las marcas que les corresponda, para facilitar su identificación (muy importante este tema del marcado).

2.6. Maquinaria y equipos empleados en el montaje

Para el montaje de instalaciones fotovoltaicas se precisa maquinaria y equipos que dependerán del tipo de instalación, elementos a montar y lugar donde se realice.

En primer lugar, se dispondrá de un lugar para el almacenado de los materiales y una caseta o varias, para el personal y la dirección de la obra.

- Caseta de obra. Hay una amplia gama donde se puede elegir.

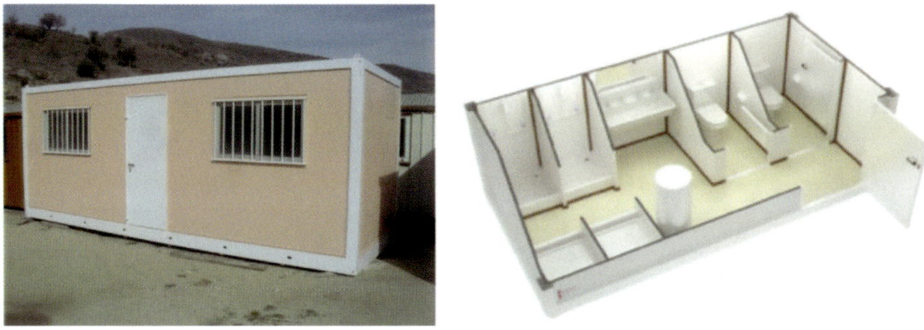

Figura 2.2. Casetas de obra, como oficina y local de aseo.

a) Respecto a la maquinaria

- Grúas para descarga y manipulación de los diferentes materiales (estructuras, paneles anclajes, piecerío, módulos, armarios eléctricos, equipamiento de montaje.
- Carretillas motorizadas para el desplazamiento de cargas.
- Carretillas manuales.

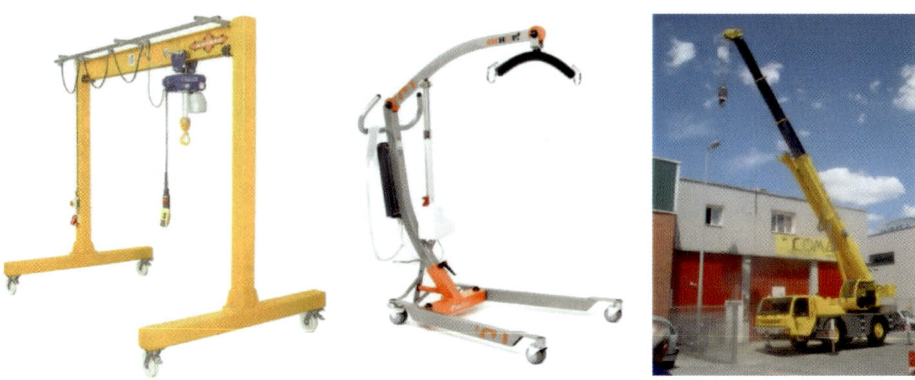

Figura 2.3. Puente, elevador-transportador y grúa.

- Polipastos y diferenciales (eslingas y cadenas).

  Los polipastos y diferenciales dc accionamiento manual o motorizado son básicos para la manipulación de diversos materiales.

  Los polipastos son de fácil instalación y permiten accionar y mover cargas no excesivamente pesadas, facilitando tareas de elevación, anclado de piezas, ensamblado de elementos mecánicos, y de otro tipo.

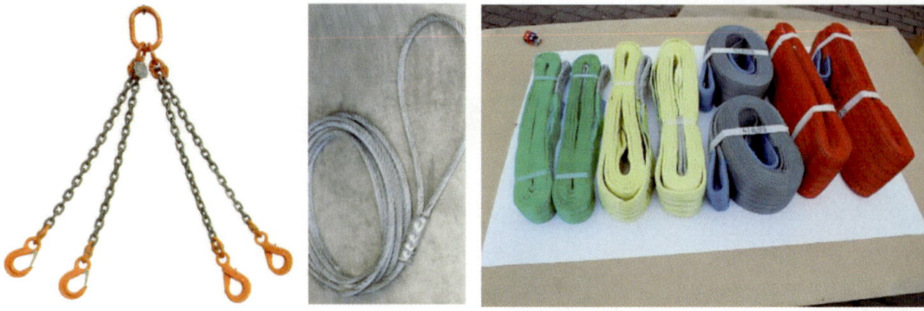

Figura 2.4. Cadenas, cables y eslingas.

- Mesas y plataformas elevadoras.

La elevación y suspensión de las piezas es una de las tareas principales en los trabajos de montaje de instalaciones fotovoltaicas.

Figura 2.5. Plataforma elevadora, escalera plataforma móvil.

b) Respecto a equipos

- Aparatos de medida y comprobación.

Muchos son los aparatos de medida y comprobación que se pueden utilizar en una obra de este tipo:

- Calibrador o pie de rey (diversos modelos).
- Micrómetro.
- Niveles.
- Niveles láser.
- Termómetros.

- Cinta métrica.
- Escuadra.
- Flexómetro.
- Goniométro.
- Gramil.
- Reglas.

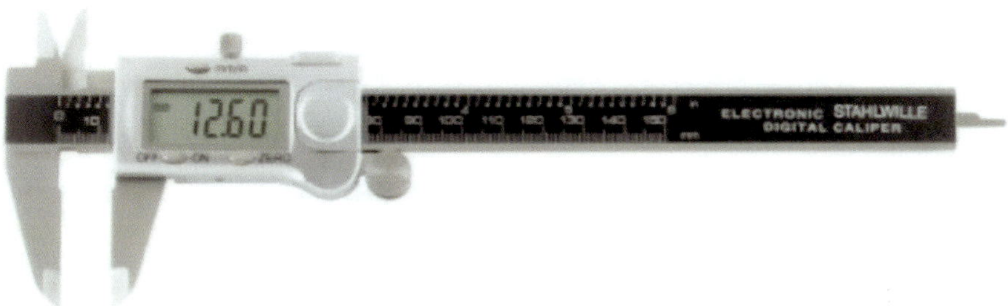

Figura 2.6. Calibrador o "pie de rey".

- Mesa de trabajo en obra.

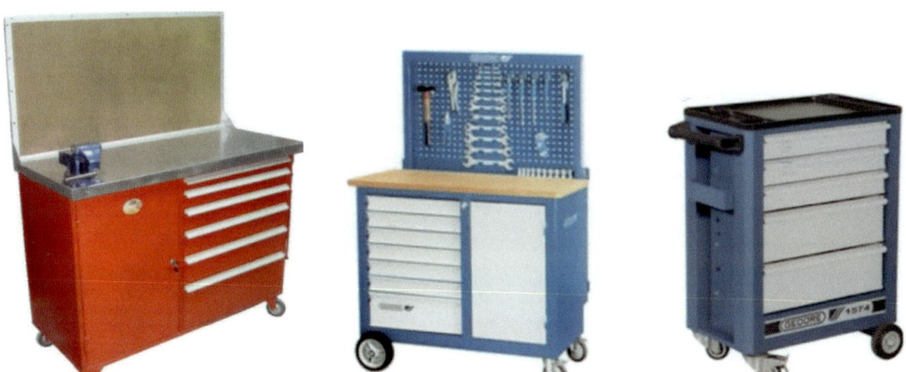

Figura 2.7. Masas de trabajo y herramientas para trabajos en obra.

- Herramientas manuales.

El mecánico emplea diversas herramientas que serán adecuadas al tipo de trabajo que se realiza.

Las herramientas es bueno que estén a disposición del instalador en el momento en que se precisen, de aquí la importancia de disponer de mesas de trabajo y cajas de herramientas.

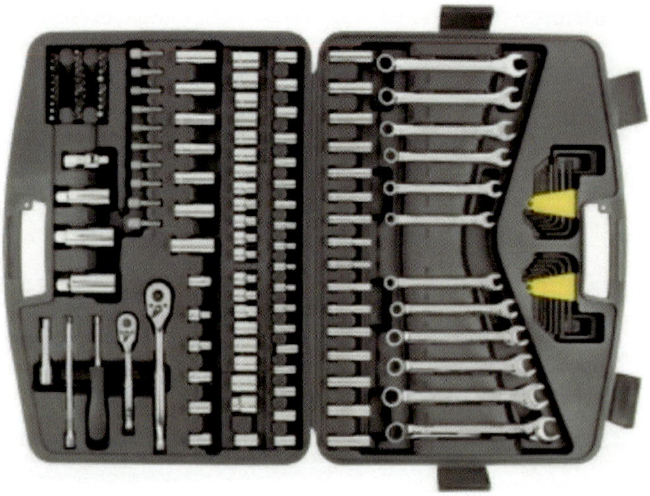

Figura 2.8. Ejemplo de una caja con diversas herramientas.

- Limado, taladrado, roscado, corte, cincelado y otros.

El mecánico montador realiza diversas tareas, como son la de ajuste, taladrado, roscado de redondos y agujeros, corte y otros trabajos para los que necesita herramientas adecuadas como las que se representan en la figura 2.9.

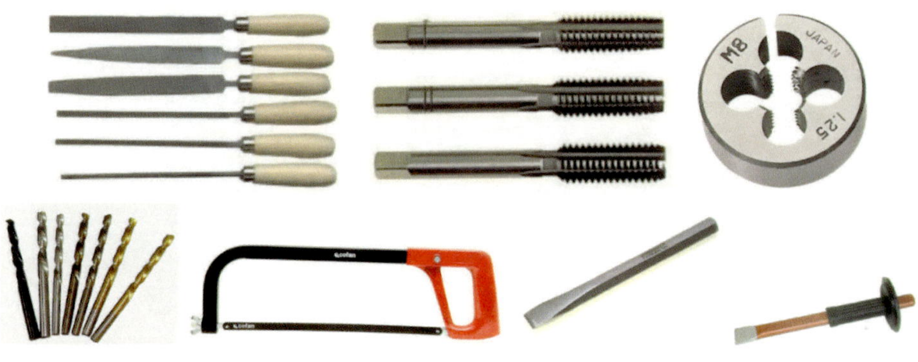

Figura 2.9. Herramientas de mecánico (limas, machos y terraja de roscar, brocas, arco de sierra y cinceles.

- Herramientas motorizadas.

Cada vez es mayor el número de herramientas con motorización eléctrica, neumática o hidráulica, con el fin de facilitar el trabajo que realiza el montador.

Figura 2.10. Radial y Taladro.

- Equipo compresor de aire neumático.

Para alimentar pistolas de pintura, martillos neumáticos, máquinas de atornillar, etc.

Figura 2.11. Grupos compresor.

- Grupo electrógeno.

Cuando no hay posibilidad de conexionarse a la red general hay que recurrir a los grupos electrógenos para suministrar corriente eléctrica tanto para el alumbrado, como para alimentar a las diferentes máquinas accionadas por motores eléctricos.

Figura 2.12. Grupos electrógenos para generar electricidad.

- Equipos de soldadura (autógena y eléctrica).

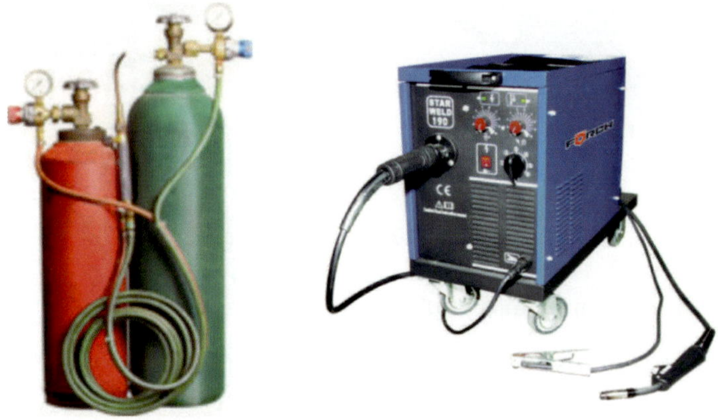

Figura 2.13. Equipos de soldadura autógena y eléctrica.

- Equipo de extinción de incendios.

No debemos descuidar la protección contra incendios, y más, cuando se realizan trabajos de soldadura, radiales e impermeabilización y otros trabajos que pueden aportar calor chispas o llama. El equipo de soldadura incluirá las prendas de equipamiento personal, extintor de incendios, manta ignífuga y agua (manguera o recipiente con agua).

Figura 2.14. Extintores y cubo para agua.

- Equipo de protección individual (EPI).
- Equipo de protección colectivo.
- Material para el cerramiento y delimitación de la obra.
- Carteles con señalización.

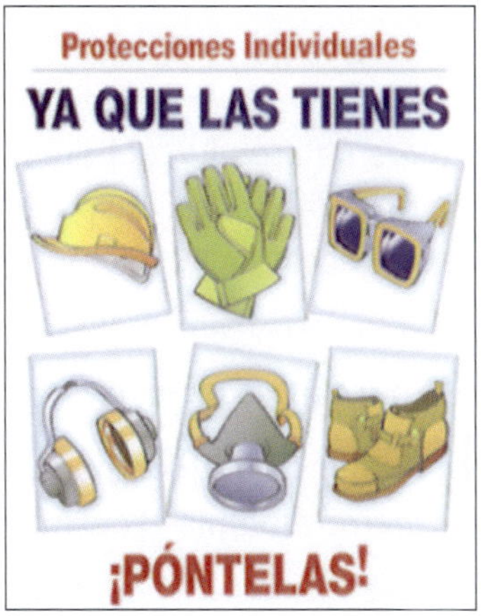

Figura 2.15. Equipamiento personal y señalización de obras.

2.7. Requerimientos fundamentales de la reglamentación de aplicación

Los Proyectos de instalaciones fotovoltaicas que incluyen los montajes, se realizarán aplicando las normas y reglamentación que la legislación requiera para estos casos, como son fundamentalmente:

- Reglamentación Local (Municipal).
- Reglamentación Autonómica.
- Reglamentación Nacional.
- Normas UNE.
- Directivas Comunitarias.

En el apartado 2.7.1 se estudia un ejemplo de aplicación en la Reglamentación Local, que se fundamenta en la reglamentación Nacional, Autonómica, Comunitaria, y en las normas UNE.

Figura 2.16. Instalación aislada e instalación conectada a la red eléctrica general.

2.7.1. Ordenanzas municipales

Dentro de la normativa a aplicar para realizar un determinado proyecto de instalación de generación eléctrica a partir de paneles solares FV, el primer documento en el que nos tenemos que basar son las Ordenanzas Municipales del lugar o territorio en el que se va a materializar el Proyecto.

Las Ordenanzas Municipales en materia de instalaciones solares FV, son una guía ideal para cumplir con los requisitos que exige la normativa en vigor.

Por tanto, nada mejor que leer las Ordenanzas municipales emitidas por un determinado municipio. En este caso, hemos tomado como ejemplo el del municipio de Santa Cristina (Las Palmas), que es muy preciso e ilustrativo para la materia que se estudia en esta obra.

Ver ANEXO I al final de esta obra.

> ***Nota:*** *tras la lectura de este extenso y bien fundamentado documento, podemos ver lo complejo de la tramitación de una instalación de generación eléctrica fotovoltaica.*

Figura 2.17. Parque fotovoltaico con una potencia instalada de 9 MW.

2.7.2. Reglamentación eléctrica, reglamentos de seguridad, normativa de calidad y normativa medioambiental

a) Reglamentación eléctrica Baja Tensión

Aplicaremos el **Reglamento Electrotécnico para Baja Tensión**, según el **Real**

Decreto 842/2002, de 2 de agosto, por el que se aprueba el Reglamento electrotécnico para baja tensión.

Modificaciones posteriores:

Corrección de errores del Real Decreto 560/2010, de 7 de mayo, por el que se modifican diversas normas reglamentarias en materia de seguridad industrial para adecuarlas a la Ley 17/2009, de 23 de noviembre, sobre el libre acceso a las actividades de servicios y su ejercicio, y a la Ley 25/2009, de 22 de diciembre, de modificación de diversas leyes para su adaptación a la Ley sobre el libre acceso a las actividades de servicios y su ejercicio.(BOE 146 19-6-2010)

Instrucciones Complementarias: ITC BT 01 A 51.

Especificaciones particulares:

REBT - Especificaciones Particulares de las Empresas Suministradoras (artículo 14 del Reglamento electrotécnico para baja tensión).

Guía Técnica de aplicación al REBT:

Enlace al punto de información sobre reglamentación de Seguridad Industrial del Ministerio de Industria, Energía y Turismo.

b) Reglamentos de seguridad

Normativa y Seguridad en una instalación fotovoltaica:

Generalidades en seguridad en instalaciones fotovoltaicas aisladas de red.

- Todas las instalaciones con tensiones nominales superiores a 48 voltios contarán con una toma de tierra a la que estará conectada, como mínimo, la estructura soporte del generador y los marcos metálicos de los módulos.
- El sistema de protecciones asegurará la protección de las personas frente a contactos directos e indirectos. En caso de existir una instalación previa no se alterarán las condiciones de seguridad de la misma.
- La instalación estará protegida frente a cortocircuitos, sobrecargas y sobretensiones. Se prestará especial atención a la protección de la batería frente a cortocircuitos mediante un fusible, disyuntor magnetotérmico u otro elemento que cumpla con esta función.

Generalidades en seguridad en instalaciones fotovoltaicas conectadas a red:

- Todas las instalaciones cumplirán con lo dispuesto en el Real Decreto 1663/2000 (artículo 11) sobre protecciones en instalaciones fotovoltaicas conectadas a la red de baja tensión y con el esquema unifilar que aparece en la Resolución de 31 de mayo de 2001.

- En conexiones a la red trifásica las protecciones para la interconexión de máxima y mínima frecuencia (51 y 49 Hz respectivamente) y de máxima y mínima tensión (1,1 U_m y 0,85 U_m respectivamente) serán para cada fase.
- Todas las instalaciones cumplirán con lo dispuesto en el Real Decreto 1663/2000 (artículo 12) sobre las condiciones de puesta a tierra en instalaciones fotovoltaicas conectadas a la red de baja tensión.
- Cuando el aislamiento galvánico entre la red de distribución de baja tensión y el generador fotovoltaico no se realice mediante un transformador de aislamiento, se explicarán los elementos utilizados para garantizar esta condición.
- Todas las masas de la instalación fotovoltaica, tanto de la sección continua como de la alterna, estarán conectados a una única tierra. Esta tierra será independiente de la del neutro de la empresa distribuidora, de acuerdo con el Reglamento de Baja Tensión.

Figura 2.18. Puesta a tierra de una estructura que soporta módulos fotovoltaicos.

Medidas de seguridad:

1. Las centrales fotovoltaicas, independientemente de la tensión a la que estén conectadas a la red, estarán equipadas con un sistema de protec-

ciones que garantice su desconexión en caso de un fallo en la red o fallos internos en la instalación de la propia central, de manera que no perturben el correcto funcionamiento de las redes a las que estén conectadas, tanto en la explotación normal como durante el incidente.

2. La central fotovoltaica debe evitar el funcionamiento no intencionado en isla con parte de la red de distribución, en el caso de desconexión de la red general. La protección anti-isla deberá detectar la desconexión de red en un tiempo acorde con los criterios de protección de la red de distribución a la que se conecta, o en el tiempo máximo fijado por la normativa o especificaciones técnicas correspondientes. El sistema utilizado debe funcionar correctamente en paralelo con otras centrales eléctricas con la misma o distinta tecnología, y alimentando las cargas habituales en la red, tales como motores.

3. Todas las centrales fotovoltaicas con una potencia mayor de 1 MW estarán dotadas de un sistema de teledesconexión y un sistema de telemedida. La función del sistema de teledesconexión es actuar sobre el elemento de conexión de la central eléctrica con la red de distribución para permitir la desconexión remota de la planta en los casos en que los requisitos de seguridad así lo recomienden. Los sistemas de teledesconexión y telemedida serán compatibles con la red de distribución a la que se conecta la central fotovoltaica, pudiendo utilizarse en baja tensión los sistemas de telegestión incluidos en los equipos de medida previstos por la legislación vigente.

4. Las centrales fotovoltaicas deberán estar dotadas de los medios necesarios para admitir un reenganche de la red de distribución sin que se produzcan daños. Asimismo, no producirán sobretensiones que puedan causar daños en otros equipos, incluso en el transitorio de paso a isla, con cargas bajas o sin carga. Igualmente, los equipos instalados deberán cumplir los límites de emisión de perturbaciones indicados en las normas nacionales e internacionales de compatibilidad electromagnética.

c) Normativa de calidad

La propuesta de orden ministerial de calidad de instalaciones fotovoltaicas que fue enviado a la CNE se completa con una propuesta de orden ministerial, conocida y esperada por el sector fotovoltaico, que establece los requisitos técnicos y de calidad de las instalaciones fotovoltaicas.

Concretamente, incorpora la exigencia de que los equipos y componentes de estas plantas se ajusten a los estándares estipulados por las directivas europeas en la materia; regula las prestaciones de las instalaciones relativas a las garantías de ejecución y funcionamiento y, en particular, en cuanto al rendimiento energético, revisable cada 5 años, y por último, establece las acreditaciones que deberán ostentar los instaladores de sistemas fotovoltaicos.

Artículo 13. Establecimiento de requisitos técnicos y de calidad a las instalaciones:

Por orden del Ministro de Industria, Turismo y Comercio se podrán establecer requisitos técnicos y de calidad de las instalaciones fotovoltaicas para contribuir a la seguridad de suministro, entre otros, la obligación de soporte de huecos de tensión, a los que tendrán que acogerse las instalaciones y proyectos inscritos en el Registro de preasignación de retribución en el momento de su entrada en vigor y a las acogidas a la retribución establecida en el artículo 36 del Real Decreto 661/2007, de 25 de mayo, estableciéndose, en su caso, los necesarios mecanismos transitorios de adecuación de las instalaciones inscritas con carácter definitivo en el Registro administrativo de instalaciones de producción en régimen especial.

Esta obligación será condición necesaria para la percepción de la retribución que le corresponda.

d) Normativa medioambiental

Consideraciones medioambientales:

En el proceso de fabricación de los módulos fotovoltaicos se precisa una gran cantidad de energía, pero esta energía es inferior a aquella que producen a lo largo de su primer año de funcionamiento.

Por otro lado, el impacto ambiental de la energía que producen es prácticamente nulo, puesto que no contamina, no emite ruido, y si el panel fotovoltaico se encuentra integrado en la edificación el impacto ambiental es muy bajo o inexistente.

La duración o vida de un panel fotovoltaico de silicio monocristalino y policristalino es superior a veinticinco años. Sin embargo, en aquellas instalaciones en las que sea preciso acumular la energía producida, se genera un problema ambiental derivado de las baterías eléctricas.

La durabilidad de las baterías utilizadas de forma óptima puede cifrarse en diez o doce años. Esto sí que genera un problema ambiental, puesto que se hace preciso reciclar el plomo y el ácido contenido en las mismas, el plástico, el gel o el níquel-cadmio utilizado, en función de la elección del sistema de almacenamiento. Por ello, en lugares en donde sea precisa la utilización de baterías, este pequeño inconveniente que se minimiza por lo métodos que se aplican para el reciclado de baterías.

Sin embargo, en aquellos lugares en donde la instalación fotovoltaica se encuentre conectada a la red eléctrica, la valoración medioambiental de la energía de origen fotovoltaico se puede considerar como óptima. Se trata de una energía limpia, no contaminante, acorde con el entorno, inagotable y que favorece la no dependencia energética de terceros.

e) Legislación fotovoltaica española

Un aspecto esencial a la hora de llevar a cabo cualquier proyecto de instalación fotovoltaica de conexión a red, es la de conocer la legislación y normativa que esté en vigor.

En España, la legislación debe de atenerse a las siguientes legislaciones o niveles: europea (Directivas), nacional (Leyes, Reales Decretos, etc.), Comunidades Autónomas, Municipales y Reglamentos de Red Eléctrica Española y de las Compañías de distribución.

Por otra parte, cuando no exista disposición normativa de obligado cumplimiento aplicable, se tendrán en cuenta los siguientes conceptos:

a) Normas técnicas nacionales de transposición de normas europeas no armonizadas.

b) Normas UNE.

c) Recomendaciones de la Comisión Europea.

d) Códigos de buenas prácticas.

e) El estado actual de la Técnica.

A continuación, se presenta la legislación fotovoltaica actualizada:

- Real Decreto 1955/2000, por el que se regulan las actividades de transporte, distribución, comercialización, suministro y procedimientos de autorización de instalaciones de energía eléctrica.
- Reglamento Electrotécnico de Baja Tensión (RD 842/2002), ver las Instrucciones Complementarias, ITC 40 y la Nota de Interpretación Técnica de la equivalencia de la separación Galvánica de la Conexión de Instalaciones generadoras en Baja Tensión.
- Código Técnico de la Edificación (RD 314/2006).
- Real Decreto 661/2007, de 25 de mayo, por el que se regula la actividad de producción de energía eléctrica en régimen especial.

- Orden IET/3586/2011, de 30 de diciembre, por la que se establecen los peajes de acceso a partir de 1 de enero de 2012 y las tarifas y primas de las instalaciones del régimen especial.
- Real Decreto 1578/2008, de 26 de septiembre, sobre retribución de la actividad de producción de energía eléctrica mediante tecnología solar fotovoltaica para instalaciones posteriores a la fecha límite de mantenimiento de la retribución del Real Decreto 661/2007, de 25 de mayo, para dicha tecnología.

Las siguientes disposiciones regulan otros aspectos del régimen especial y modifican parcialmente lo recogido en los citados Reales Decretos:

- Real Decreto 1565/2010, de 19 de noviembre, por el que se regulan y modifican determinados aspectos relativos a la actividad de producción de energía eléctrica en régimen especial.
- Corrección de errores del Real Decreto 1565/2010, de 19 de noviembre.
- Real Decreto 1614/2010, de 7 de diciembre, por el que se regulan y modifican determinados aspectos relativos a la actividad de producción de energía eléctrica a partir de tecnologías solar termoeléctrica y eólica.
- Real Decreto-ley 14/2010, de 23 de diciembre, por el que se establecen medidas urgentes para la corrección del déficit tarifario del sector eléctrico.
- Real Decreto 647/2011, por el que se regula la actividad de gestor de cargas del sistema para la realización de servicios de recarga energética.
- Real Decreto 1699/2011, de 18 de noviembre, por el que se regula la conexión a red de instalaciones de producción eléctrica de pequeña potencia.
- Corrección de errores del Real Decreto 1699/2011, de 18 de noviembre, por el que se regula la conexión a red de instalaciones de producción de energía eléctrica de pequeña potencia.
- Real Decreto 1544/2011, sobre tarifas de acceso a productores, en régimen ordinario y especial.
- Real Decreto-ley 1/2012, de 27 de enero, por el que se procede a la suspensión de los procedimientos de preasignación de retribución y a la supresión de los incentivos económicos para nuevas instalaciones de producción de energía eléctrica a partir de cogeneración, fuentes de energía renovables y residuos.

- Real Decreto-ley 2/2013, de 1 de febrero, de medidas urgentes en el sistema eléctrico y en el sector financiero.
- Real Decreto 1718/2012, de 28 de diciembre, por el que se determina el procedimiento para realizar la lectura y facturación de los suministros de energía en baja tensión con potencia contratada no superior a 15 kW.

Nota: *la normativa en general es algo que está en constante puesta al día, lo que lleva a que cuando se necesita aplicar una determinada normativa, para un determinado proyecto, haya que actualizar la que incluimos en esta obra. En este caso, nos sirve como una referencia.*

2.8. Repaso de la materia estudiada

A continuación y a modo de repaso sobre la materia estudiada, se presentan una serie de preguntas con respuesta, que tienes que intentar responder correctamente, tapando la respuesta, para que puedas evaluarte sobre los conocimientos adquiridos.

	Preguntas	Respuestas
1	¿Cuál es el objeto de las Ordenanzas Municipales?	El objeto de esta Ordenanza es regular las instalaciones, sistemas de captación y transformación de energía solar, por procedimientos fotovoltaicos, en electricidad; estableciendo los requisitos mínimos que han de cumplir dichos sistemas y las tipologías de instalación en un determinado Término Municipal.
2	Cita algunos de los equipos, maquinaria y herramientas empleados en los montajes:	• Equipos: Grúas varias, carretillas motorizadas, elevadores, equipos de seguridad personal y colectivo, extinción de incendios. • Maquinaria: Herramientas motorizadas, equipos de soldadura eléctrica y autógena, grupos electrógenos, grupos compresores. • Herramientas: Herramientas manuales, aparatos de medida.
3	¿Cómo se consiguen los objetivos en la fase montaje?	Con la planificación y seguimiento.
4	Los Proyectos de instalaciones fotovoltaicas que incluyen los montajes, se realizarán aplicando las normas y reglamentación que la legislación requiera para estos casos, como son:	• Reglamentación Local (Municipal). • Reglamentación Autonómica. • Reglamentación Nacional. • Normas UNE. • Directivas Comunitarias.
5	Señala los cuatro fases de ejecución de una instalación FV:	• Preparación y acondicionamiento de la zona. • Recepción de los materiales. • MONTAJE. • Entrega de la instalación.

6	¿Qué porcentaje de pérdida por sombras se admite con carácter general?	Hasta un 10 % por orientación e inclinación. Hasta un 10 % por sombras. La suma de ambas no superará el 15 %.
7	Gremios que pueden intervenir en un montaje:	• Obra civil (albañilería). • Mecánicos ajustadores. • Mecánicos montadores. • Soldadores (soldadura eléctrica y autógena). • Tuberos. • Pintores. • Profesionales del aislamiento. • Electricistas. • Peones.
8	Documentos en los que se apoya el estudio de un montaje:	• Descriptivo general de la instalación (Cuaderno de Cargas). • Documentos y descriptivos de detalle. • Pedidos de: materiales, construcción y montajes. • Descriptivos que acompañan a los pedidos. • Documentos aportados por el proveedor o fabricante. • Planos constructivos. • Planos generales de montaje.
9	Cita los dispositivos de medida y verificación utilizados en un montaje:	• Calibrador o pie de rey (diversos modelos). • Micrómetro. - Niveles. • Niveles láser. - Termómetros. • Cinta métrica. - Escuadra. • Flexómetro. - Goniométro. • Gramil. - Reglas
10	Principales fluidos que se utilizan en una obra:	• Electricidad. • Agua. • Aire neumático.
11	Principales máquinas para manipulación e izado de materiales:	• Grúas para descarga y manipulación de los diferentes materiales (estructuras, paneles anclajes, piecerío, módulos, armarios eléctricos, equipamiento de montaje. • Carretillas motorizadas para el desplazamiento de cargas. • Carretillas manuales.
12	¿Qué protección tendrán las instalaciones con tensiones nominales superiores a 48 voltios?	Contarán con una toma de tierra a la que estará conectada, como mínimo, la estructura soporte del generador y los marcos metálicos de los módulos.
13	¿De qué año es el actual Reglamento Electrotécnico de Baja Tensión (REBT?	Del 2 de agosto de 2002. Según RD 842.
14	¿Qué regulan y modifica el Real Decreto 1565/2010, de 19 de noviembre?	Por este RD se regulan y modifican determinados aspectos relativos a la actividad de producción de energía eléctrica en régimen especial.

3. Estructuras resistentes en instalaciones solares

Introducción

En este capítulo vamos a estudiar unas nociones de resistencia de materiales que tienen que ver con las estructuras, soportes y módulos FV.

Tenemos que recordar que el montador se ajustará a lo indicado en el cuaderno de cargas, el proyecto y los planos. La parte técnica es la responsable de calcular, definir y cumplir la normativa. El montador montará y no modificará sin el acuerdo de la parte técnica.

Los principales esfuerzos que soportan los materiales que forman parte de las estructuras metálicas son: tracción, compresión, flexión, torsión, cizalladura y pandeo.

Los materiales que se montan en las instalaciones FV serán resistentes a todos estos esfuerzos, atendiendo a la forma en la que les toque trabajar.

Vamos a hacer un repaso de las principales figuras geométricas y sus cálculos de superficie y volumen.

Un esfuerzo extra al que se encuentran sometidos los materiales que montamos en las instalaciones FV son los relativos a la fuerza del viento y al peso de la nieve que pueda caer en la zona. El dimensionado de estos materiales tendrá en cuentas estos sobreesfuerzos a los que se someten puntualmente. La Oficina Técnica que calcula y diseña las estructuras y soportes, tendrá en cuenta las circunstancias que rodean el entorno de la instalación.

Respecto a los materiales, estudiaremos los más utilizados en este tipo de instalaciones, que son: hierro (acero), acero inoxidable y aluminio.

El anclaje de las estructuras, soportes y módulos es otro apartado que tiene mucha importancia de cara a la estabilidad de los montajes.

Debemos tener muy presente, que el medio en el que se montan los materiales es muy hostil para los mismos, ya que están sometidos a las inclemencias meteorológicas y se trata de instalaciones con una vida útil relativamente larga.

Para los montajes emplearemos la técnica que corresponda a los materiales y su construcción, que montaremos de acuerdo con los planos de montaje y las instrucciones transmitidas por el fabricante, y que podrán ser: atornillado de elementos, soldadura de piezas, o combinando atornillado y soldadura.

Hacemos un repaso de la generación eólica, para pequeña y gran potencia, incidiendo en los soportes de los mismos y la forma de realizar su anclaje.

El ruido y las vibraciones pueden tener un impacto medioambiental que no debemos olvidar, aunque no seamos nosotros quienes elijamos el lugar y punto de una instalación.

Gran panel con muchos módulos FV.

Contenido

3.1. Tipos de esfuerzos. Cálculo de esfuerzos

Varios son los esfuerzos a que se someten las estructuras o soportes que contienen los módulos fotovoltaicos debidos básicamente a:

- Peso de los propios materiales que conforman la estructura.
- Peso de los propios módulos.
- Empuje del viento.
- Peso de la nieve que se podrá acumular sobre los módulos.

Clasificación de los metales:

a) Metales ligeros

Densidad < 4,5 kg/dm^3

b) Metales pesados

Densidad > 4,5 kg/dm^3

Clases de cargas:

Estática: carga que actúa de modo permanente con la misma intensidad.

Intermitente: carga que varía continuamente entre un valor mínimo y máximo.

Dinámica: carga que varía continuamente, siendo móvil, es decir, que se desplaza.

Observación importante:

> Cuando se interviene sobre tejados, tejavanas, azoteas y otras similares (ya construidos), debe considerarse la carga por metro cuadrado (kg/m^2) que pueden soportar.
>
> En el momento de montaje se tendrá en cuenta el peso de los materiales más los medios de manutención que cargan sobre una determinada superficie, para no superar en ningún momento la carga máxima autorizada.

Principales leyes y valores de cálculo:

a) Ley de Hooke (Módulo de elasticidad)

1º. Todo esfuerzo ejercido sobre un cuerpo lo deforma.

2º. La deformación es proporcional al esfuerzo mientras persiste la deformación.

3º. Recíprocamente, todo cuerpo deformado ejerce un esfuerzo mientras persiste la deformación, siendo el esfuerzo proporcional a esta.

Se denomina ley de Hooke, a la relación que existe entre el alargamiento experimentado por un cuerpo o material, comparado con el que tenía antes de ejercer la fuerza que lo ha alargado.

$$\lambda = l_1 - l$$

λ – Alargamiento.

l – Longitud inicial.

l_1 – Longitud final después del alargamiento.

$$\varepsilon = \frac{\lambda}{l}$$

ε – Alargamiento experimentado en un cuerpo, por unidad de longitud.

$$\sigma = \frac{P}{S}$$

σ – Carga por unidad de sección perpendicular a la fuerza.

P – Fuerza o carga ejercida sobre la pieza.

S – Sección considerada.

b) Módulo de elasticidad

Siempre que se cumpla la ley de Hooke, el coeficiente entre las cargas unitarias σ y los alargamientos unitarios ε, es constante. A esta constante se llama módulo de elasticidad o módulo de Young.

$$E = \frac{\sigma}{\varepsilon} = \frac{P}{S} : \frac{\lambda}{l} = \frac{P \cdot l}{S \cdot \lambda}$$

El módulo de elasticidad *E* es un valor constante para cada material y clase de esfuerzo a que se le somete y viene dado generalmente en kg/mm^2, o kg/cm^2.

Tabla 3.1. Módulos de elasticidad para diferentes materiales, en kg/mm^2.

Materiales	Mód. elasticidad Kg/mm2	Materiales	Mód. Elasticidad Kg/mm^2
Hierro	20.000	Cobre laminado	11.000
Acero dulce	22.000	Cobre en hilo	13.000
Acero duro	22.000	Aluminio	7.000
Acero templado	22.000	Latón	9.000
Alambre de hierro	20.000	Plomo	500
Alambre de acero	23.000	Estaño	4.000
Fundición de hierro	10.000	Bronce	7.000
Cuero	20	Hormigón	2.000
Madera	1.000	Vídeo	8.000

Para kg/cm², multiplicar cada magnitud por 100.

c) Coeficiente de rotura (Kr)

Corresponde a la carga mínima por unidad de sección con la que se rompe el material.

d) Coeficiente de trabajo (K)

Corresponde a la zona de trabajo de un material en la que se cumple la ley de Hooke, de manera que resista la carga sin deformación importante, ni rotura.

$$K = \frac{P}{S} \quad \text{(Kg/mm}^2 \text{ o kg/cm}^2\text{)}$$

e) Coeficiente de seguridad (Ks)

Relación entre el coeficiente de rotura (Kr) y el coeficiente de trabajo (K).

$$Ks = \frac{K_r}{K}$$

Tabla 3.2. Cargas de rotura y seguridad para diferentes materiales, en kg/mm².

	Carga de rotura		Carga en el límite de elasticidad	Carga de seguridad	
	Tracción	Compresión		Maquinaria	Construcción
Hierro	30-36	28-30	16-20	4-6	8-10
Acero dulce	40-60	≤ 80	25-35	7-11	8-10
Acero duro	60-80	≤ 80	30-48	8-12	18-24
Acero templado	48-140	≤ 80	35-90	-	-
Alambre de hierro	45-60	-	24-30	7-9	14-18
Alambre de acero	75-120	-	40-50	9-16	24-30
Fundición de hierro	10-15	66-100	T-6, C-15	T-1,5, C-5	T-7, C-2
Cobre laminado	20-25	40-50	T-10	3-5	-
Cobre en hilo	40-60	-	T-13	4-6	-
Aluminio	10-25	-	-	-	-
Latón	12-25	70-90	T-12	4,5	-
Plomo	3,5	5	T-1	-	-
Estaño	3-4	-	T-2,5	-	-
Bronce	10-25	59	T-6-10	2,3	-
Hormigón	0,1	0,5-2	-	-	0,1-0,25
Vidrio	3	15	-	-	2
Cuero	3-5	-	1,5	0,25	-
Madera dura	8-9	6-7	T-2,5, C-2,2	0,6	T-1, C-0,6
Muros de ladrillo y cemento	-	1-3	-	-	0,2-0,3
Piedra de granito	0,4	6-15	-	-	0,5

T – Tracción; C – Compresión

3.1.1. Fuerzas a las que están sometidos los materiales

Las fuerzas exteriores que actúan sobre los cuerpos sólidos, también llamadas cargas, tienden a producir deformación y rotura y que se pueden clasificar en uno de estos seis grupos:

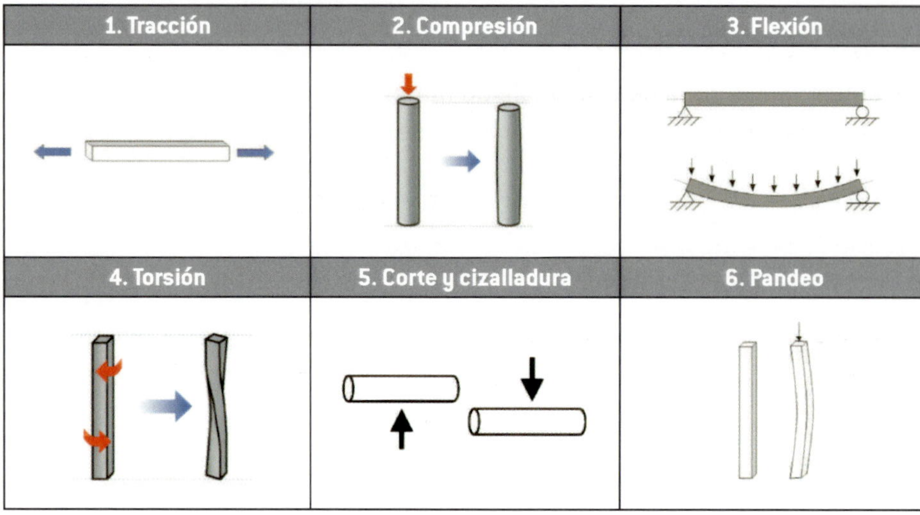

Figura 3.1. Principales fuerzas que actúan sobre los materiales.

3.1.2. Propiedades mecánicas de los metales

Las principales propiedades metálicas de los metales son:

- Plasticidad.
- Soldabilidad.
- Elasticidad.
- Dureza.
- Dilatación.
- Conductividad eléctrica.
- Flexión.
- Maleabilidad.
- Ductilidad.
- Tenacidad.
- Fragilidad.
- Densidad.

Plasticidad: aptitud que tienen algunos metales de admitir deformaciones bajo la acción de una fuerza externa, como son: moldeado y prensado.

Soldabilidad: aptitud que tienen algunos metales de poderse unir entre sí, bien sea por aportación de su mismo metal u otro, a determinada temperatura.

Elasticidad: cuando sobre una pieza hay una fuerza exterior que la deforma, y si al cesar ésa fuerza, la pieza vuelve al equilibrio inicial, no tiene deformación, es elástica.

Flexión: acción ejercida sobre un material por una fuerza perpendicular al mismo, la cual tiende a curvar la pieza.

Maleabilidad: propiedad de algunos metales de poder ser reducidos a láminas muy delgadas por la acción de un martillo, prensa o laminación.

Dilatación: propiedad mediante la cual, los cuerpos se dilatan (alargan) con el calor, y se contraen (encogen) con frío.

Ductilidad: propiedad que tienen algunos metales de poderse transformar en hilos o alambres, mediante la operación de trefilado.

Tenacidad: es la mayor o menor resistencia presentada por un sólido a ser roto o separado.

Fragilidad: propiedad opuesta a la tenacidad.

Dureza mecánica: es la dificultad ofrecida por un cuerpo a ser penetrado por otro. Para medir la dureza se utilizan diferentes unidades que corresponden a diversos métodos de medición, atendiendo a materiales y zonas geográficas de utilización.

Métodos: Brinell, Vickers, Rockwell y Shore.

Ensayos mecánicos:

a) Ensayos destructivos

De tracción, resilencia, fatiga, dureza y tecnológicos.

b) Ensayos no destructivos

Con métodos electrónicos, rayos X, rayos γ (gamma), ultrasonidos, ecosónicos, líquidos especiales y otros.

Densidad: peso en kg de un dm^3 de material (kg/dm^3).

Conductividad: facilidad en conducir la corriente eléctrica. Los metales son buenos conductores.

3.1.3. Dilatación por efecto del calor

Los módulos FV y las estructuras metálicas están sometidos a las temperaturas ambiente que soporta la zona en la que están instalados. Con el calor, se dilatan los metales, y con el frío, se contraen.

El conjunto del montaje debe tener en cuenta las dilataciones para que puedan absorberlos sin que afecten a la integridad de los mismos. Cuando se hace el diseño se tendrá en cuenta esta circunstancia.

A continuación se estudian las fórmulas de dilatación lineal, superficial y cúbica.

Dilatación lineal	Dilatación superficial	Dilatación cúbica
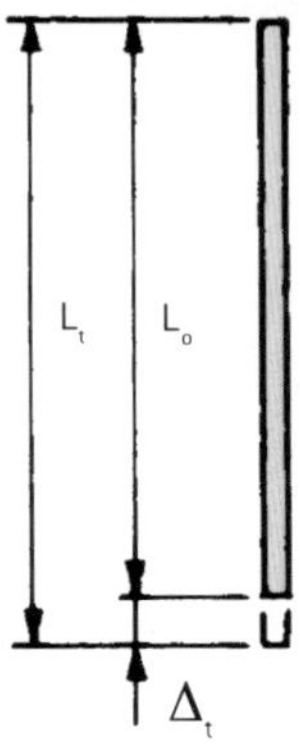	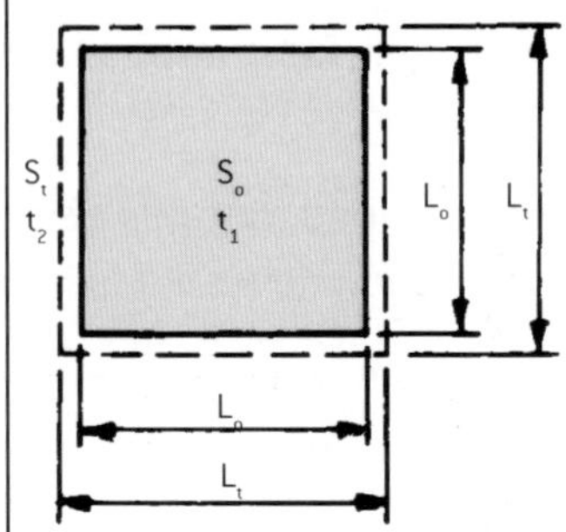	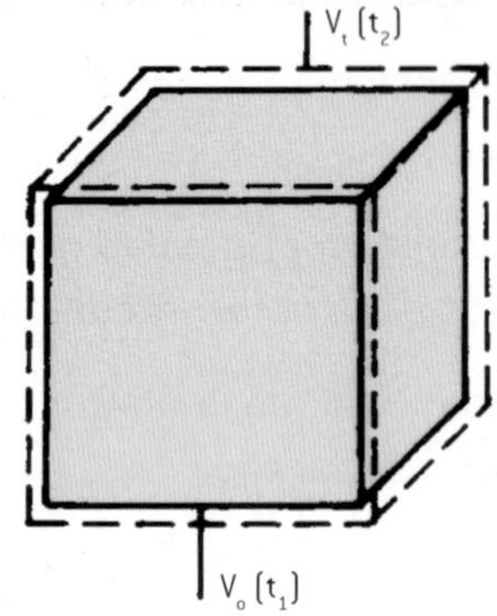
$\Delta_t = t_2 - t_1$ $\Delta_t = L_t - L_o$ $L_t = L_o + (L_o \cdot k \cdot \Delta_t)$ $L_t = L_o\,[1 + (k \cdot \Delta_t)$ L_o – Longitud inicial a t1. L_t – Longitud total a t2. t_1 – Temperatura inicial. t_2 – Temperatura final. k – Coeficiente de dilatación lineal.	$S_t = S_o\,[1 + 2k \cdot (t_2 - t_1)]$ $S_t = S_o\,(1 + 2k \cdot \Delta_t)$ $\Delta_t = t_2 - t_1$ S_0 – Sección inicial a t1. S_1 – Sección final a t2.	$V_t = V_o\,[1 + 3k \cdot (t_2 - t_1)]$ $V_t = V_o\,(1 + 3k \cdot \Delta_t)$ $\Delta_t = t_2 - t_1$ V_0 – Volumen inicial a t_1. V_1 – Volumen final a t_2.

Ejemplo de aplicación:

Determinar el alargamiento que experimenta un cuadrado de aluminio de 2 m de longitud que está a 20 °C, si se eleva su temperatura a 50 °C.

$$\Delta_t = 50 - 20 = 30\ °C$$

$$L_t = L_0 + (L_0 \cdot k \cdot \Delta_t) = 2 + (2 \times 0{,}0000238 \times 30) = 2{,}001428\ \text{m}$$

Observación: *la longitud ha experimentado una longitud de 1,428 mm, que puede ser un alargamiento importante, si se tiene un acoplamiento realizado a tope, o con poca holgura.*
Las estructuras soportan temperaturas superiores a 50 °C.

Tabla 3.3. Valores de los coeficientes de dilatación lineal (k).

Para temperatura (t) variables entre 0 y 100 °C.

Material	Coeficiente (k)	Material	Coeficiente (k)
Acero dulce	0,0000120	Hierro fundido	0,0000105
Acero de níquel	0,0000015	Latón	0,0000185
Aluminio	0,0000238	Molibdeno	0,0000052
Bismuto	0,0000135	Níquel	0,0000130
Bronce	0,0000175	Oro	0,0000142
Cadmio	0,0000300	Plata	0,0000197
Cobre	0,0000165	Alpaca	0,0000180
Constantán	0,0000152	Platino	0,0000090
Estaño	0,0000230	Porcelana	0,0000040
Esteatita	0,0000085	Tungsteno	0,0000050
Cinc	0,0000300	Plomo	0,0000290

3.1.4. Materiales sometidos a compresión

La compresión actúa en una única dirección, que es contraria a la tracción, acortando las dimensiones del material.

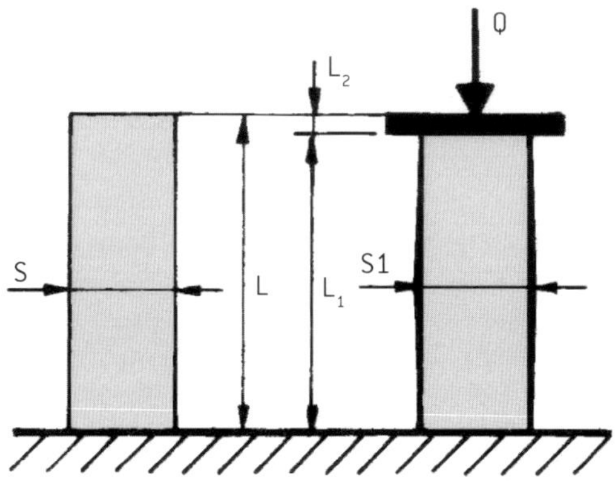

Figura 3.2. Pieza sometida a compresión.

La resistencia a la compresión es proporcional a la sección sobre la que se ejerce la carga.

$$Q = K_c \cdot S$$

Q – Carga máxima que puede soportar una pieza sometida a compresión sin deformación importante.

K_c – Coeficiente de compresión.

S – Sección.

3.1.5. Materiales sometidos a efectos de corte y cizalladura

Se dice que un cuerpo trabaja a cizalladura o cortadura, cuando fuerzas exteriores tienden a cortarlos.

Cálculo de cargas:

$$Q_m = K \cdot S$$

$$Q_r = K_r \cdot S$$

Q_m – Carga máxima resistente a la rotura, en kg, que puede soportar una pieza al corte.

K – Coeficiente de trabajo al corte, en kg/mm^2.

S – Sección al corte, en mm^2.

Q_r – Carga máxima de rotura, en kg.

K_r – Coeficiente de trabajo y rotura al corte ($K_r \cong 0{,}8\, K_t$).

K_t – Coeficiente de rotura a la tracción.

Tabla 3.4. Resistencia a la cizalladura para algunos materiales, en kg/mm^2.

Materiales	Resistencia a la cizalladura	Materiales	Resistencia a la cizalladura
Latón	20	Cinc	10
Bronce fosforoso	28	Estaño	4
Cobre	20	Acero al níquel (3,5 %)	50
Cupro-níquel	28	Acero dulce	35
Aluminio	11	Acero al carbono	40-70
Duraluminio	21	Acero inoxidable	50
Plata	21		

La figura 3.3 muestra tres ejemplos de piezas sometidas a esfuerzos de cizalladura.

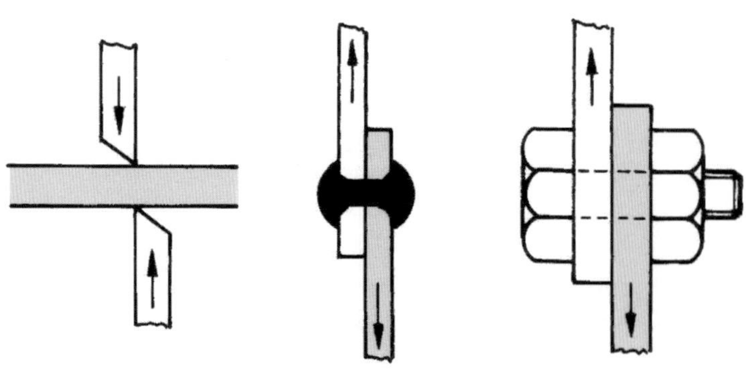

Figura 3.3. Pieza sometida a cizalladura.

3.1.6. Piezas sometidas a tracción

Un material trabaja a tracción cuando fuerzas exteriores tienden a alargarlo.

Leyes de la tracción:

1. Para una misma barra, el esfuerzo de tracción que puede soportar en el sentido de su eje, es proporcional a la sección transversal (S) y al coeficiente de trabajo material.
2. Los alargamientos son proporcionales a la longitud del cuerpo y la carga, mientras no se llegue a soportar el límite de elasticidad.
3. Los alargamientos son inversamente proporcionales a la sección transversal normal al esfuerzo y al módulo de elasticidad del material.

a) Cálculo de tracción no teniendo en cuenta el peso de la barra.

$$Q = K \cdot S \qquad S = \frac{Q}{K} \qquad K = \frac{Q}{S}$$

Q – Carga, en kg.
S – Sección, en mm^2 o en cm^2.
K – Coeficiente de trabajo.

b) Cálculo de tracción teniendo en cuenta el peso de la barra.

$$Q + P = K \cdot S \qquad Q = (K \cdot S) - P$$

$$S = \frac{Q + P}{K} \qquad K = \frac{Q + P}{S}$$

P – Peso de la barra, en kg.

Alargamiento total para una pieza sometida a una fuerza externa:

Para calcular el alargamiento total debido a la deformación producida por una fuerza externa (despreciando su propio peso), la fórmula a utilizar es:

Para calcular el alargamiento total de una pieza, se utiliza la siguiente fórmula:

$$\delta = \frac{F \cdot L}{S \cdot E}$$

δ – Alargamiento, en cm.
F – Fuerza de tracción, en kgf.
L – Longitud de la pieza, en cm.
S – Sección transversal, en cm^2.
E – Módulo de elasticidad del material, en kgf/cm^2.

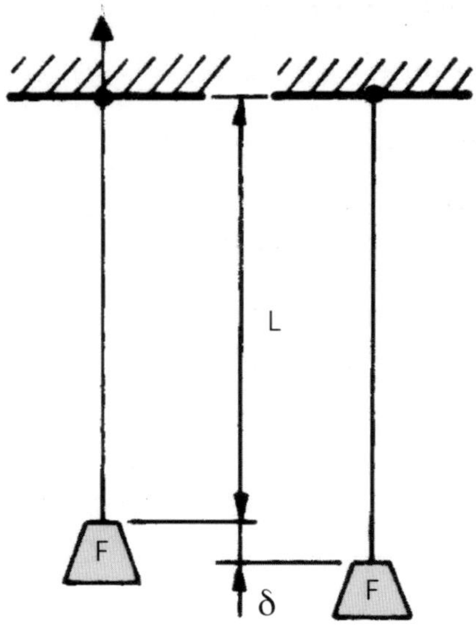

Figura 3.4. Pieza sometida a tracción.

Ejemplos de aplicación:

1. Determinar el alargamiento experimentado por una pieza redonda de acero de sección 50 mm^2 y 2 m longitud, que está fijada en su parte superior, y de la que cuelga un peso de 800 kg.

   50 mm^2 = 0,5 cm^2

   2 m = 200 cm

   Módulo de elasticidad para el acero: E = 2.200.000

$$\delta = \frac{F \cdot L}{E \cdot S} = \frac{800 \times 200}{2.200.000 \times 0{,}5} = 0{,}14545 \text{ cm} = 1{,}4545 \text{ mm}$$

2. Rehacer el cálculo con los mismos valores pero con material aluminio:

   Módulo de elasticidad para el aluminio: E = 700.000

$$\delta = \frac{F \cdot L}{E \cdot S} = \frac{800 \times 200}{700.000 \times 0{,}5} = 0{,}45714 \text{ cm} = 4{,}5714 \text{ mm}$$

Figura 3.5. Módulo de elasticidad para diferentes materiales.

Material	Valor módulo de elasticidad aproximado (kg/cm²)
Maderas duras (en la dirección paralela a las fibras)	E = 100.000 – 225.000
Maderas blandas (en la dirección paralela a las fibras	E = 90.000 – 110.000
Acero	E = 2.100.000
Hierro de fundición	E = 1.000.000
Vidrio	E = 700.000
Aluminio	E = 700.000

3.1.6. Tornillería sometida a tracción

Por la importancia que tiene la tornillería con su esfuerzo a la tracción, incluimos aquí las dos siguientes tablas donde se indican sus características más importantes.

En la norma DIN 267 se distinguen 12 clases de calidades de tornillería, a los que corresponde la siguiente tabla.

Tabla 3.6. Propiedades mecánicas de los tornillos.

Clase de resistencia		nueva	3.6	4.6	4.8	5.6	5.8	6.6	6.8	6.9	8.8	10.9	12.9	14.9
Resistencia a la tracción (σ_B) kp/mm²		míni.	34	40		50			60		80	100	120	140
máxi.		49	55		70			80		100	120	140	160	
Límite de fluencia (σ_S)		kp/mm² míni.	20	24	32	30	40	36	48	–	–	–	–	–
Límite de alargamiento ($\sigma_{0,2}$)		kp/mm² mín.	–	–	–	–	–	–	–	54	64	90	108	126
Tensión de ensayo (σ_{2L})		kp/mm²	18,8	22,6	29,1	28,2	36,4	33,9	43,7	47,5	58,2	79.2	95	111
Alargamiento de rotura (δ_5)		% mín.	25	25	14	20	10	16	8	12	12	9	8	7
Dureza Rockwell	HRB	míni.	47	53		78		88			–	–	–	–
		máxi.	82	88		97		102			–	–	–	–
	HRC	míni.	–	–		–		–			18	27	34	40
		máxi.									31	30	44	49
Dureza Brinell	HB	míni.	90	110		140		170			225	280	330	390
		máxi.	150	170		215		245			300	365	425	-
Dureza Vickers	HV30	míni.	90	110		140		170			225	280	330	400
		máxi.	150	170		215		245			300	370	440	510
Resilencia	kpm/cm²	míni.	–			5	–	4	–	3	6	4	3	3

Tabla 3.7. Cargas máximas en el mínimo límite elástico.

Diámetro nominal	Paso	Sección resistente mm²	Sección del núcleo mm²	Cargas en el mínimo límite elástico según sección resistente, en kp			
				5.6	8.8	10.9	12.9
M-4	0,7	8,78	7,75	260	560	790	950
M-5	0,8	14,2	12,7	420	910	1.280	1.530
M-6	1	20,1	17,9	600	1.290	1.810	2.170
M-7	1	28,9	26,2	870	1.850	2.600	3.120
M-8	1,25	36,6	32,8	1.090	2.340	3.290	3.950
M-10	1,5	58,0	52,3	1.740	3.710	5.200	6.250
M-12	1,75	84,3	76,2	2.530	5.400	7.600	9.100
M-14	2	115	105	3.450	7.350	10,350	12.400
M-16	2	157	144	4.710	10.000	14.100	17.000
M-18	2,5	182	175	5.760	12.300	17.300	20.700
M-20	2,5	245	225	7.350	15.700	22.000	26.500
M-22	2,5	303	282	9.090	19.400	27.300	32.700
M-24	3	353	324	10.590	22.600	31.800	38.100

3.1.7. Piezas sometidas a torsión

Se entiende por torsión a la resistencia ofrecida por un metal al sufrir deformaciones permanentes bajo la acción de fuerzas externas.

Conceptos principales a considerar en piezas sometidas a torsión:

Eje neutro. Parte de la pieza que no sufre deformación.

Par (M). Fuerza de rotación sobre el propio plano de todas las secciones transversales alrededor del punto Q.

Ángulo de torsión. Corresponde al ángulo (α).

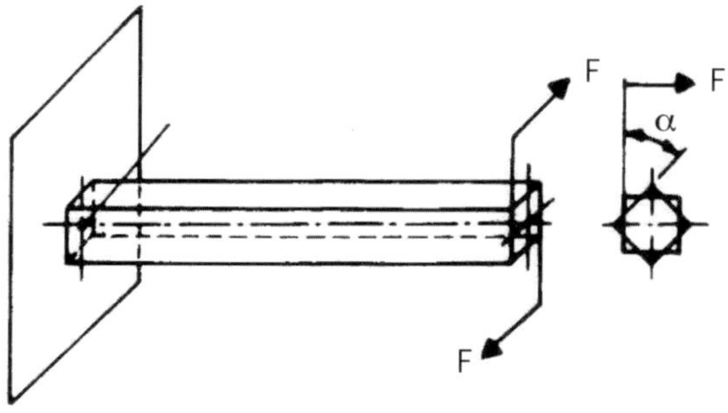

Figura 3.5. Piezas sometidas a torsión.

3.1.8. Piezas sometidas a flexión

Un material trabaja a flexión cuando soporta cargas externas perpendiculares al eje, con tendencia a doblarlo. En el ejemplo representado en la figura se observa que, por el efecto de una carga F, la viga se ha deformado, ha flexado (f).

En la flexión se distinguen tres hechos importantes, a saber:

- La parte interior (a) sufre una compresión de sus moléculas.
- La parte exterior (b) sufre un alargamiento de sus moléculas.
- La línea de eje (XX'), parte central o fibra neutra, no sufre deformaciones.

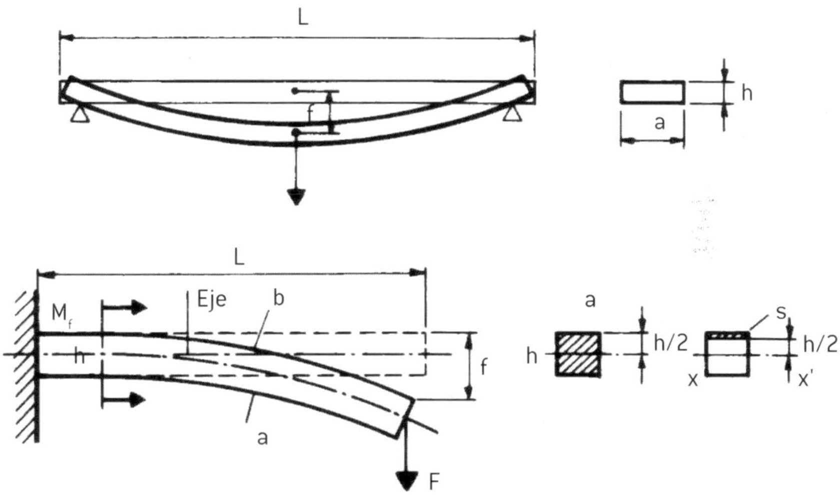

Figura 3.6. Pieza sometida a esfuerzos de flexión.

3.1.9. Vigas sometidas a flexión

Características de las vigas sometidas a flexión:

a) Carga (P)

Corresponde al esfuerzo que soporta un determinado perfil, pieza o elemento en un determinado sentido.

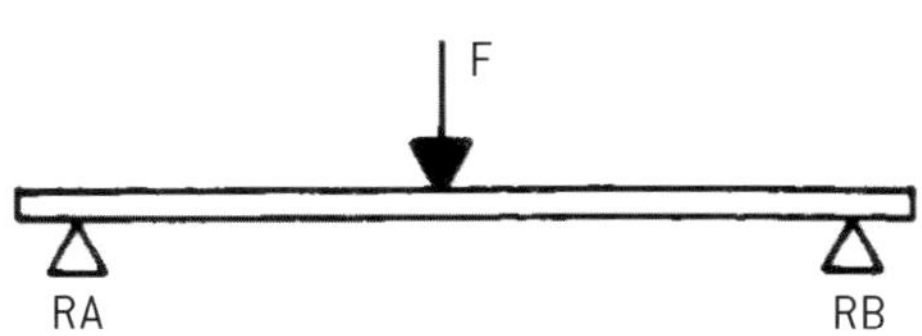

Figura 3.7. Perfil que soporta una carga (P).

b) *Reacciones (RA, RB,...)*

Las reacciones vienen dadas como una consecuencia del esfuerzo que soportan los apoyos. En el caso de la figura 3.8, la fuerza P se descompone en dos reacciones: RA y RB.

Diferentes cargas admitidas por vigas según sea su perfil, apoyos y distribución de la carga.

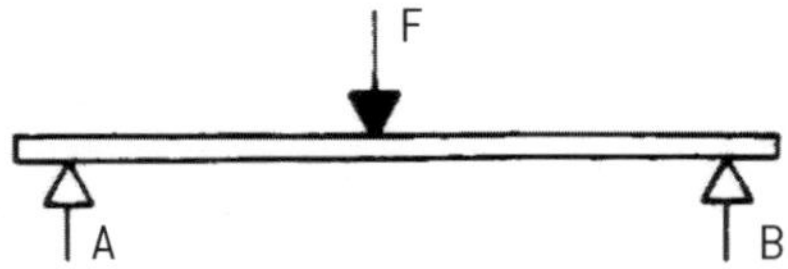

Figura 3.8. Reacciones de los apoyos de un perfil.

c) *Flecha (f)*

El valor de la flecha se da en mm o cm, y es una consecuencia de la flexión que se produce en una pieza, como consecuencia de su propio peso, y de una o varias cargas.

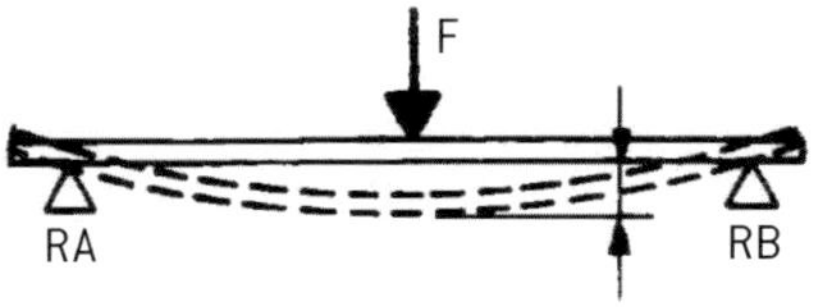

Figura 3.9. Flecha que se produce en un perfil por efecto de su propio peso y la carga que soporta.

d) *Sección (A) y longitud (L) de un perfil*

La sección de una pieza o perfil se considera en el sentido perpendicular al esfuerzo y a la posición en que realiza el trabajo.

La longitud puede ser total y parcial, haciéndose uso de una u otra, según el problema que se estudie.

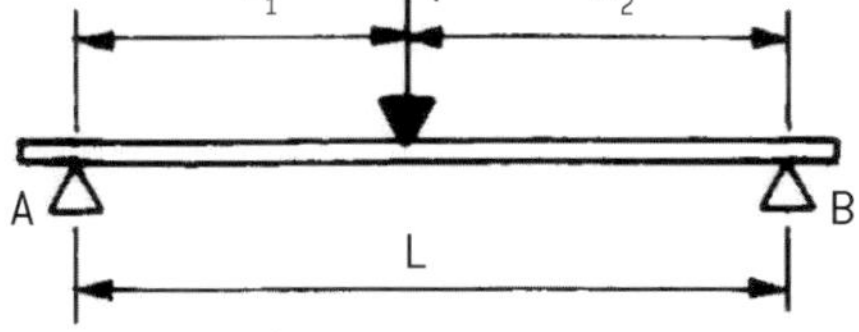

Figura 3.10. Longitudes y sección en un perfil.

Tabla 3.8. Ejemplos de perfiles UPN e IPN sometidos a diferentes cargas.

Perfiles y situación de la carga	Perfil	Longitud m	Carga kg	Longitud m	Carga kg
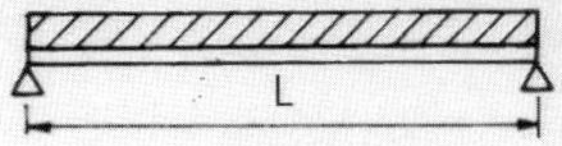	UPN-100	2	2.140	4	540
	IPN-100	2	1.780	4	440
	UPN-100	2	2.140	4	1.070
	IPN-100	2	1.780	4	890
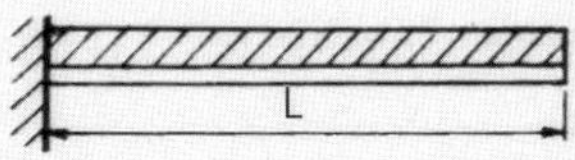	UPN-100	2	540	4	130
	IPN-100	2	440	4	110
	UPN-100	2	1.070	4	540
	IPN-100	2	890	4	440

1. Viga apoyada en sus extremos con carga uniformemente repartida.
2. Viga apoyada en sus extremos con carga en el centro de la misma.
3. Viga apoyada en un extremo con carga uniformemente repartida.
4. Viga apoyada en un extremo con carga puntual en el extremo opuesto.

Las cargas que pueden soportar las vigas varían mucho según sean los apoyos y la forma de distribuir la carga.

Ejemplo de cálculo:

Calcular la carga uniformemente repartida que puede soportar un perfil IPN-200. Admitiendo una carga uniformemente repartida de 20 kg/mm^2, siendo la longitud entre apoyos de 3 m.

$$I = \frac{F \cdot L}{E \cdot S} = \frac{b\,h^3 - b_1\,h_1^{\,3}}{6h} = \frac{(90 \times 200^3) - (82{,}5 \times 177{,}4^3)}{6 \times 200} = 216{,}174$$

$$b_1 = b - e = 90 - 7{,}5 = 82{,}5$$

$$h_1 = b - 2e_1 = 200 - (2 \times 11{,}3)\ 0\ 177{,}4$$

En tablas, para un perfil IPN-200

W = 214 cm^3 I = 2.140 cm^4

Carga (Q) que puede soportar la viga:

$$Q = \frac{8 \cdot K \cdot I}{L} = \frac{8 \times 20 \times 216{,}174}{3.000} = 11.413 \text{ kg}$$

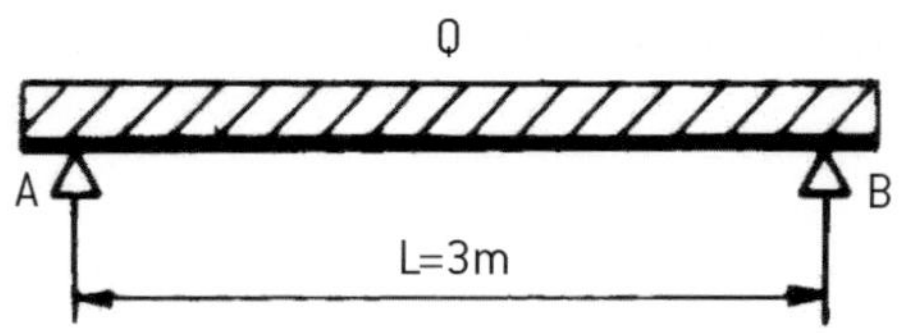

Figura 3.11. Carga uniformemente repartida sobre una viga IPN-200.

3.1.10. Piezas sometidas a pandeo

Una pieza larga montada en posición vertical (columnas, postes, etc.) y que esté sometida a compresión, está expuesta a pandeo.

El pandeo es una deformación en forma curva que se produce en la pieza sobre su eje longitudinal.

La longitud de pandeo o zona curvada (l_k) de una pieza larga sometida a compresión, dependerá del tipo de anclaje que tenga en sus extremos.

Se pueden dar cuatro casos de pandeo, tal como se indica en los ejemplos que se representan en la figura 3.12.

1. Cuando un extremo está libre y el otro empotrado: $l_k = 2\ l$
2. Cuando los dos extremos están articulados: $l_k = l$
3. Cuando un extremo está fijo y el otro articulado: $l_k = 0{,}7\ l$
4. Cuando los dos extremos están fijos: $l_k = 0{,}5\ l$

Se llama esbeltez mecánica de una pieza sometida a compresión, y como consecuencia a pandeo, a la relación entre la longitud de pandeo l_k y el radio de giro mínimo de la sección $i_{mín}$.

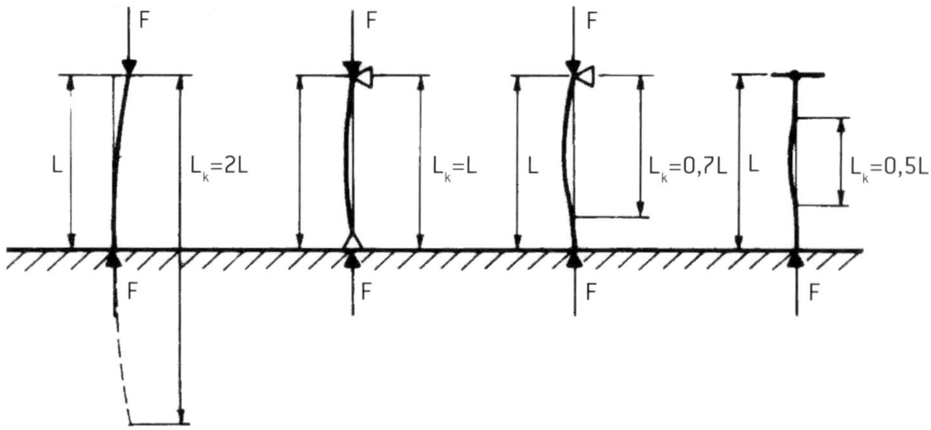

Figura 3.12. Pilares sometidos a pandeo.

En los cálculos de estructuras y soportes para montaje de módulos FV se tendrá en cuenta esta forma de trabajo de los perfiles, para evitar deformaciones por pandeo.

3.2. Estructuras resistentes

Como se ha indicado en el punto anterior, las estructuras y soportes que incorporan módulos FV, tendrán la resistencia necesaria para soportar con garantías el peso de los módulos, la fuerza del viento y el peso de la nieve que pudiera acumularse en las nevadas.

Características principales de las estructuras y soportes:

Una estructura se define como un conjunto de elementos simples dispuestos de forma que den rigidez al conjunto y que permitan soportar, sin deformación permanente o romperse, las cargas o esfuerzos a las se ven sometidas.

Las condiciones que debe cumplir una buena estructura, son las siguientes:

- Ser resistentes.
- Ser estables.
- Ser ligeras.

Se pueden tener en cuenta otros factores como el económico (utilización mínima de material) o el estético según la necesidad o finalidad a cubrir por la estructura.

Las estructuras y soportes pueden ser:

- Estructuras soldadas.
- Estructuras atornilladas.
- Estructuras mixtas (soldadas y atornilladas).

3.2.1. Tipos

Las estructuras para módulos FV son muy diversas según sea el constructor, el lugar de instalación, el tipo de soporte y los materiales empleados.

Un factor que influye en el tipo de estructura y soporte, es el tipo de panel de que se trate y que puede ser: fijo, móvil, plano, con inclinación, sobre un tejado, sobre fachada, sobre tejavanas, sobre soportes, etc.

En las figuras siguientes vemos diversos ejemplos de estructuras y soportes. Cada una de ellas emplea diferentes tipos de perfiles, soldados y atornillados, donde no se da la uniformidad y estandarización.

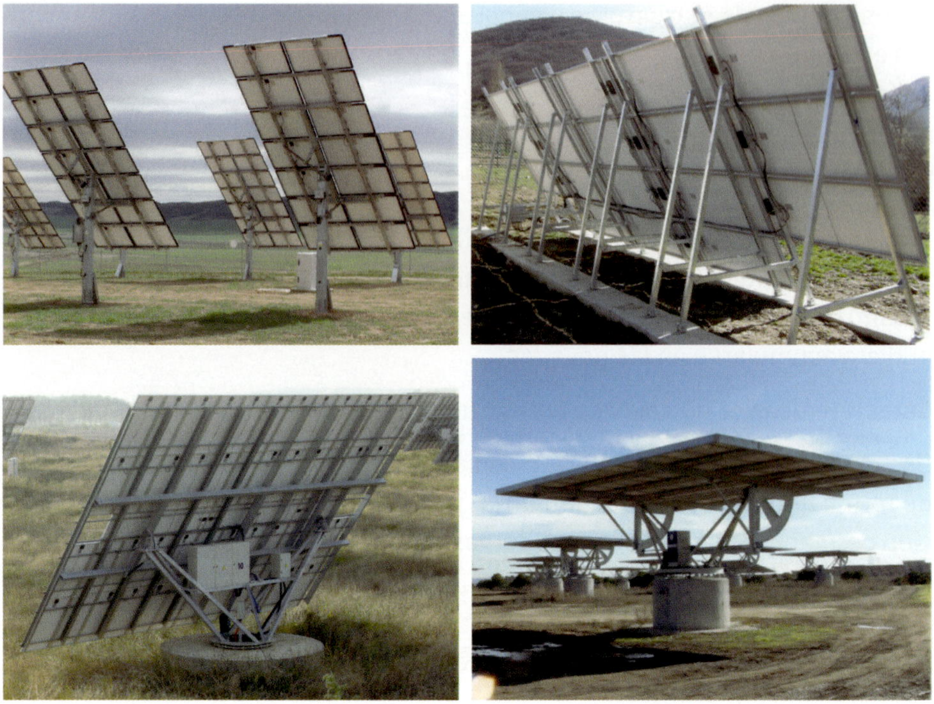

Figura 3.13. Diferentes estructuras para soportar módulos FV.

3.2.2. Materiales

Relación de los principales materiales utilizados en la construcción de estructuras y soportes para módulos FV.

Aceros utilizados en la fabricación de estructuras:

Todos los aceros utilizados en la fabricación de estructuras deberán estar de acuerdo con las normas y calidades especificadas en el proyecto, y de acuerdo a la normativa en vigor.

Productos de acero para estructuras:

- Perfiles y chapas de acero laminado (en caliente).
- Perfiles huecos de acero.
- Perfiles y placas conformadas de acero.

a) ***Perfiles y chapas de acero laminado en caliente***

- Aceros ordinarios con calidades A37b, A42b.
- Aceros de alta resistencia: A52b.
- Perfiles: IPN, IPE, HEB, HEA, HEM, UPN, L, LD y T. Redondo, cuadrado, rectangular o chapa.

b) Perfiles huecos de acero

De acero A42b, no aleado. Las características mecánicas y su composición química se describen en la normativa correspondiente.

La serie de productos utilizados puede ser: Perfil hueco: redondo, cuadrado y rectangular.

c) Perfiles y placas conformadas de acero

De acero A37b, no aleado. Las características mecánicas y su composición química se describen en la normativa correspondiente.

La serie de productos utilizados puede ser: en placas, onduladas, grecadas, nervadas y agrafadas.

d) Tornillos, tuercas y arandelas

Clase T: tornillos ordinarios, según NBE-EA95, apartado 2.5.3.

Clase TC: tornillos calibrados, según NBE-EA95, apartado 2.5.4.

Clase TR: tornillos de alta resistencia, según NBE-EA95, apartado 2.5.7.

Los tornillos ordinarios se emplean con productos de acero de los tipos A37 y A42.

Los tornillos calibrados se emplean con productos de acero A37, A42 y A52.

Los tornillos de alta resistencia pueden emplearse con aceros de cualquier tipo.

Todas las tuercas y arandelas se indican en la normativa correspondiente.

Muestrario de tornillos, tuercas y arandelas:

Tornillo cabeza hexagonal DIN – 933 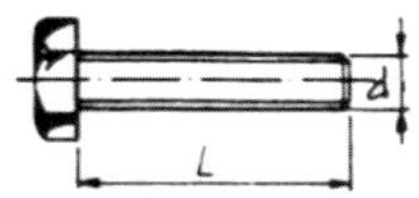	Tornillo cabeza hexagonal DIN – 931 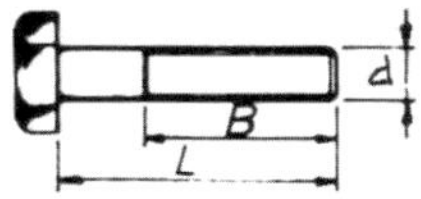	Tornillo cabeza Allen DIN – 912 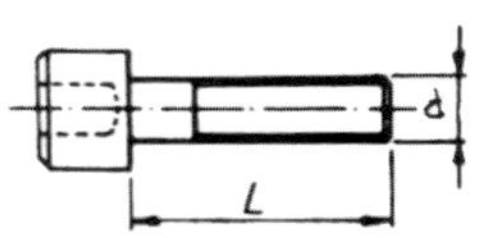
Tornillo cabeza almenada DIN – 85 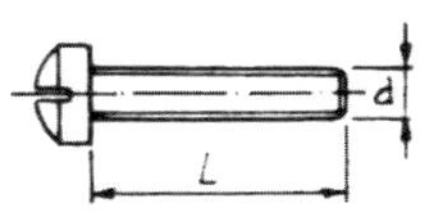	Tornillo cabeza fresada DIN – 963 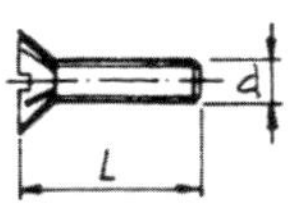	Tornillo cabeza gota de sebo DIN – 964 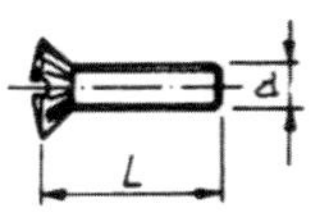

Varilla roscada 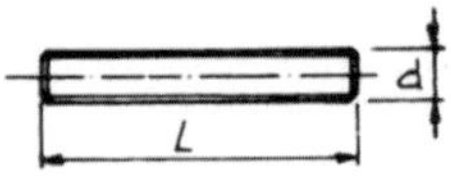	Tuerca hexagonal DIN – 934 	Tuerca autoblocante DIN – 985 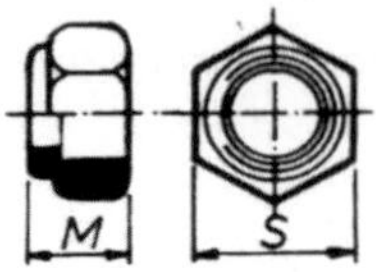
Tuerca almenada DIN -935 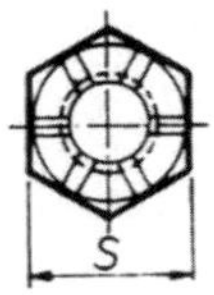	Arandela DIN – 6916 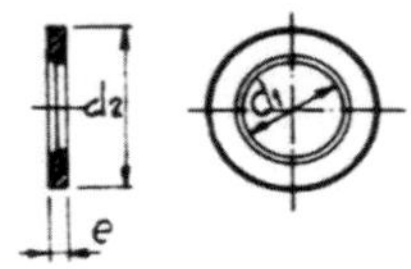	Arandela en cuña DIN – 6917 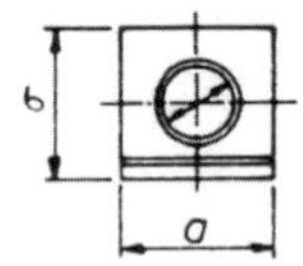
Arandela plana DIN – 6916 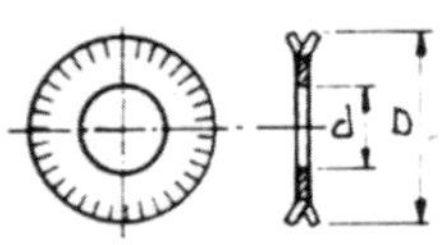	Remache cabeza redonda DIN – 660 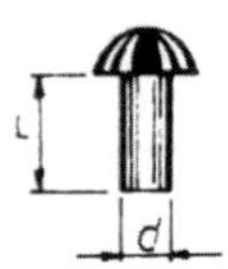	Rosca chapa DIN – 7971 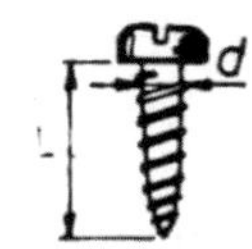
Arandela GROWER DIN -127 	Tornillos de madera 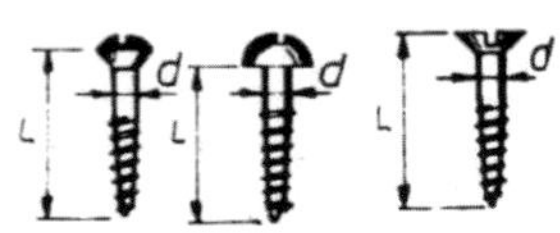	Clavo cabeza redonda DIN – 1155 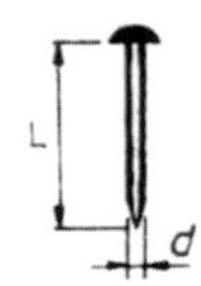

e) Materiales constructivos

Para este tipo de instalaciones se necesitan diferentes productos, como son algunos de los que se citan en este listado:

- Cementos de diferentes calidades.
- Arena.
- Colas y acelerantes.
- Pinturas de protección contra la oxidación.
- Bulones de fijación y anclaje.
- Gomas y espumas de asiento.
- Palas, mazas, martillos y picos.
- Herramientas de albañil.
- Hormigonera.
- Sierra de carpintero.

- Cinceles y buriles.
- Niveles, plomadas, láser.

*f) **Materiales eléctricos***

- Tubos metálicos.
- Tubos de PVC.
- Conductores eléctricos.
- Aparamenta diversa (fusibles, interruptores, interruptores automáticos, interruptores diferenciales, aparatos de medida, etc.
- Materiales aislantes.
- Barnices y pinturas.
- Aparatos de medida.

*g) **Materiales utilizados en estructuras para instalaciones fotovoltaicos***

Tres son los materiales más empleados en las instalaciones fotovoltaicas:

- Acero.
- Acero inoxidable.
- Aluminio.

3.2.2.1. El Hierro

Se trata de un metal muy empleado en perfiles, chapas y tornillería, así como material de construcción.

Tabla 3.9. Principales características del hierro.

Símbolo químico	Fe
Número atómico	26
Aspecto	metálico brillante con un tono grisáceo
Densidad	7.874 kg/m3 (7,874 kg/dm^3)
Estados de oxidación	2, 3
Óxido	anfótero
Estructura cristalina	cúbica centrada en el cuerpo
Estado	sólido
Punto de fusión	1.808 K (1534,85 °C)
Punto de ebullición	3.023 K (2749,85 °C)
Calor de fusión	13.8 kJ/mol
Electronegatividad	1,83
Calor específico	440 J/(K · kg)
Conductividad eléctrica	9,93 · 106S/m
Conductividad térmica	80,2 W/(K · m)

a) Aceros:

La norma UNE EN 10020:2001 define al acero como aquel material en el que el hierro es el elemento predominante, el contenido en carbono es, generalmente inferior al 2 % y contiene además a otros elementos.

El límite superior del 2 % en el contenido de carbono (C) es el límite que separa al acero de la fundición. En general, un aumento del contenido de carbono en el acero eleva su resistencia a la tracción, pero como contrapartida incrementa su fragilidad en frío y hace que disminuya la tenacidad y la ductilidad. En función de este porcentaje, los aceros se pueden clasificar de la siguiente manera:

- **Acero dulce**

  Cuando el porcentaje de carbono es del 0,25 % máximo. Estos aceros tienen una resistencia última de rotura en el rango de 48-55 kg/mm^2 y una dureza Brinell (HB) en el entorno de 135-160 HB. Son aceros que presentan una buena soldabilidad aplicando la técnica adecuada.

  Aplicaciones: Piezas de resistencia media de buena tenacidad, deformación en frío, embutición, plegado, herrajes, etc.

- **Acero semidulce**

  El porcentaje de carbono está en el entorno del 0,35 %. Tiene una resistencia última a la rotura de 55-62 kg/mm^2 y una dureza Brinell de 150-170 HB. Estos aceros bajo un tratamiento térmico por templado pueden alcanzar una resistencia mecánica de hasta 80 kg/mm^2 y una dureza de 215-245 HB.

  Aplicaciones: Ejes, elementos de maquinaria, piezas resistentes y tenaces, pernos, tornillos, herrajes.

- **Acero semiduro**

  Si el porcentaje de carbono es del 0,45 %. Tienen una resistencia a la rotura de 62-70 kg/mm^2 y una dureza de 280 HB. Después de someterlos a un tratamiento de templado su resistencia mecánica puede aumentar hasta alcanzar los 90 kg/mm^2.

  Aplicaciones: Ejes y elementos de máquinas, piezas bastante resistentes, cilindros de motores de explosión, transmisiones, etc.

- **Acero duro**

  El porcentaje de carbono es del 0,55 %. Tienen una resistencia mecánica de 70-75 kg/mm^2, y una dureza Brinell de 200-220 HB. Bajo un tratamiento de templado estos aceros pueden alcanzar un valor de resistencia de 100 kg/mm^2 y una dureza de 275-300 HB.

Aplicaciones: Ejes, transmisiones, tensores y piezas regularmente cargadas y de espesores no muy elevados.

- **Oxidación**

  Es uno de sus problemas principales del acero, especialmente cuando está expuesto a las inclemencias atmosféricas, como se da en todas las instalaciones fotovoltaicas. Si no se protege adecuadamente la degradación del material es galopante.

b) Tratamientos superficiales contra la oxidación:

- **Galvanizado**

  Recubrimiento de acero con cinc, que es otro metal. Es un procedimiento que se conoce generalmente como galvanizado y es la forma más normal de proteger piezas, objetos y tornillería en general. Una vez que se le ha dado el baño de cinc no se debe realizar ningún trabajo de soldado, corte o taladrado, ya que esto destruiría la integridad del recubrimiento de protección.

- **Pinturas especiales**

  Pintar el acero utilizando pinturas especiales es el método más común de proteger medianas y grandes estructuras de acero. Las superficies que se van a pintar se deberán limpiar cuidadosamente con un cepillo de acero (o preferiblemente mediante un chorro de arena). La capa inferior deberá consistir en un imprimador basado en cinc. La segunda y tercera capas deberán consistir en una pintura de epoxi sobre base de brea.

  Las pinturas que se utilicen en instalaciones fotovoltaicas soportarán las inclemencias del tiempo y la luz del Sol.

3.2.2.2. Aceros inoxidables

El acero inoxidable se define como una aleación de acero con un mínimo de 10 % de cromo contenido en masa. Otros metales que puede contener la aleación inoxidable, son por ejemplo, el níquel y el molibdeno.

El acero inoxidable es un acero de elevada resistencia a la corrosión, dado que el cromo, y otros metales aleados que contiene, poseen gran afinidad con el oxígeno y reacciona con él formando una capa pasivadora, evitando así la corrosión del hierro (los metales puramente inoxidables, que no reaccionan con oxígeno son oro y platino), y los de menor pureza se llaman resistentes a la corrosión, como los que contienen fósforo).

a) Aceros inoxidables comerciales:

Aleaciones de acero inoxidable comerciales más comunes:

- **Acero inoxidable extrasuave**

  Contiene un 13 % de Cr y un 0,15 % de C. Se utiliza en la fabricación de: elementos de máquinas, álabes de turbinas, válvulas, etc.

- **Acero inoxidable 16Cr-2Ni**

  Contiene de 0,20 % de C, 16 % de Cr y 2 % de Ni. Se suelda con dificultad, y se utiliza para la construcción de álabes de turbinas, ejes de bombas, utensilios de cocina, cuchillería, etc.

- **Acero inoxidable al cromo níquel 18/8**

  Contiene un 0,18 % de C, un 18 % de Cr y un 8 % de Ni. Es un acero inoxidable muy utilizado porque resiste bien el calor hasta 400 °C.

- **Acero inoxidable al Cr- Mn**

  Contiene un 0,14 % de C, un 11 % de Cr y un 18 % de Mn. Es soldable y resiste bien altas temperaturas. Se utiliza en colectores de escape.

3.2.2.3. El aluminio

Metal muy empleado por su resistencia a la oxidación, por su suficiente resistencia mecánica cuando está aleado, y por permitir la fabricación de perfiles extruidos, muy utilizados en el montaje de módulos fotovoltaicos.

El aluminio es un metal dúctil y maleable que tiene un bajo punto de fusión y la densidad es baja si se lo compara con el hierro. Se puede procesar en un gran número de maneras, tanto en frío como en caliente.

Tabla 3.10. Principales características del aluminio.

Símbolo químico	Al
Número atómico	13
Densidad	2.698,4 kg/m^3 (2,6984 kg/dm^3)
Estados de oxidación	3
Óxido	anfótero
Estructura cristalina	cúbica centrada en las caras
Estado	sólido
Punto de fusión	933,47 K (660,32 °C)

Punto de ebullición	2.792 K (2518,85 °C)
Calor de fusión	10,79 kJ/mol
Electronegatividad	1,61
Calor específico	900 J/(K · kg)
Conductividad eléctrica	37,7 × 106S/m
Conductividad térmica	237 W/(K · m)

a) Características del aluminio:

Es un metal tres veces más ligero que el hierro. Esta cualidad es determinante para su empleo como material estructural y de recubrimiento, por ejemplo, tiene importantes aplicaciones en ingeniería industrial aeronáutica, naval y espacial y fotovoltaica.

El aluminio en estado puro (lingote) tiene muy baja resistencia mecánica. Cuando se alea con cobre, silicio y magnesio, se mejoran sensiblemente sus propiedades mecánicas. También, sometiéndolo a procesos físicos de templado y estirado en frío.

Las aleaciones especiales de aluminio pueden alcanzar la misma resistencia a la tracción que el acero.

Respecto a su comportamiento ante la corrosión, a medida que el propio metal forma una capa protectora de óxido (que se forma inmediatamente si el metal se corta o es rayado) es altamente resistente a la corrosión. Los diferentes tipos de tratamientos superficiales pueden mejorar aún más esta propiedad.

El aluminio es un buen conductor de calor y electricidad, y en relación a su peso, es casi dos veces más liviano que un conductor de cobre de propiedades similares. El aluminio puede reflejar tanto el calor como la luz y junto con su bajo peso, hace que sea un material ideal para ser utilizado en reflectores, como por ejemplo, aparatos de iluminación e instalación fotovoltaicas.

3.2.2.4. La corrosión

El principal agente de deterioro o degradación de los soportes metálicos está en la corrosión de los mismos, principalmente cuando se emplean materiales en acero al carbono, a causa de la lluvia, la humedad ambiental, el hielo, la nieve, los cambios de temperatura, etc.

Los módulos fotovoltaicos están construidos para soportar las inclemencias atmosféricas, lo mismo sucederá con los soportes que los contienen empleando en su construcción materiales resistentes, como son: aluminio anodizado, acero inoxidable y acero al carbono con tratamiento superficial como el galvanizado, cincado o por medio de pinturas especiales.

a) Deferencia de potencial entre metales en contacto

Los materiales tienen un determinado potencial (E°) que les es característico. A mayor diferencia de potencial entre dos metales en contacto, mayor será la posibilidad de corrosión. La corrosión afecta más al metal que sea más negativo (-).

Ejemplo: puestos en contacto hierro y cobre en presencia de humedad, será el hierro el que se oxide al tener un potencial negativo mayor que el del cobre.

Hierro: E° = -0,44 V, y cobre: E° = +0,337 V.

Tabla 3.11. Potenciales normales de los principales materiales.

Materiales	Símbolo	Potencial E°
Magnesio	Mg	-2,370 V
Aluminio	Al	-1,660 V
Cinc	Zn	-0,763 V
Hierro	Fe	-0,440 V
Cadmio	Cd	-0,403 V
Níquel	Ni	-0,250 V
Estaño	Sn	-0,136 V
Plomo	Pb	-0,126 V
Hidrógeno	H	0,000 V
Cobre	Cu	+0,337 V
Oxígeno	O	+0,401 V
Plata	Ag	+0,799 V
Oro	Au	+1,500 V

b) Importancia en elegir bien los metales en contacto

Resulta muy importante la elección de los metales que van a trabajar en contacto para evitar su corrosión en el supuesto de que estén sometidos a la presencia de agua o humedad.

La unión de metales con remaches o tornillos de diferentes materiales pueden dar lugar a la corrosión de uno u otro metal.

c) Aleaciones resistentes a la corrosión

En la industria y la construcción es muy empleado el hierro y el acero. Al ser poco resistentes a la corrosión, se les busca alternativas como cubrir su superficie con otros metales o aleados con materiales inoxidables.

Los aceros aleados (inoxidables) llevan grandes cantidades de cromo en proporción que varía del 18 al 20 % y níquel al 8 %, con lo que el acero se pasiva.

d) Medios de protección contra la corrosión

Galvanizado. Recubrimiento de piezas y materiales con cinc.

Niquelado o cromado. Recubrimiento de superficies con níquel o cromo.

Pasivado. Protección formada por óxido en la superficie del mismo material.

Ánodo de sacrificio. Colocar junto al material a proteger, otro material (película de óxido, chapa, pintura o similar) que sea más electronegativo, para que sea este último el que se corroa.

Corriente impresa. Consiste en dar un potencial más positivo al que tiene más potencial negativo y se quiere proteger. Este sistema no es normalmente empleado.

Pintura protectora. Aplicar a las superficies pinturas de protección adecuadas.

e) Materiales mecanizados

Evitar hacer agujeros en las estructuras y soportes con materiales que sean aceros que ya tengan protección superficial (galvanizado o cincado). En este punto (taladro), se pierde la protección y por él comienza la oxidación.

Si durante el transporte o el montaje de los materiales se deteriora la protección superficial, habrá que repararla con productos adecuados. Después del montaje se revisará la superficie mecánica de las estructuras y soportes para que no quede nada desprotegido, ya que por ese punto débil, se iniciará la oxidación.

En el apriete de la tornillería se suele deteriorar la protección superficial de los materiales. Cuídese de evitar golpes, rozamientos, fricciones, etc.

3.2.2.5. Principales perfiles utilizados

En la construcción de soportes y estructuras se utilizan diversos tipos de perfiles en acero, aluminio y acero inoxidable, algunos de los cuales se referencian a continuación.

Los perfiles metálicos son aquellos metales laminados, fabricados usualmente para su empleo en estructuras de edificaciones metálicas, obra civil, estructuras metálicas, construcciones metálicas, etc.

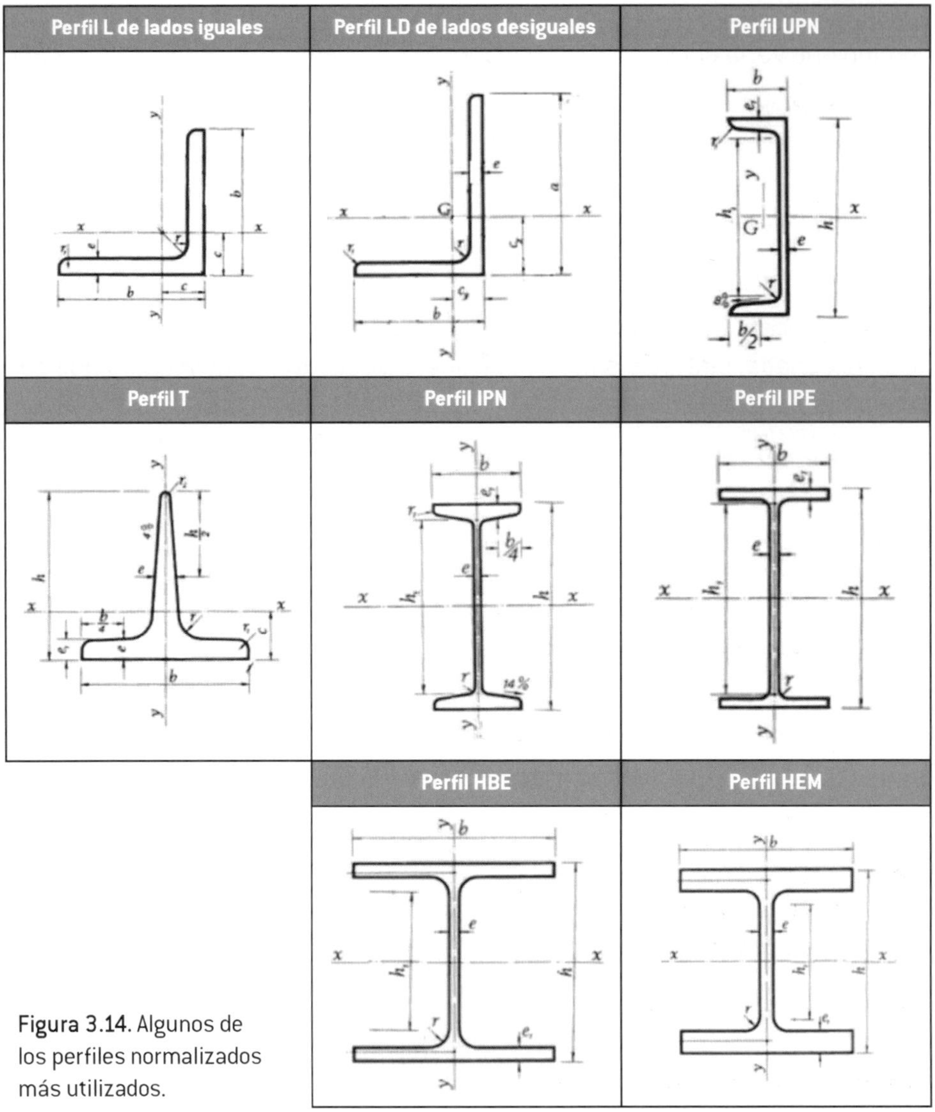

Figura 3.14. Algunos de los perfiles normalizados más utilizados.

Figura 3.15. Diferentes tipos de perfiles.

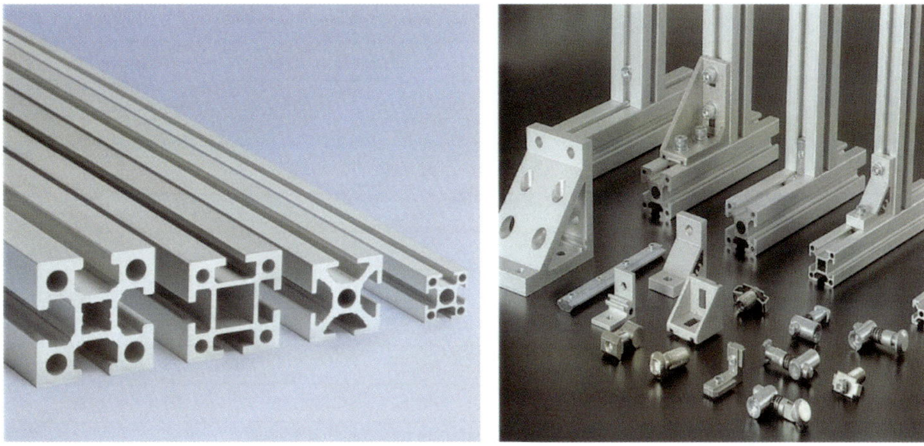

Figura 3.16. Perfiles de aluminio y herrajes varios.

Características de los principales perfiles normalizados:

En las tablas que estudiamos a continuación se presentan las características de los principales perfiles normalizados.

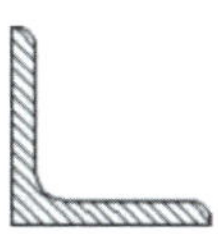

Tabla 3.12. Principales características de perfiles L

TABLA SIMPLIFICADA - Perfil L							
Perfil	Dimensiones		Términos de sección				Peso
	b	e	A	Jx	Wx	ix	
	mm	mm	cm^2	cm^4	cm^3	cm	kg/m
L 20.3	20	3	1,12	0,39	0,28	0,59	0,88
L 25.3	25	3	1,42	0,79	0,45	0,75	1,12
L 30.3	30	3	1,74	1,41	0,65	0,90	1,36
L 30.5	30	5	2,78	2,16	1,04	0,88	2,18
L 35.4	35	4	2,67	2,96	1,18	1,05	2,10
L 40.4	40	4	3,08	4,48	1,56	1,21	2,42
L 40.6	40	6	4,48	6,33	2,26	1,19	3,52
L 45.5	45	5	4,30	7,83	2,43	1,35	3,38
L 45.7	45	7	5,86	10,40	3,31	1,33	4,60
L 50.5	50	5	4,80	11,00	3,05	1,51	3,77
L 50.7	50	7	6,56	14,60	4,15	1,49	5,15
L 50.9	50	9	8,24	17,90	5,20	1,47	6,47
L 55.6	55	6	6,31	17,30	4,40	1,66	4,95
L 55.8	55	8	8,23	22,10	5,72	1,64	6,46

TABLA SIMPLIFICADA - Perfil L							
Perfil	Dimensiones		Términos de sección				Peso
	b	e	A	Jx	Wx	ix	
	mm	mm	cm^2	cm^4	cm^3	cm	kg/m
L 55.10	55	10	10,10	26,30	6,97	1,62	7,90
L 60.6	60	6	6,91	22,60	5,29	1,82	5,42
L 60.8	60	8	9,03	29,10	6,88	1,80	7,09
L 60.10	60	10	11,10	34,90	8,41	1,78	8,69
L 65.7	65	7	8,70	33,40	7,18	1,96	6,83
L 65.9	65	9	11,00	41,30	9,04	1,94	8,62
L 65.11	65	11	13,20	48,80	10,80	1,91	10,30
L 70.7	70	7	9,40	42,40	8,43	2,12	7,38
L 70.9	70	9	11,30	52,60	10,60	2,10	9,34
L 70.11	70	11	14,30	61,80	12,70	2,08	11,20
L 75.8	75	8	11,50	58,90	11,00	2,26	9,03
L 75.10	75	10	14,10	71,40	13,50	2,25	11,10
L 75.12	75	12	16,70	82,40	15,80	2,22	13,10
L 80.8	80	8	12,30	72,30	12,60	2,42	9,66
L 80.10	80	10	15,10	87,50	15,50	2,41	11,90
L 80.12	80	12	17,90	102,00	18,20	2,39	14,10
L 90.9	90	9	15,50	116,00	18,00	2,74	12,20
L 90.11	90	11	18,70	138,00	21,60	2,72	14,70
L 90.13	90	13	21,90	158,00	25,10	2,69	17,10
L 100.10	100	10	19,20	177,00	24,70	3,04	15,10
L 100.12	100	12	22,70	207,00	29,20	3,02	17,80
L 100.14	100	14	26,20	235,00	33,50	3,00	20,60
L 120.11	120	11	25,40	341,00	39,50	3,66	19,90
L 120.13	120	13	29,70	394,00	46,00	3,64	23,30
L 120.15	120	15	33,90	446,00	52,50	3,64	26,60
L 130.12	130	12	30,00	472,00	50,40	3,97	23,60
L 130.14	130	14	34,70	540,00	58,20	3,94	27,20
L 130.16	130	16	39,30	605,00	65,80	3,92	30,90
L 140.13	140	13	35,00	638,00	63,30	4,27	27,50
L 140.15	140	15	40,00	723,00	72,30	4,25	31,40
L 140.17	140	17	45,00	805,00	81,20<	4,23	35,30
L 150.14	150	14	40,30	845,00	78,20	4,58	31,60
L 150.16	150	16	45,70	949,00	83,50	4,56	35,90
L 150.18	150	18	51,00	1050,00	99,30	4,54	40,10

Tabla 3.13. Principales características de perfiles **IPN**

TABLA SIMPLIFICADA – perfil IPN										
Perfil	**h**	**b**	**e**	**A**	**Jx**	**Wx**	**ix**	**Jy**	**Wy**	**Peso**
80	80	42	3,9	7,58	77,8	19,5	3,20	6,29	3,00	5,95
100	100	50	4,5	10,6	171	34,2	4,01	12,2	4,88	8,32
120	120	58	5,1	14,2	328	54,7	4,81	21,5	7,41	11,2
140	140	66	5,7	18,3	573	81,9	5,61	35,2	10,7	14,4
160	160	74	6,3	22,8	935	117	6,40	54,7	14,8	17,9
180	180	82	6,9	27,9	1450	161	7,20	81,3	19,8	21,9
200	200	90	7,5	33,5	2140	214	8,00	117	26,0	26,3
220	220	98	8,1	39,6	3060	278	8,80	162	33,1	31,1
240	240	106	8,7	46,1	4250	354	9.59	221	41,7	36,2
260	260	113	9,4	53,4	5740	442	10,4	288	51,0	41,9
280	280	119	10,1	61.1	7590	542	11,1	364	61,2	48,0
300	300	125	10,8	69,1	9800	653	11,9	451	72,2	54,2
320	320	131	11,5	77,8	12510	782	12,7	555	84,7	61,1
340	340	137	12,2	86,8	15700	923	13,5	674	98,4	68,1
360	360	143	13,0	97,1	19610	1090	14,2	818	114	76,2
380	380	149	13,7	107	24010	1260	15,0	975	131	84,0
400	400	155	14,4	118	29210	1460	15,7	1160	149	92,6
450	450	170	16,2	147	45850	2040	17,7	1730	203	115
500	500	185	18,0	180	68740	2750	19,6	2480	268	141

Tabla 3.14. Principales características de perfiles **UPN**

TABLA SIMPLIFICADA – perfil UPN										
Perfil	**h**	**b**	**e**	**A**	**Ix**	**Wx**	**ix**	**Iy**	**Wy**	**Peso**
80	80	45	6	11,0	106	26,5	3,10	19,4	6,36	8,64
100	100	50	6	13,5	206	41,2	3,91	29,3	8,49	10,6
120	120	55	7	17,0	364	60,7	4,62	43,2	11,1	13,4
140	140	60	7	20,4	605	86,4	5,45	62,7	14,8	16,0
160	160	65	7,5	24,0	925	116	6,21	85,3	18,3	18,8
180	180	70	8	28,0	1350	150	6,95	114	22,4	22,0
200	200	75	8,5	32,2	1910	191	7,70	148	27,0	25,3
220	220	80	9	37,4	2690	245	8,48	197	33,6	29,4
240	240	85	9,5	42,3	3600	300	9.22	248	39,6	33,2
260	260	90	10	48,3	4820	371	9,99	317	47,7	37,9
280	280	95	10	53,3	6280	448	10,9	399	57,2	41,8
300	300	100	10	58,8	8030	535	11,7	495	67,8	46,2

Tabla 3.15. Principales características de perfiles HEB

TABLA SIMPLIFICADA – perfil HEB										
Perfil	**h**	**b**	**e**	**A**	**Ix**	**Wx**	**ix**	**Iy**	**Wy**	**Peso**
100	100	100	6	26,0	450	90	4,16	167	33	20,4
120	120	120	6.5	34,0	864	144	5,04	318	53	26,7
140	140	140	7	43,0	1509	216	5,93	550	79	33,7
160	160	160	8	54,3	2492	311	6,78	889	111	42,6
180	180	180	8,5	65,3	3831	426	7,66	1363	151	51,2
200	200	200	9	78,1	5696	570	8,54	2003	200	61,3
220	220	220	9,5	91,0	8091	736	8,80	2843	258	71,5
240	240	240	10	106,0	11259	938	9.43	3923	327	83,2
260	260	260	10	118,4	14919	1150	10,3	5135	395	93,0
280	280	280	10,5	131,4	19270	1380	11,2	6595	471	103
300	300	300	11	149,1	25166	1680	12,1	8563	571	117
320	320	300	11,5	161,3	30823	1930	13,0	9239	616	127
340	340	300	12	170,9	36656	2160	14,6	9690	646	134
360	360	300	12,5	180,6	43193	2400	15,5	10140	676	142
400	400	300	13,5	197,8	57680	2880	17,1	10819	721	155
450	450	300	14	218,0	79887	3550	19,1	11721	781	171
500	500	300	14,5	238,6	107176	4290	21,2	12624	842	187
550	550	300	15	254,1	136691	4970	23,2	13077	872	199
600	600	300	15,5	270,0	171041	5700	25,2	13530	902	212

Tabla 3.16. Principales características de perfiles IPE

TABLA SIMPLIFICADA – perfil IPE										
Perfil	**h**	**b**	**e**	**A**	**Ix**	**Wx**	**ix**	**Iy**	**Wy**	**Peso**
80	80	45	6	7,63	80,13	20,0	3,10	19,4	3,73	6,03
100	100	50	6	10,3	171,0	34,2	3,91	29,3	5,83	8,13
120	120	55	7	13,2	318,0	53,0	4,62	43,2	8,63	10,4
140	140	60	7	16,4	541,0	77,3	5,45	62,7	12,3	12,9
160	160	65	7,5	20,1	869,0	119	6,21	85,3	16,7	15,8
180	180	70	8	23,9	1320	146	6,95	114	22,2	18,8
200	200	75	8,5	28,5	1940	194	7,70	148	28,5	22,4
220	220	80	9	33,4	2770	252	8,48	197	37,3	26,2
240	240	85	9,5	39,1	3890	324	9.22	248	47,3	30,7
270	270	90	10	45,9	5790	429	9,99	317	62,2	36,1
300	300	95	10	53,8	8360	557	10,9	399	80,5	42,2
330	330	100	10	62,6	11770	713	11,7	495	98,5	49,1
360	360	100	10	72,7	16270	904	11,7	495	123	57,1
400	400	100	10	84,5	23130	1160	11,7	495	146	66,3
450	450	100	10	98,8	33740	1500	11,7	495	176	77,6

500	500	100	10	116,0	48200	1930	11,7	495	214	90,7
550	550	100	10	134,0	67120	2440	11,7	495	254	106,0
600	600	100	10	156,0	92080	3070	11,7	495	308	122,0

Figura 3.17. Vistas parciales de perfiles aplicados en estructuras para instalaciones FV.

3.2.2.6. Tornillería

Aunque lo normal es que toda la tornillería sea métrica, podemos encontrar tornillería con rosca inglesa y rosca para tubos (hidráulica) y otros sistemas. En este apartado estudiamos las principales roscas utilizadas y sus características.

a) Características principales de los tornillos

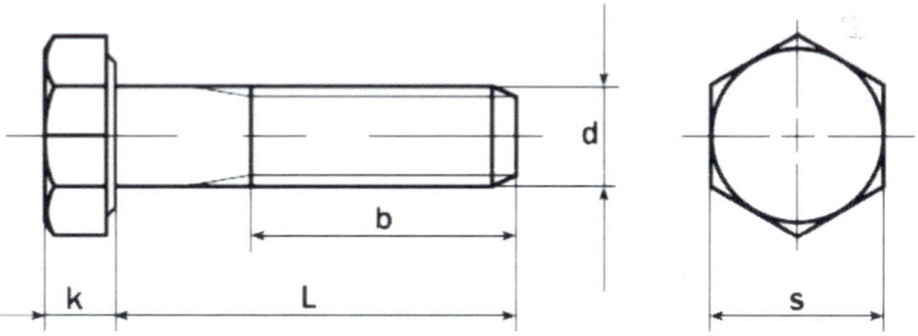

Figura 1.18. Acotado de un tornillo.

Tornillos, tuercas y arandelas:

Clase T: tornillos ordinarios según NBE-EA95.

Clase TC: tornillos calibrados según NBE-EA95.

Clase TR: tornillos de alta resistencia según NBE-EA95.

Los tornillos ordinarios se emplean con productos de acero de los tipos A37 y A42.

Los tornillos calibrados se emplean con productos de acero A37, A42 y A52.

Los tornillos de alta resistencia pueden emplearse con aceros de cualquier tipo.

Todas las tuercas y arandelas se indican en la normativa correspondiente.

Tornillería para usos generales:

Los tornillos normales diferencian su calidad en función de la resistencia mecánica que tienen. En la norma DIN 267 se distinguen 12 clases de calidades de tornillería, a los que corresponde la siguiente tabla.

Clase de resistencia	**3.6**	**4.6**	**4.8**	**5.6**	**5.8**	**6.6**	**6.8**	**6.9**	**8.8**	**10.9**	**12.9**	**14.9**

Los fabricantes están obligados a estampar en la cabeza de los tornillos la calidad a la que pertenecen.

Tabla 3.17. Clase de resistencia para tornillos.

Clase de resistencia	Resistencia a rotura R_m en (N/mm²)	Límite elástico R_e en (N/mm²)
4.6	400	240
5.6	500	300
5.8	500	400
6.8	600	480
8.8	800	640
10.9	1.000	900
10.9	1.200	1.080

Tornillos-HV: Tornillos de alta resistencia para uniones pretensadas.

b) Rosca Métrica ISO DIN 13 (M)

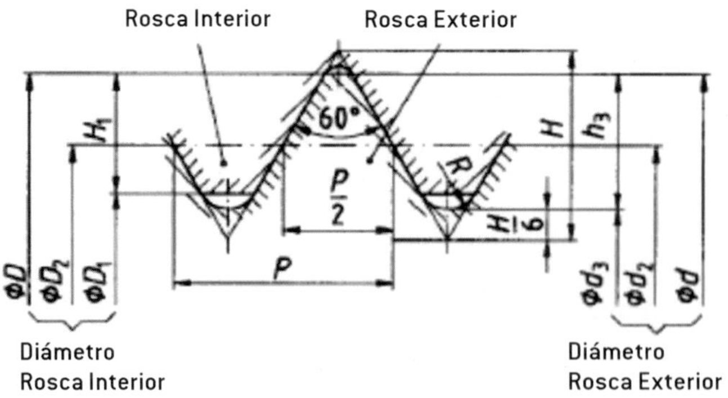

Características principales:

Profundidad de rosca: $H = 0,866 \cdot P$

Altura de contacto: $H_1 = 0,541 \cdot P$

Altura del filete del tornillo: $h_3 = 0,613 \cdot P$

Diámetro interior del tornillo: $d_3 = d - 1,226 \cdot P$

Diámetro interior de la tuerca: $D_1 = d - 1,082 \cdot P$

Diámetro medio: $d_2 = D_2 = d - 0,649 \cdot P$

Diámetro exterior de la tuerca: $D = d + 0,072 \cdot P$

Tabla 3.18. Características principales de tornillos con Rosca Métrica.

Designación	Diámetro francos d_2	Diámetro núcleo d_3		Área núcleo A_3	Área resistente As	
	mm	mm		mm²	mm²	
M 1 x 0,25	1	0,25	0,839	0,693	0,377	0,461
M 1,1 x 0,25	1,1	0,25	0,939	0,793	0,494	0,589
M 1,2 x 0,25	1,2	0,25	1,039	0,893	0,626	0,733
M 1,4 x 0,3	1,4	0,3	1,206	1,032	0,836	0,983
M 1,6 x 0,35	1,6	0,35	1,374	1,171	1,077	1,272
M 1,7 x 0,35	1,7	0,35	1,474	1,271	1,269	1,479
M 1,8 x 0,35	1,8	0,35	1,574	1,371	1,476	1,703
M 2 x 0,4	2	0,4	1,742	1,509	1,788	2,075
M 2,2 x 0,45	2,2	0,45	1,91	1,648	2,133	2,486
M 2,3 x 0,4	2,3	0,4	2,042	1,809	2,57	2,912
M 2,5 x 0,45	2,5	0,45	2,21	1,948	2,98	3,395
M 2,6 x 0,45	2,6	0,45	2,31	2,048	3,294	3,729
M 3 x 0,5	3	0,5	2,677	2,387	4,475	5,035
M 3,5 x 0,6	3,5	0,6	3,113	2,764	6	6,782
M 4 x 0,7	4	0,7	3,548	3,141	7,749	8,785
M 4,5 x 0,75	4,5	0,75	4,016	3,58	10,066	11,329
M 5 x 0,8	5	0,8	4,484	4,019	12,686	14,196
M 5,5 x 0,9	5,5	0,9	4,919	4,396	15,178	17,037
M 6 x 1	6	1	5,355	4,773	17,893	20,141
M 7 x 1	7	1	6,355	5,773	26,175	28,881
M 8 x 1,25	8	1,25	7,194	6,466	32,837	36,638
M 9 x 1,25	9	1,25	8,194	7,466	43,779	48,152
M 10 x 1,5	10	1,5	9,032	8,16	52,296	58,034
M 11 x 1,5	11	1,5	10,032	9,16	65,899	72,322
M 12 x 1,75	12	1,75	10,871	9,853	76,248	84,329
M 14 x 2	14	2	12,71	11,546	104,702	115,523
M 15 x 2	15	2	13,71	12,546	123,623	135,359
M 16 x 2	16	2,5	14,387	12,933	131,368	146,552

Designación	Diámetro francos d_2	Diámetro núcleo d_3		Área núcleo A_3	Área resistente As	
	mm	mm		mm²	mm²	
M 18 x 2,5	18	2,5	16,387	14,933	175,139	192,608
M 20 x 2,5	20	2,5	18,387	16,933	225,194	244,947
M 22 x 2,5	22	2,5	20,387	18,933	281,533	303,569
M 24 x 3	24	3	22,064	20,319	324,261	352,706
M 27 x 3	27	3	25,064	23,319	427,08	459,638
M 30 x 3,5	30	3,5	27,742	25,706	518,99	560,91
M 33 x 3,5	33	3,5	30,742	28,706	647,195	693,912
M 36 x 4	36	4	33,419	31,093	759,303	817,167
M 39 x 4	39	4	36,419	34,093	912,894	976,239
M 42 x 4,5	42	4,5	39,097	36,479	1045,143	1121,496
M 45 x 4,5	45	4,5	42,097	39,479	1224,115	1306,636
M 48 x 5	48	5	44,774	41,866	1376,616	1473,896
M 52 x 5	52	5	48,774	45,866	1652,234	1758,65
M 56 x 5,5	56	5,5	52,451	49,252	1905,187	2030,942
M 60 x 5,5	60	5,5	56,451	53,252	2227,213	2363,017
M 64 x 6	64	6	60,129	56,639	2519,539	2677,18
M 68 x 6	68	6	64,129	60,639	2887,978	3056,584

Tabla 3.19. Características de rosca métrica, de paso normal (M) y paso fino (MF).

Rosca métrica paso normal			Rosca métrica paso fino		
Características		Diámetro broca agujero (mm)	Características		Diámetro broca agujero (mm)
Designación	Paso (mm)		Designación	Paso (mm)	
M3	0,5	2,5	M3	0,25	2,75
M4	0,7	3,3	M4	0,35	3,65
M5	0,8	4,2	M5	0,5	4,5
M6	1	5	M6	0,5	5,5
M7	1	6	M7	0,75	6,25
M8	1,25	6,8	M8	0,75	7,25
			M8	1	7
M9	1,25	7,8	M9	1	8
M10	1,5	8,5	M10	0,75	9,25
			M10	1	9
			M10	1,25	8,8
M11	1,5	9,5	M11	1	10
			M11	1,25	9,75
M12	1,75	10,20	M12	1	11
			M12	1,25	10,75
			M12	1,5	10,50
M13	1,75	11,25	M13	1,25	11,75
			M13	1,5	11,50

M14	2	12	M14	1	13
			M14	1,25	12,80
			M14	1,5	12,5
			M14	1,75	12,25
M15	2	13	M15	1,5	13,50
			M15	1,25	13,75
M16	2	14	M16	1	15
			M16	1,25	14,75
			M16	1,5	14,5
M18	2,5	15,50	M18	1,25	16,75
			M18	1,5	16,5
			M18	2	16
M20	2,5	17,5	M20	1,5	18,8
			M20	2	18
M22	2,5	19,5	M22	1,5	20,5
			M22	2	20
M24	3	21	M20	1,5	22,5
			M24	2	22
M27	3	24	M27	1,5	25,5
			M27	2	25
M30	3,5	26,5	M30	2	28
			M30	3	27
M33	3,5	29,5	M33	2	31
			M33	3	30
M36	4	32	M36	2	34
			M36	3	33
M39	4	35	M39	2	37
			M39	3	36

c) Rosca Whitworth

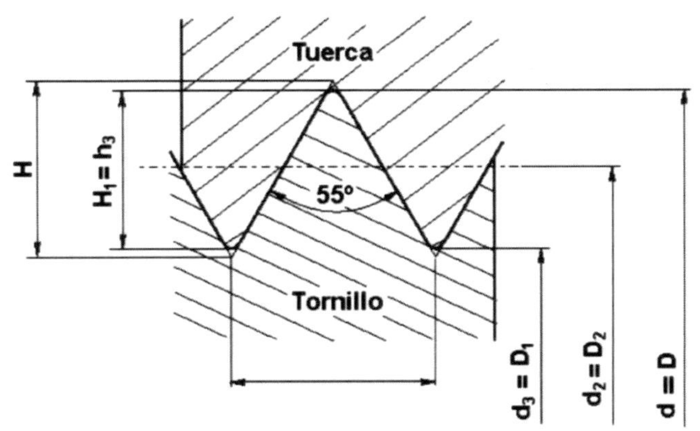

Características principales:

Profundidad de rosca: $\mathbf{H} = 0{,}960 \cdot P$

Altura de contacto: $\mathbf{H_1} = 0{,}640 \cdot P$

Altura del filete del tornillo y de la tuerca: $\mathbf{h_3} = \mathbf{H_1} = 0{,}640 \cdot P$

Diámetro interior del tornillo y de la tuerca: $\mathbf{d_3} = \mathbf{D_1} = d - 1{,}280 \cdot P$

Diámetro medio: $\mathbf{d_2} = \mathbf{D_2} = d - 0{,}640 \cdot P$

Diámetro exterior de la tuerca: $\mathbf{D} = d$

Medidas en mm)

Tabla 3.20. Características de rosca Whitworth, paso normal (BSW) y paso fino (BSF).

Medida nominal y paso normal			Diámetro broca agujero mm	Medida nominal y paso fino			Diámetro broca agujero mm
Designación	Hilos (")	Diámetro mm		Designación	Hilos (")	Diámetro mm	
W 1/16	60	1,5888	1,15				
W 3/32	48	2,381	1,8				
W 1/8	40	3,175	2,55				
W 5/32	32	3,969	3,1				
W 3/16	24	4,763	3,6	W 3/16	32	4,762	4
W 7/32	24	5,556	4,4				
W 1/4	20	6,35	5,1	W 1/4	26	6,35	5,2
W 5/16	18	7,938	6,5	W 5/16	22	7,938	6,6
W 3/8	16	9,525	7,9	W 3/8	20	9,525	8,1
W 7/16	14	11,112	9,25	W 7/16	18	11,113	9,5
W 1/2	12	12,7	10,5	W 1/2	16	12,7	11
W 9/16	12	14,288	12	W 9/16	16	14,287	12,5
W 5/8	11	15,875	13,5	W 5/8	14	15,876	14
W 1.1/16	11	17,463	15,25				
W 3/4	10	19,050	16,5	W 3/4	12	19,051	16,.5
W 7/8	9	22,225	19,25	W 7/8	11	22,226	19,5
W 1	8	25,4	21,75	W 1	10	25,4	22,5
W 1.1/8	7	28,575	24,75	W 1.1/8	9	28,575	25,5
W 1.1/4	7	31,75	27,75	W 1.1/4	9	31,75	28,5
W 1.3/8	6	34.925	30,5				
W 1.1/2	6	38,1	33,5	W 1.1/2	8	38,1	34,5
W 1.5/8	5	41,275	46,5				
W 1.3/4	5	44,45	39				
W 1.7/8	4,5	47,625	42				
W 2	4,5	50,8	44.5				
W 2.1/4	4	57,15	50				
W 2.1/2	4	63,5	56.5				
W 2.3/4	3,5	69,85	62				
W 3	3,5	76,2	68				

(") Pulgada

Tabla 3.21. Características de Rosca Whitworth para tubos, o rosca Gas (BSP).

Medida nominal y paso normal			Diámetro broca agujero mm
Designación	Hilos (")	Diámetro (mm)	
G 1/8	28	9.728	8,8
G 1/4	19	13.157	11,8
G 3/8	19	16.662	15,25
G 1/2	14	20.955	19
G 5/8	14	22.811	21
G 3/4	14	26.441	24,5
G 7/8	14	30.201	28,25
G 1	11	33.249	30,75
G 1.1/8	11	37.897	35,5
G 1.1/4	11	41.91	39,5
G 1.3/8	11	44.323	42
G 1.1/2	11	47.803	45,25
G 1.3/4	11	53.746	51,25
G 2	11	59.614	57
G 2.1/4	11	65.71	63
G 2.1/2	11	75.184	72,5
G 2.3/4	11	81.534	79
G 3	11	87.884	85,5
G 4	11	113.03	110,5

d) Ejemplos de diversa tornillería

Figura 3.19. Tornillos, tuercas y arandelas.

3.3. Geometría y cálculos básicos

Estudiamos la forma de emplear la calculadora y la superficie y volumen de las principales figuras geométricas.

3.3.1. Empleo de la calculadora para efectuar cálculos matemáticos

La calculadora es una herramienta fundamental en los cálculos matemáticos de la electricidad, mecánica y la física en general.

Ejemplos de aplicación:

a) ***Elevar una cifra a un exponente determinado.***

$25^{1,25}$ = log 25 x 1,25 = antilog del producto obtenido (antilog 81,7474259) = 55,90169

b) ***Extraer la raíz de una cifra***

$\sqrt[1,25]{25}$ = log 25 : 1,25 = antilog del valor obtenido (antilog 1,118352) = 13,132639

c) ***Elevar al cuadrado***

Las calculadoras tienen tecla para elevar una cifra al cuadrado.

25^2 (tecla $\boxed{x^2}$) = 625

En caso de no tenerla, realizar la siguiente operación:

$25^2 = 25 \times 25 = 625$

c) ***Extraer la raíz cuadrada***

25 = (tecla $\boxed{\text{INV}}$, tecla) = 5

3.3.2. Cálculo de figuras geométricas

Este apartado recoge las principales figuras geométricas que pueden afectar a los cálculos eléctricos, como superficie, sección, volumen, etc.

Tabla 3.22. Figuras, superficie y volumen de figuras geométricas.

Figura geométrica	Área (superficie)	Datos de cálculo	Volumen
Cuadrado 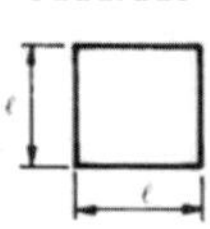	$S = l \cdot l = l^2$	l – lado	

Rectángulo 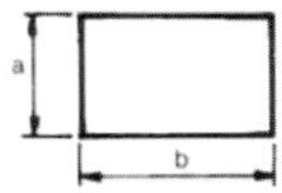	$S = a \cdot b$	a – ancho b – largo	
Triángulo 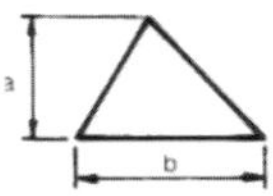	$S = \dfrac{a \cdot b}{2}$	a – altura b – base	
Rombo 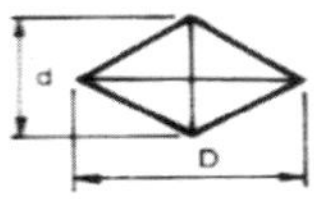	$S = \dfrac{d \cdot D}{2}$	d – diagonal menor D – diagonal mayor	
Paralelogramo 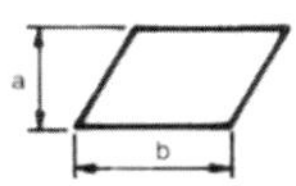	$S = a \cdot b$	a – ancho b – largo	
Trapecio 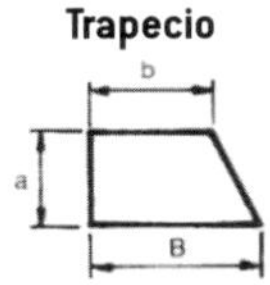	$S = \dfrac{b + B}{2} \cdot a$	b y B – lados a – altura	
Polígono regular 	$S = \dfrac{p \cdot a}{2}$	p – perímetro a – apotema	
Círculo 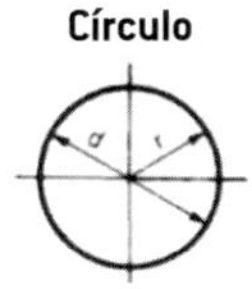	$S = \pi \cdot r^2$ $S = 0{,}785 \cdot d^2$	r – radio d – diámetro	
Sector circular 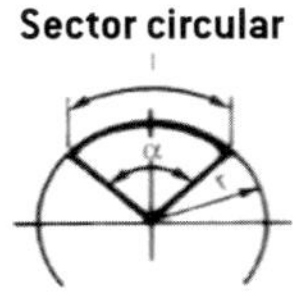	$S = \dfrac{l \cdot r}{2} = \dfrac{\pi \cdot \alpha \cdot r^2}{2}$ $l = \dfrac{\pi \cdot r \cdot \alpha}{180} = \dfrac{r \cdot \alpha}{57{,}3}$	r – radio l – longitud del arco α – grados del ángulo	
Corona circular 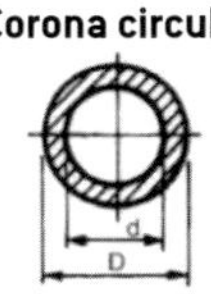	$S = p\,[D^2 - d^2]$	r – radio menor R – radio mayor	

Elipse 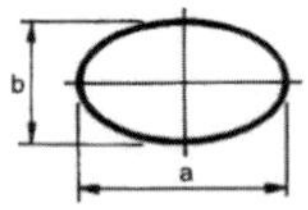	$S = \pi \cdot a \cdot b$ $p \cong \pi \cdot \frac{a+b}{2}$ $S = \frac{\pi}{4} \cdot a \cdot b$	p – perímetro a – diagonal mayor b – diagonal menor	
Cubo 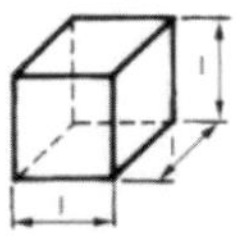	$S = 6 \cdot l^2$ $S = \sqrt{3} \cdot l^2$	l – lado	$V = l \cdot l \cdot l = l^3$
Cilindro 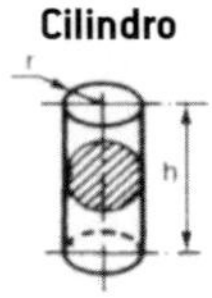	Área total $S = 2\pi \cdot r\,(r + h)$	r – radio d – diámetro h – longitud	$V = \pi \cdot r^2 \cdot h$
Esfera 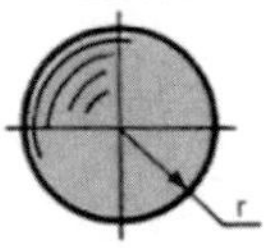	$S = 4\pi \cdot r^2$ $S = \pi \cdot d^2$	r – radio d – diámetro	$V = \frac{4}{3}\pi \cdot r^3$
Toro circular 	$S = \pi^2 \cdot D \cdot d$	R – radio mayor r – radio menor	$V = 2\pi^2 \cdot R \cdot r^2$
Cono 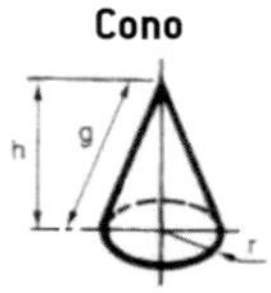	$g = \sqrt{r^2 + h^2}$ superficie envolvente $S = \pi \cdot r \cdot g$	g – generatriz h – altura	$V = \frac{\pi \cdot r^2 \cdot h}{3}$
Cilindro hueco 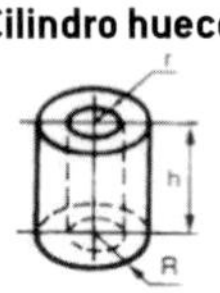		R – radio exterior r – radio interior h – longitud	$V = \pi \cdot h\,(R^2 - r^2)$

Ejemplos de cálculo:

1. Determinar el peso de una barra redonda de hierro, de diámetro 50 mm y longitud de 3 m.

   Densidad del hierro: 7,874 kg/dm^3

   Todas las magnitudes hay que darlas en dm.
   50 mm = 0,5 dm

3 m = 30 dm

Sección (S) de la barra redonda:

$$S = 0{,}785 \cdot d^2 = 0{,}785 \times 0{,}5^2 = 0{,}19625 \text{ dm}^2$$

Volumen (V) de la barra redonda:

$$V = S \cdot L = 0{,}19625 \times 30 = 5{,}8875 \text{ dm}^3$$

Peso (P) de la barra redonda:

$$P = V \cdot d = 5{,}8875 \times 7{,}874 = 46{,}3581 \text{ kg}$$

2. Determinar el peso de una chapa de aluminio de 1 x 2 m con un espesor de 10 mm.

   Densidad del aluminio: 2,6984 kg/dm^3

   Todas las magnitudes hay que darlas en dm.
   1 x 2 m = 10 x 20 dm
   10 mm = 0,1 dm

   Superficie (S) de la chapa:

$$S = a \cdot b = 10 \times 20 = 200 \text{ dm}^2$$

   Volumen (V) de la chapa:

$$V = S \cdot e = 200 \times 0{,}1 = 20 \text{ dm}^3$$

   Peso (P) de la chapa:

$$P = V \cdot d = 20 \times 2{,}6984 = 53{,}938 \text{ kg}$$

3. Si la chapa del ejercicio anterior fuera en hierro, ¿cuál sería su peso?

   Densidad del hierro: 7,874 kg/dm^3

   Peso de la chapa:

$$P = V \cdot d = 20 \times 7{,}874 = 157{,}48 \text{ kg}$$

3.4. Acciones de viento y nieve

Los fenómenos atmosféricos, y de forma especial el viento y la nieve, son agentes que pueden perjudicar a los módulos fotovoltaicos, así como a las estructuras, soportes y anclajes.

Hacemos un repaso de los mismos y su influencia sobre las instalaciones fotovoltaicas en general.

3.4.1. La atmósfera terrestre

La capa atmosférica se comporta como un escudo protector contra la penetración de radiaciones nocivas, contra los meteoritos y en concreto, contra el ozono, protegiendo la atmósfera que respiramos y la superficie del planeta.

a) Agentes atmosféricos a los que se enfrentan las instalaciones fotovoltaicas

Los principales fenómenos atmosféricos a que se someten las instalaciones fotovoltaicas son los siguientes:

- Lluvia.
- Granizo.
- Viento.
- Descargas atmosféricas (rayos).
- Nieve.
- Calor.
- Frío.
- Humedad ambiental (humedad del aire, niebla, escarcha, rocío).

Lo malo de estos fenómenos es cuando se dan en condiciones extremas, por lo que resulta de importancia conocer las posibles repercusiones negativas sobre los paneles de captación y las estructuras que los soportan.

A continuación analizamos cada uno de ellos, dando más relevancia al viento y la nieve.

3.4.2. El viento

El viento es una corriente de aire que se produce sobre la superficie terrestre.

La masa de aire se desplaza de unas zonas o áreas de más presión a otras con menos presión, en forma de viento. Las diferencias de temperatura colaboran a las variaciones de presión.

a) Problemas del viento en las instalaciones fotovoltaicas

La forma aplanada que tienen los módulos fotovoltaicos, unido a la gran superficie de los mismos, los hace muy sensibles a la acción del viento. El "efecto vela" que se puede producir en los paneles puede resultar peligroso si no se toman las medidas precisas. Un viento lo suficientemente fuerte puede llegar a hacer volar el panel con la consiguiente pérdida del componente y el peligro de ocasionar daños materiales y personales.

El viento más peligroso para los paneles solares es el que se dirige hacia el ecuador, (viento proveniente del Norte en el hemisferio Norte, y del Sur, en el hemisferio Sur) Esto se debe a dos factores:

La fuerza que ejerce el viento sobre un objeto depende de la superficie que se oponga a él. Al estar los colectores orientados hacia el ecuador será el viento que se dirija hacia esa dirección el que más fuerza ejerza sobre los colectores ya que incidirá perpendicularmente sobre ellos.

Cuando el viento incide por la parte trasera del colector, ejercerá una fuerza de tracción sobre los anclajes que es la parte que resulta peligrosa. Cuando el viento proviene del ecuador y aunque incida también sobre el panel perpendicularmente, en este caso la fuerza actúa a compresión, transmitiéndose la fuerza resultante a la estructura y a los soportes, y de ahí, al suelo, disipándose en gran medida los efectos negativos.

En algunos casos, para evitar que el viento en algún momento pueda arrancar los módulos, será preciso que la estructura de soporte ejerza una fuerza hacia el suelo (mediante contrapesos) igual a aquella que el viento sea capaz de ejercer sobre los módulos, es decir, habrá que lastrar la estructura con un peso que al menos iguale a la fuerza máxima histórica que haya tenido el viento en la zona en la que se encuentre la instalación. En estos casos, se deberá emplear tornillería de alta resistente y que también lo sean contra la corrosión.

Al estudiar y diseñar la estructura, la tornillería y los anclajes tendrán en cuenta estos factores, para darles el dimensionado adecuado, así como anclar y lastrar la estructura de la forma más segura.

b) Conceptos relacionados con el viento:

- **Isobaras**

  Las isobaras son líneas que unen puntos de igual presión. Los mapas de isobaras son usados por los meteorólogos para los mapas de predicción del tiempo.

- **Presión atmosférica**

  Presión atmosférica es la presión ejercida por el aire sobre la superficie de la Tierra.

  La presión atmosférica media a nivel del mar es de 1.013 milibares (mb) o hectopascales (hPa) o 102.325 N/m^2 o pascal (Pa).

  En el Sistema Internacional de unidades (SI), la unidad de presión es el newton por metro cuadrado (N/m^2).

  $$1\ N/m^2 = 1\ \text{Pa}$$

  A medida que se sube en altura sobre el nivel del mar, baja la presión y decrece la masa de aire. Por ejemplo, a 10.000 m de altitud, la presión es cuatro veces inferior a la que hay a nivel del mar y la temperatura es de –55 °C.

- **Altas y bajas presiones**

  Se denomina zona con ***altas presiones***, cuando la presión reducida al nivel del mar y a 0 °C, es mayor de 1.013 mb (milibares) y ***bajas presiones,*** si el valor es menor que ese valor.

- **Presión absoluta**

  Corresponde a la presión que realmente soportan las moléculas de un determinado fluido o las paredes del recipiente que las contiene.

- **Presión relativa**

  Es la diferencia existente entre la presión absoluta y la presión atmosférica.

- **Aparatos para medir la presión**
  - ***Manómetros:*** miden la presión relativa superior a la atmosférica.
  - ***Vacuómetros:*** miden la presión relativa inferior a la atmosférica.
  - ***Barómetros:*** miden la presión atmosférica.

Figura 3.20. Manómetro y barómetro.

- **Humedad absoluta**

  Corresponde a la cantidad de vapor acuoso contenido en el volumen de un metro cúbico (m^3) de aire.

- **Humedad relativa**

  Relación entre la masa de vapor acuoso contenido en un determinado volumen de aire y la que existiría en el mismo volumen, si el aire estuviera saturado. La humedad se da en tanto por ciento (%).

$$Humedad = 100 \cdot \frac{presión\ parcial\ del\ vapor\ de\ agua}{presión\ de\ vapor\ a\ la\ misma\ temperatura}\ (\%)$$

Nota: *una unidad relativa normal junto al mar puede ser del 90 %, lo que significa que el aire contiene el 90 % del vapor de agua que puede admitir, mientras un valor normal en una zona seca puede ser de 30 %.*

Figura 3.21. Higrómetros.

c) Composición del aire atmosférico

De los componentes del aire atmosférico, el 99,02 % de su volumen pertenece a solo dos gases, nitrógeno y oxígeno.

Tabla 3.23. Composición del aire.

Gas	Símbolo	Volumen (%)
1 Nitrógeno	N	78,03
2 Oxígeno	O	20,99
3 Dióxido de carbono	CO_2	0,03
4 Argón	Ar	0,94
5 Neón	Ne	0,00123
6 Helio	He	0,0004
7 Criptón	Kr	0,00005
8 Xenón	Xe	0,000006
9 Hidrógeno	H	0,01
10 Metano	CH_4	0,0002
11 Óxido nitroso	N_2O	0,00005
12 Vapor de agua	H_2O	Variable
13 Ozono	O_3	Variable
14 Partículas		Variable

d) Identificación del viento

La fuerza del viento es el elemento energético que por medio de aerogeneradores se transforma en energía eléctrica. Habrá generación de electricidad, cuando se tenga viento dentro de un campo de velocidades. No se puede sobrepasar la velocidad máxima fijada, porque se pueden dar graves problemas en el conjunto aerogenerador.

Tabla 3.24. Velocidad del viento y equivalencias.

Velocidad (m/s)	Velocidad (Km./h)	Velocidad (nudos)[1]	Clasificación del viento
0,0 – 1,8	0 a 6,48	0 a 3,5	Calma
1,8 a 5,8	6,48 a 20,88	3,5 a11	Ligero
5,8 a 8,5	20,88 a 30,60	11 a 17	Moderado
8,5 a 14	30,60 a 50,40	17 a 28	Fresco
14 a 21	50,40 a 75,6	28 a 41	Fuerte
21 a 25	75,6 a 90,00	41 a 48	Temporal
25 a 29	90,00 a 104,4	48 a 56	Fuerte
29 a 34	104,4 a 122,4	56 a 65	Temporal
>34	>122,4	>65	Huracán

[1] Un nudo equivale a una milla marina, a una velocidad de 0,5144 m/s o 1,85184 Km/h. Los valores de la tabla están dados en nudo/s.

Tabla 3.25. Potencia del viento [1] en función de su velocidad

Velocidad m/s	Potencia W/m^2	Velocidad m/s	Potencia W/m^2	Velocidad m/s	Potencia W/m^2
0	0	8	313,6	16	2.508,8
1	0,6	9	446,5	17	3.009,2
2	4,9	10	612,5	18	3,572,1
3	16,5	11	815,2	19	4.201,1
4	39,2	12	1.058,4	20	4.900,0
5	76,5	13	1.345,7	21	5,672,4
6	132,3	14	1.680,7	22	6.521,9
7	210,1	15	2.067,2	23	7.452,3

[1] Para la densidad del aire seco (1,225 kg/m^3) que corresponde a la presión atmosférica estándar a 15 °C sobre el nivel del mar.

Presión del viento a 100 km/h = 27,777 m/s, le corresponde una presión de:

10 hPa = 10 mbar

hPa – Hectopascal

e) Unidades y equivalencias sobre velocidad del viento

1 km = 1.000 m

1 km/h = 0,278 m/s

1 m/s = 3,6 km/h

1 nudo = 1 milla náutica por hora = 1.852 m/h = 1,852 km/h

1 nudo = 0,514444 m/s

1 nudo = 30,86666 m/min

1 milla terrestre = 1.609 m

1 milla marina = 1 milla náutica = 1.852 m

1 m/s = 3,6 km/h = 2,237 millas/h = 1,944 nudos

1 nudo = 1 milla náutica/h = 0,5144 m/s = 1,852 km/h = 1,125 millas/h

f) Medida de la velocidad del viento:

La velocidad del viento se mide con un anemómetro.

Figura 3.22. Anemómetro digital y de cazoletas.

Tabla 3.26. Estimación de la velocidad del viento por la apreciación sobre el terreno.

Escala	Denominación	Velocidad en m/s	Evaluación del viento en tierra
0	Calma	0 a 0,4	No se nota ningún movimiento en las ramas de los árboles.
1	Casi calma	0,5 a 1,5	La dirección del humo sufre un pequeño desvío.
2	Brisa leve	1,6 a 3,4	Las hojas son levemente agitadas.
3	Viento fresco	3,5 a 5,5	Las hojas quedan en agitación continua.
4	Viento moderado	5,6 a 8	Polvo y pedazos de madera son levantados.
5	Viento regular	8,1 a 10,9	Los árboles pequeños comienzan a oscilar.
6	Viento medio fuerte	11,4 a 13,9	Gajos mayores quedan agitados.
7	Viento fuerte	14,1 a 16,9	Es difícil andar contra el viento.
8	Viento muy fuerte	17,4 a 20,4	Es imposible andar contra el viento.

Escala	Denominación	Velocidad en m/s	Evaluación del viento en tierra
9	Ventarrón	20,5 a 23,9	Tejas pueden ser arrancadas.
10	Vendaval	24,4 a 28	Los árboles son derribados.
11	Huracán	más de 33	Producen efectos devastadores.

¿A cuántos Km/h equivale una velocidad de 10 m/s?

1 hora = 60 x 60 = 3.600 s (segundos)

10 m/s x 3.600 s = 36.000 m/h = 36 km/h

(1) hPa – HectoPascal.

(2) Presión del viento a 100 km/h = 27,777 m/s, le corresponde una presión de: 10 hPa = 10 mbar

g) Aplicaciones de la fuerza del viento

La energía eólica proviene de la fuerza del viento.

Muchas son las aplicaciones del aire desde la antigüedad

Entre las más importantes están:

- Navegación marítima.
- Molinos de viento para la molienda de granos.
- Molinos de viento para la extracción de agua.
- Molinos eólicos para producir electricidad

En la actualidad, esta es la más importante aplicación de la fuerza del viento.

El inconveniente principal que tiene este tipo de energía es su discontinuidad, con momentos de calma, variación de su velocidad y cambios en la dirección e intensidad.

Para el aprovechamiento de la energía eólica y su transformación en energía eléctrica se necesitan las siguientes velocidades del viento: entre 3 y 40 m/s.

3.4.3. La nieve

La nieve supone dos problemas para las instalaciones fotovoltaicas, que son:

- Peso de la nieve sobre el módulo FV, y el conjunto sobre la estructura y soporte.
- Privación de luz al cubrirse el módulo FV con una capa de nieve.

Cuando aparezca la luz del Sol, acompañado de calor, empezará a fundir la nieve ayudado por el cristal, lo que facilitará la generación de velocidad de forma casi inmediata. Por otro lado, la nieve que quede rodeando el panel puede aumentar la luminosidad, y por tanto, la generación de electricidad.

Los proyectistas de estructuras y paneles soporte de módulos FV tendrán en cuenta las situaciones que puedan darse en la zona, para reforzarlos convenientemente, y así evitar que puedan darse problemas de deformaciones y averías.

3.4.4. Otros agentes atmosféricos

a) Lluvia

En los sistemas de energía solar térmica y fotovoltaica, la lluvia normal, e incluso la torrencial, en sí misma, no tienen ningún efecto negativo en cuanto a la integridad del equipo. Por el contrario la lluvia resulta beneficiosa ya que ayuda a limpiar el polvo y las impurezas acumuladas en las superficies de los captadores. Este lavado ayuda a que la radiación solar incida más limpiamente y haya una mayor eficiencia del sistema. Una lluvia torrencial hará la limpieza más vigorosa.

Por otro lado en los días calurosos una tormenta corta (con lluvia torrencial o no) rebaja la temperatura de los paneles fotovoltaicos provocando que cuando vuelva a salir el Sol estos trabajen con un mejor rendimiento.

Es preciso, no obstante, que exista un buen drenaje en el área en que estén situados los captadores solares para evitar posibles inundaciones que pudieran provocar corrosiones y posibles deterioros del equipo.

b) El granizo

El granizo es un tipo de precipitación sólida que se produce en las tormentas muy intensas en el cual el agua cae en forma de bolas de hielo de dimensiones y peso variables.

No es normal que el granizo afecte la integridad de los módulos fotovoltaicos, aunque puede perjudicar las protecciones superficiales que se hagan con pinturas.

En captadores solares térmicos:

En realidad es poco probable que una granizada llegue a romper el vidrio de un colector solar. Las granizadas con la intensidad suficiente como para romper un colector solar son muy poco habituales y en el caso de que ocurra causarán también daños importantes en otras estructuras de la casa y de las zonas urbanas.

Para minimizar el riesgo de rotura de un colector solar por granizada, se debe adquirir módulos cuyo vidrio sea templado. Un vidrio templado de 6 mm de grosor es capaz de resistir el impacto de una bola de acero de 500 gramos dejada caer desde una altura de 2 m.

En módulos solares FV:

Los paneles solares fotovoltaicos, antes de ser puestos a la venta, son sometidos a una serie de pruebas muy rigurosas para asegurar que poseen una gran resistencia mecánica. Una de estas pruebas consiste en arrojarles bolas de hielo por medio de un cañón de aire simulando lo que sería una granizada extremadamente severa, ante lo cual han de resistir sin romperse. La superación de esta prueba garantiza que los paneles solares aguantarán cualquier tipo de granizada.

c) Los rayos

Los rayos son descargas eléctricas que se producen en las nubes de tormenta. Los rayos portan inmensas cantidades de energía con lo que pueden causar graves daños sobre los objetos en los que caigan.

Las instalaciones solares al tener sus captadores solares generalmente en los tejados tienen posibilidades potenciales de recibir la caída de rayos debido a que el rayo siempre busca el camino más corto hasta la tierra que en este caso son los objetos altos.

No es habitual que un rayo descargue cobre un captador, aunque sí sobre una estructura metálica, teniendo en cuenta que tiene un conductor de protección que lo une a tierra. Si se trata de una zona en la que son habituales las tormentas con descarga de rayos, es conveniente la instalación de un pararrayos junto a los captadores y dotar de una tierra física a estos para hacer mínimos los daños en el caso de que llegue a ocurrir.

Independientemente de la posible caída de un rayo una instalación solar fotovoltaica deberá contar con una tierra física por tratarse de una instalación eléctrica.

d) Calor extremo

Los módulos solares fotovoltaicos así como el material eléctrico están preparados para soportar temperaturas muy altas sin que sufran daño alguno. El único inconveniente que existe con el calor extremo es que los paneles solares fotovoltaicos pierden eficiencia, que será progresiva cuando la temperatura supere los 25 ºC.

e) Frío extremo

Los módulos y el equipo eléctrico asociado son inmunes a la acción del frío extremo, pero sí las baterías que incorporan las instalaciones aisladas con acumulación, que pueden llegar a congelarse y averiarse.

Existe una relación importante entre el nivel de carga que tenga una batería y la temperatura a la que se congela. Así cuanto más descargada esté una batería su punto de congelación más se acercará a los 0 °C, siendo por tanto más fácil que se congele. Una batería totalmente cargada resiste una temperatura de hasta -60 grados centígrados sin congelarse. Las baterías no suelen tener descargas profundas, por lo que pueden soportar temperaturas inferiores a 0 °C.

Los cuartos que almacenan las baterías se protegerán contra el frío, a pesar de que estén bien ventilados.

3.5. Sistemas de anclaje

Las estructuras se apoyan sobre soportes de hormigón, placas metálicas, planchas de hormigón, cubiertas, pernos, cuñas, etc.

Figura 3.23. Placas de anclaje para postes y estructuras metálicas.

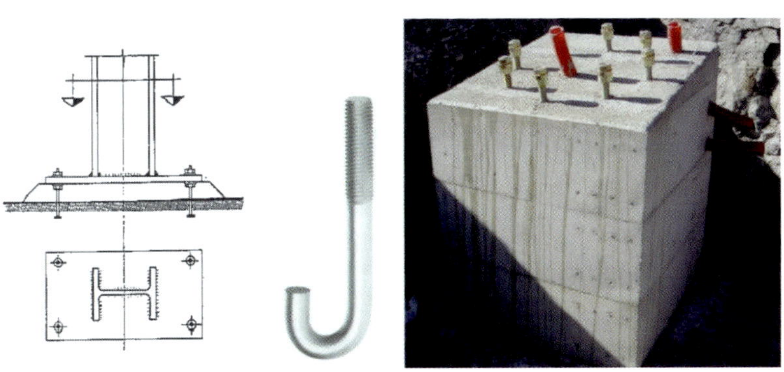

Figura 3.24. Otras formas de anclaje para estructuras, postes y soportes.

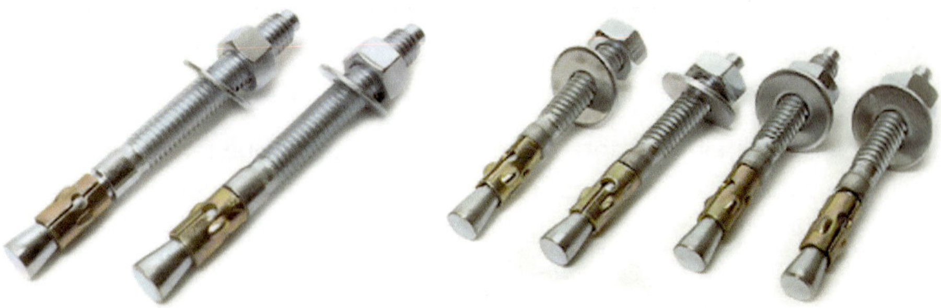

Figura 3.25. Bulones de expansión para hormigón.

Figura 3.26. Bulones con fijación química.

Figura 3.27. Estructuras con soportes fijados al suelo embebidos en hormigón.

Los perfiles especiales permiten la instalación de soportes planos o con inclinación en función de las características del lugar de emplazamiento y la construcción del tejado.

Los anclajes y fijaciones serán adecuados al tipo de tejado de que se trate. Podremos encontrarnos con:

- Montajes con inclinación, con cubierta de teja.

  En este caso, la fijación se realizará por medio de ganchos para tejados y carriles de montaje.

- Montajes con inclinación sobre tejado ondulado, trapezoidal o sándwich.

La fijación se realiza por medio de tornillos de doble rosca o fijadores.

La figura 3.28 representa fijaciones autorroscantes que se colocan sobre estructuras metálicas de tejavanas, tejados de chapa, etc., sobre los que se apoyarán los perfiles de los soportes de los módulos FV.

Figura 3.28. Fijaciones autorroscantes a soportes metálicos, previo taladro de los mismos.

Las figuras 3.29 y 3.30 muestran tornillos para fijar a madera o con tacos al suelo y pared de ladrillo u hormigón.

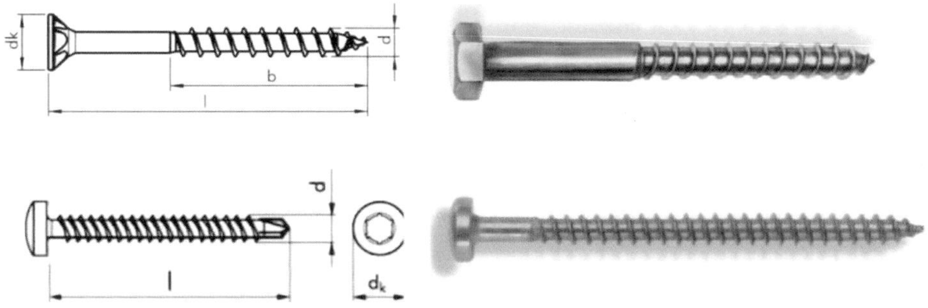

Figura 3.29. Tornillos y tacos para madera y hormigón.

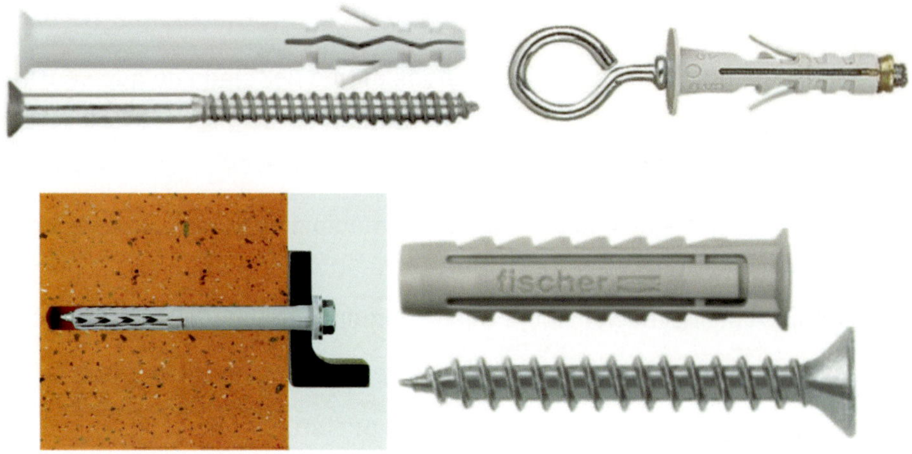

Figura 3.30. Tacos de expansión para fijar piezas y colgar objetos.

3.6. Técnicas de montaje de estructuras

Los módulos se montan sobre soportes y estructuras.

Ubicaciones de los módulos:

- Integración en fachada.
  - En fachada vertical continua.
  - En fachada vertical discontinua.
  - En fachada inclinada.
  - Instalación de módulo inclinado en fachada vertical.
- Integración en cubierta.
  - En cubierta inclinada.
  - En cubierta plana.
  - Estructura inclinada en cubierta plana.
  - En "Dientes de Sierra" sobre cubierta plana.
  - En cubierta curva.
- En zona abierta, pudiendo ser: fijos o móviles (uno o dos ejes).
- Integración en los dispositivos de control solar:

Asimismo podrán ser instalados con seguidor o sin seguidor solar.

- Integración en mobiliario urbano.

- Integración colindante en espacio de vías públicas de alta velocidad.
- Integración en otros elementos de mobiliario urbano (pérgolas urbanas).

Respecto a las instalaciones sobre la cubierta de un edificio, hay que recordar, que debe ser resistente al conjunto del peso de la estructura que conforma la instalación de las placas solares. La superficie de la cubierta en la que se ubique la estructura de las placas solares, podrá ser plana o inclinada.

Las técnicas de montaje dependerán del tipo de instalación de que se trate, tipo de soportes y estructuras.

No es lo mismo instalar módulos FV sobre un tejado o una fachada, que sobre un poste o en un huerto solar fotovoltaico.

También depende de los materiales empleados, como son los perfiles en acero normalizado, perfiles especiales o marcos especiales.

No es lo mismo una instalación fija, que una instalación móvil que sigue la trayectoria del Sol.

También depende de la forma de fijación de los módulos fotovoltaicos.

En un viaje por la geografía española vemos muchas instalaciones fotovoltaicas, y casi todas son diferentes. No hay uniformidad, dependiendo en la mayoría de los casos de los proyectistas, del fabricante y de los materiales utilizados.

Respecto a la técnica de montaje, nos atendremos a los planos constructivos y a los planos de montaje, así como a la forma en que se nos van a suministrar los materiales, que puede ser en piezas sueltas, en subconjuntos premontados, etc.

Respecto al montaje, la técnica general a seguir, podría ser:

- Acondicionamiento de la zona de actividad con señalización, protecciones, accesos, y otros dispositivos que aseguren nuestra seguridad en el momento de realizar el montaje de la instalación fotovoltaica.
- Preparar la zona donde se va a realizar el montaje, mediante trabajos de obra civil, colocación de placas de apoyo, bulones, soportes, etc.
- Montaje de las estructuras sobre la que se apoyarán los paneles con los módulos FV.
- Montaje de los módulos sobre los soportes.
- Ejecución de la instalación eléctrica.

- Reparaciones de las partes afectadas por la intervención en la zona y el montaje, particularmente en lo que afecta a los aislamientos.
- Pruebas de funcionamiento.
- Retirada de maquinaria, herramientas y materiales sobrantes.
- Entrega de la instalación al cliente.

Figura 3.31. Montando paneles sobre una estructura que se apoya en el tejado.

Figura 3.32. Placas para sujetar módulos y estructura apoyada sobre macizos en una terraza.

En el montaje de la estructura de la figura 3.33, habrá que seguir una serie de tareas, tales como:

- Acondicionar el terreno.
- Hacer las mediciones y marcas necesarias.
- Trazar ejes.
- Marcar puntos donde se clavarán las cuñas o patas de apoyo.

- Clavar cuñas.
- Efectuar el nivelado de todas las patas. Corrección de la alineación, si procede.
- Realizar el montaje de la estructura.
- Montar módulos fotovoltaicos.
- Verificar el montaje definitivo de soportes y módulos.
- Realizar conducciones eléctricas.
- Realizar conexiones eléctricas.

Figura 3.33. Estructura atornillada a soportes clavados en la tierra.

Manipulación de cargas:

Además de la manipulación de cargas que podemos hacer con la ayuda de medios mecanizados, como los que hemos estudiado en el apartado 2.6 (Maquinaria y equipos empleados en el montaje), también tendremos que valernos de medios manuales clásicos para la manipulación en la fase de montaje como son las palancas, o tirando de los propios objetos, o utilizando poleas, como las que se representan a continuación.

- **Palancas y movimiento de cargas:**

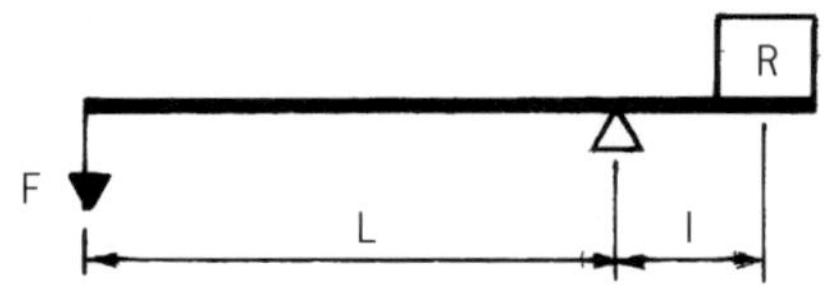	Palanca de primer género $F \cdot L = R \cdot l \qquad \frac{F}{R} = \frac{l}{L}$
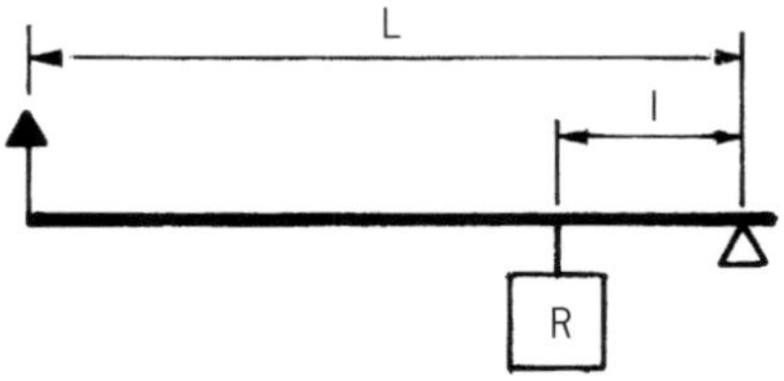	Palanca de segundo género $F \cdot L = R \cdot l \qquad F = \frac{R \cdot l}{L}$ $R = \frac{F \cdot L}{l} \qquad \frac{F}{R} = \frac{l}{L}$
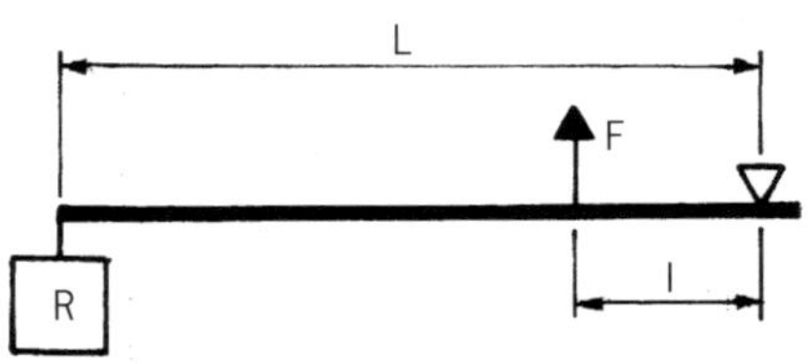	Palanca de tercer género $F \cdot l = R \cdot L \qquad F = \frac{R \cdot L}{l}$ $R = \frac{F \cdot l}{L} \qquad \frac{F}{R} = \frac{L}{l}$
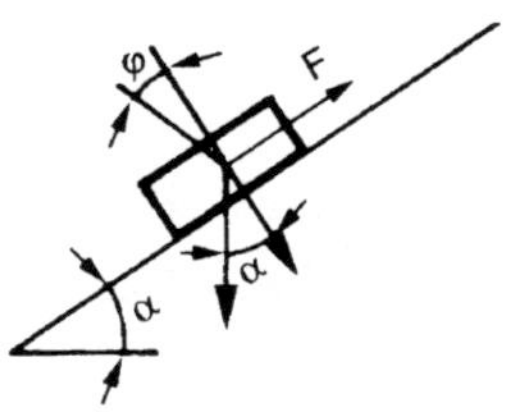	Plano inclinado a) Sin tener en cuenta el rozamiento $F = R \cdot sen\alpha$ b) Con rozamiento $F = R\,\frac{sen(\alpha - \varphi)}{cos\varphi}$
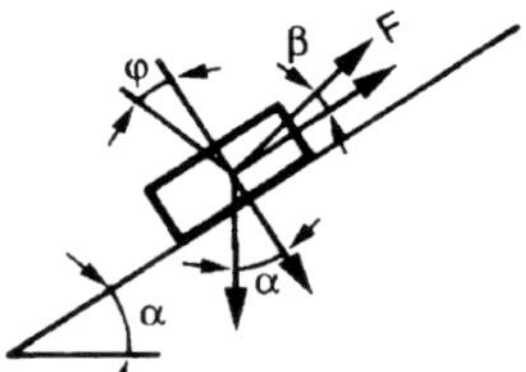	Plano inclinado La fuerza F no es paralela al plano inclinado. $F = R\,\frac{sen(\alpha + \varphi)}{\cos(\beta + \varphi)}$
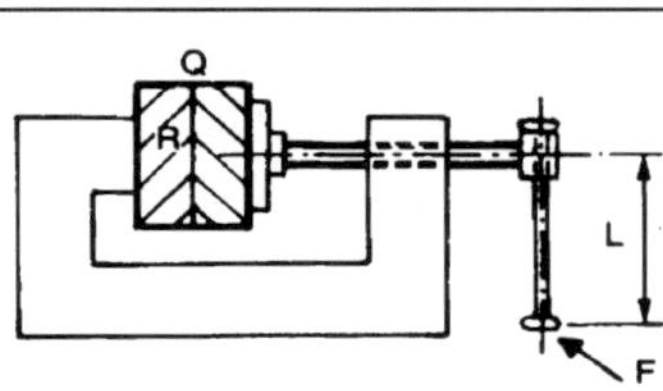	Tornillo de apriete $\frac{F}{R} = \frac{p}{2\pi\, r}$

- **Dispositivos manuales para elevar cargas y sus fórmulas básicas:**

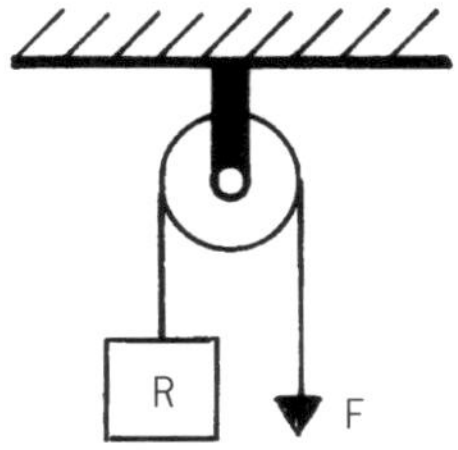	Polea fija $F = R$
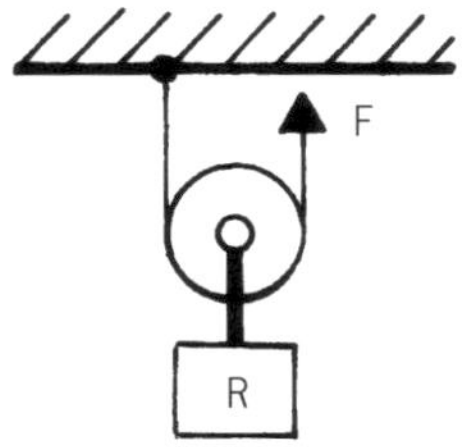	Polea móvil (versión 1) $F = \frac{R}{2} \qquad R = 2\,F$
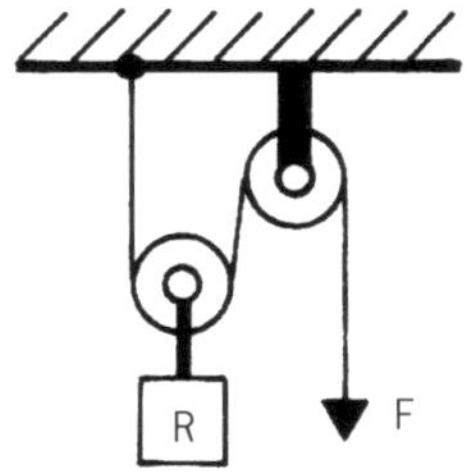	Polea móvil (versión 2) $F = \frac{R}{2} \qquad R = 2\,F$
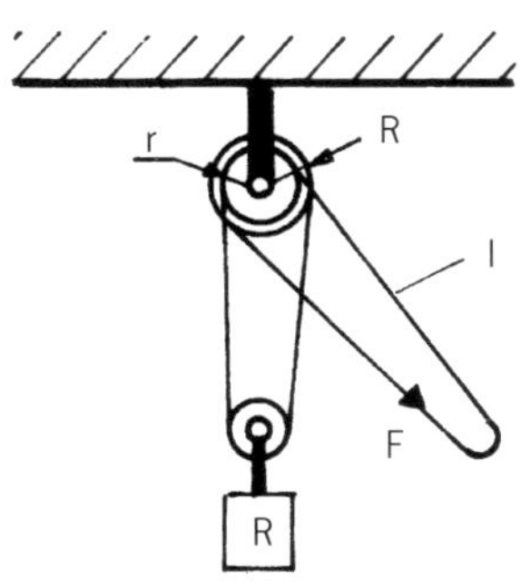	Polea diferencial $F = \frac{R}{2}\left(1 - \frac{r}{R}\right)$ *Altura a elevar:* $h = \frac{l}{2}\left(1 - \frac{r}{R}\right)$ *Longitud de cadena a tirar:* $l = \frac{2h}{1 - \frac{r}{R}}$

<table>
<tr>
<td>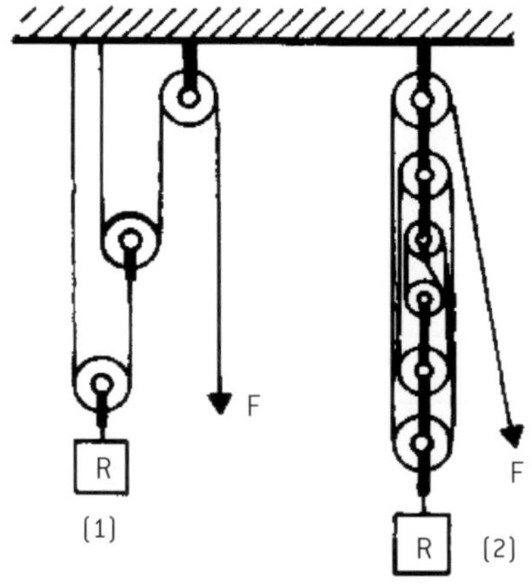
</td>
<td>Asociación de poleas
Para ambos sistemas de poleas se utiliza la misma fórmula para calcular la fuerza necesaria para elevar una carga.
$$F = \frac{R}{2^n}$$
n – Número de poleas móviles.
(1) Trócola.
(2) Mutones.</td>
</tr>
<tr>
<td>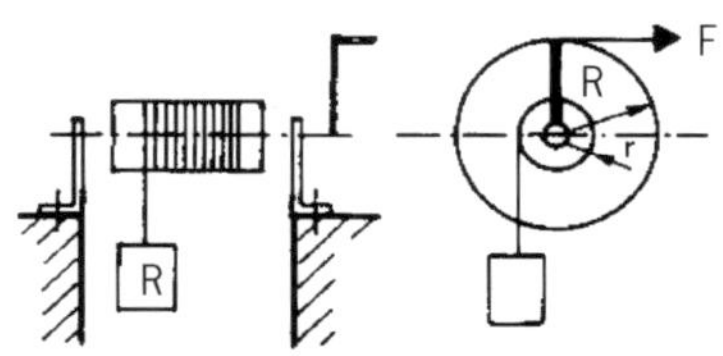
</td>
<td>Torno simple
$$F = R\left(\frac{r}{R}\right)$$</td>
</tr>
<tr>
<td>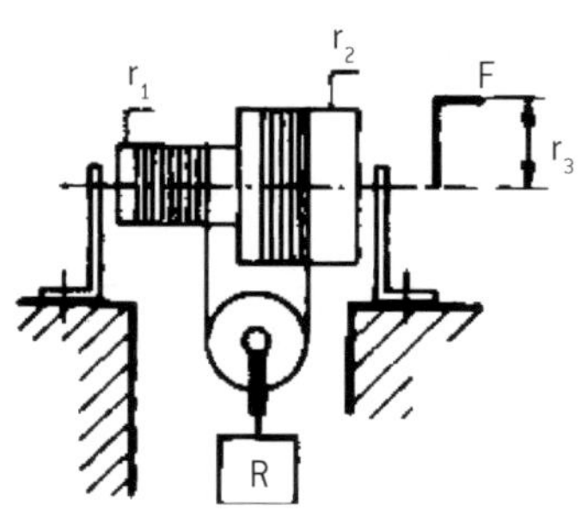
</td>
<td>Torno diferencial
$$F = \frac{R}{2r_3}(r_2 - r_1)$$
$$F \cdot r_3 = \frac{R}{2}(r_2 - r_1)$$</td>
</tr>
</table>

3.7. Sistemas de sujeción de aerogeneradores

Los aerogeneradores se apoyan sobre postes, soportes o torres, cuyo dimensionado dependerá de las características de la potencia de generación. A más potencia, mayores dimensiones del conjunto de sujeción.

Empezaremos por el estudio de lo que supone la generación eólica en el total de la energía eléctrica y sencillas fórmulas de cálculo.

a) Cálculo de la potencia generada por un aerogenerador

Como se ha indicado, la potencia de un aerogenerador (motor accionado por la fuerza del viento) depende de tres conceptos fundamentales, a saber: superficie o área barrida por las palas del rotor, densidad del aire y velocidad del viento.

Fórmula general:

$$P = \frac{1}{2} \cdot S \cdot d \cdot v^3$$

S – Superficie o área barrida por las palas del rotor, en m^2.
d – Densidad del aire, en kg/m^3.
v – Velocidad del viento, en m/s.

Fórmula para calcular la potencia eólica aprovechable:

$$P = \frac{1}{2} \cdot S \cdot G \cdot v^3 \cdot Cp$$

Cp – Coeficiente de potencia, que depende del tipo de máquina y de la relación entre velocidad periférica de las palas y la velocidad del viento.

Otra fórmula de cálculo de la potencia eólica:

$$P = \frac{1}{2} \cdot d \cdot Cp \cdot \eta \cdot S \cdot v \quad (W)$$

P – Potencia, en W.
d – Densidad de la masa de aire, en kg/m^3.
Cp – Coeficiente de potencia máxima de una turbina ideal de eje horizontal, igual a: 16/27 = 0,593
η – Rendimiento o eficiencia mecánica de la turbina.
S – Área circular de movimiento de las palas del rotor (área barrida), medida en m^2.
v – Velocidad de la masa de aire, antes de pasar por las palas, en m/s.

b) Tipos de esfuerzos. Cálculo elemental de esfuerzos

Los soportes de los aerogeneradores soportan diferentes cargas, como:

- Peso del aerogenerador.
- Empuje del viento.
- Efecto del giro del rotor.
- Peso de la nieve que se pueda depositar.
- Peso y efectos del hielo.
- Dilataciones térmicas.

Los materiales serán resistentes a la oxidación de las partes metálicas.

Los soportes de los aerogeneradores y sus enclavamientos estarán diseñados para soportar el total de las cargas en las condiciones más adversas sin que se produzcan roturas ni deformaciones.

La fuerza de empuje que soportan el conjunto torre + aerogenerador se calcula por la fórmula siguiente:

$$F_v = p \cdot S \quad (N)\ (Newton)$$

p – Presión o fuerza del viento, en bar.
S – Superficie, del conjunto del aerogenerador, teniendo en cuenta la superficie de barrido de las aspas, en cm^2.

Equivalencias:

$1\ kgf = 9{,}81\ N = 1\ daN$

$1\ bar = 10\ N/cm^2 = 1\ daN/cm^2$

$1\ bar = 1.000\ mbar$ (milibar)

c) Previsión de producción de energía eléctrica para el año 2020

La generación eólica es una fuente de energía renovable que ha tenido y tiene un desarrollo muy importante en los últimos años, aportando una energía muy valiosa al Plan de Acción Nacional de Energías Renovables (PANER).

Según PANER, las previsiones de producción de energía eléctrica a partir de energías renovables (ER) para el año 2020, se recogen en las tablas 3.27 y 3.28.

Tabla 3.27. Previsión de producción neta de electricidad para el año 2020, en España. Cálculo de la Directiva 2009/28/CE.

Forma de energía	GWh	Porcentaje (%)
Gas natural con cogeneración	141.741	35,4
Nuclear	55.600	13,9
Carbón	33.500	8,4
P. Petrolíferos + RSU (no recuperables)	8.721	2,2
Hidroeléctrica por bombeo	8.023	2,0
Energías renovables [1]	**152.835**	**38,1**
TOTAL	**400.420**	**100**

RSU – Residuos sólidos urbanos.

[1] Conjunto de energías renovables que se desglosan en la tabla.

Tabla 3.28. Previsión de producción neta de electricidad a partir de energías renovables para el año 2020, en España.

Forma de energía	GWh	Porcentaje (%)
Eólica terrestre y marina	79.489	19,8
Hidráulica sin bombeo	33.140	8,3
Solar termoeléctrica	15.353	3,8
Solar fotoeléctrica	14.316	3,6
Solar biomasa, biogás y RSU	10.017	2,5
Energías del mar y geotérmicas	520	0,1
TOTAL	**152.835**	**38.1**

d) Pequeños aerogeneradores

Los mini aerogeneradores se pueden clasificar en diferentes grupos por sus características técnicas, pero las distinciones más claras y habituales son:

- Por su potencia, dentro de la mini eólica se distinguen varios subgrupos por la potencia del mini aerogenerador.
- Por tipo de eje, vertical u horizontal.
- Por la posición de las palas respecto a la góndola: barlovento o sotavento.
- Por estar conectado a red o formando un sistema aislado.
- Por protección mecánica ante sobre-velocidades de viento, en función del mecanismo que utilice el mini aerogenerador para protegerse de vientos fuertes.

Figura 2.34. Pequeños aerogeneradores para instalaciones aisladas.

- Por su regulación electrónica de potencia, en función del circuito o esquema interno del mini aerogenerador que regula su potencia de funcionamiento.
- Otras características pueden ser por número de palas, por tipo de torre, y últimamente se pueden distinguir entre mini aerogeneradores para entorno urbano y los que no, cuando los primeros cuidan más sus especificaciones de niveles de ruido y vibraciones.

e) Ejemplo de características de un mini-aerogenerador

- **Aerogenerador**

  Características de un generador eólico para aplicaciones aisladas, ideal para electrificación de viviendas y bombeos.

  Diseñado para generar energía a velocidades de viento bajas, empieza a funcionar con 2m/s, y continúa funcionando a más de 40 m/s sin perder eficiencia de productividad.

  - Número de hélices: 3
  - Material de las hélices: Fibra de vidrio con resinas epoxi.
  - Potencia: 3.000 W
  - Potencia nominal: 1.500 W
  - Voltaje: 24 V
  - Velocidad nominal: 9-10 m/s
  - Viento para arrancar: 2 m/s
  - Peso: 130 kg
  - Garantía: 5 años

f) Grandes aerogeneradores

Los pequeños aerogeneradores, nuestro caso, tienen una tecnología mucho más simple que la de los grandes aerogeneradores, con potencias que superan los 2 MW, lo que hace que sus dimensiones sean extraordinarias con torres de hasta casi 100 m, con unas base de apoyo de hormigón de muchos metros.

La instalación de estas torres precisa de medios adecuados, dado el volumen y peso de las piezas a manipular, cuerpos de tubo, paletas y góndola.

La figura 3.35 muestra una gran torre en la que se ve el interior de la misma.

Figura 2.35. Base de una torre, el interior, el rotor y las palas de un aerogenerador de gran potencia generadora.

g) Generadores marítimos

Los parques marítimos son de reciente construcción por lo que tienen una breve historia. La primera turbina se instaló en 1991 en el mar Báltico, Suecia, con una potencia de 220 kW. El primer parque marítimo se instaló en plan experimental en Dinamarca, y comenzó su producción en 1991, con once turbinas de 450 kW. El primer parque marítimo comercial también se instaló en Dinamarca, el año 2001, con una capacidad de 40 MW.

Figura 3.36. Parques eólicos situados en el mar.

Los actuales conjuntos aerogeneradores de 1,5 MW (megavatios) pesan en torno a las 200 toneladas. Los expertos estiman que un generador marítimo debería tener una potencia mínima de 3,5 MW, de los que apenas hay en el mercado. Estudios recientes indican que la potencia idónea de la turbina debería ser de 5 MW. Los pesos de estos grandes conjuntos serían del orden de 500 toneladas y los costes muy elevados (en torno a 2,5 millones de euros).

3.7.1. Grandes torres

En lo alto de la torre se apoya el aerogenerador. El dimensionado de la torre dependerá de las características del aerogenerador. Cuánto más potencia tenga el generador, mayor será su altura y el dimensionado de la estructura o torre de sustentación.

La torre soporta en su parte alta, la góndola y el rotor. Se busca altura para conseguir un viento más regular y con menos turbulencias, dado que la velocidad del viento aumenta conforme nos alejamos del nivel del suelo. Una turbina de 600 kW tendrá una torre de 40 a 60 metros (la altura de un edificio de 13 a 20 plantas). Las turbinas con potencia superior a 1 MW pueden tener torres con casi 100 m y rotores con un barrido de 110 m de diámetro, equivalentes a 7.456 m^2 de superficie.

Los soportes o torres pueden ser tubulares o de celosía. La principal ventaja de las torres de celosía es que son más baratas que las tubulares.

Las torres tubulares son más seguras para el personal de mantenimiento, que las torres de celosía, ya que pueden usar una escalera interior para acceder a la parte superior de la turbina, e incluso, ascensor.

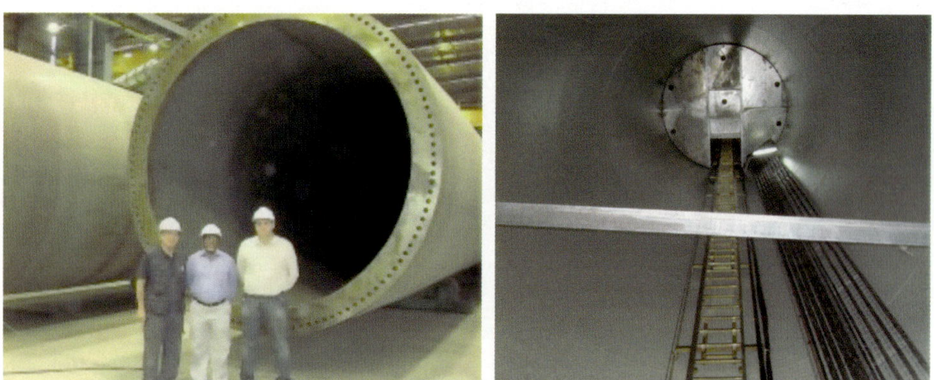

Figura 3.37. Módulo tubular preparado en fábrica e interior de la torre con escaleras de acceso.

Figura 3.38. Operarios manipulando un tramo tubular de la torre.

Las dimensiones de los tramos o módulos a manipular son muy grandes como puede apreciarse en las figuras, lo que obliga a grandes alardes de dispositivos de izado.

Los módulos se colocan en vertical por medio de grandes grúas, para ir atornillándolos a la base de hormigón, el primer tramo, y el resto a este, hasta llegar al último tramo sobre el que se sujetará la góndola y los mecanismos, y luego las palas al rotor. Los tramos se soldarán entre sí, para rigidizar el conjunto.

Los tramos vienen preparados para su montaje desde el taller donde se fabrican.

Figura 3.39. Torres de celosía y tubular en un parque eólico en el desierto de Sonora (California).

a) Soportes y sujeción

Como hemos estudiado en los apartados anteriores, los aerogeneradores se apoyan en la parte alta de las torres alejados de las perturbaciones del terreno, y buscando la mejor corriente de aire para que tenga un funcionamiento regular y máximo posible.

Por su parte, las torres se apoyan sobre zapatas de hormigón fijados por tornillería y bulones.

Cuando el soporte parte de un edificio, lo normal es que el poste este soldado a una placa y esta, fijada con bulones a la pared o tejado.

Figura 3.40. Aerogenerador y torres de sustentación.

Respecto al montaje y sujeción:

El montador seguirá en todo momento las instrucciones que leerá en el Cuaderno de Cargas, planos u otros documentos, en lo que respecta a la forma de sujeción del soporte o torre y del aerogenerador, que es otro elemento a instalar por el montador.

El aerogenerador podrá montarse en tierra o una vez montada la torre, dependiendo del peso del aerogenerador. La forma de montaje normalmente la determinada el proyectista o constructor del aerogenerador.

3.7.2. Pequeñas torres

Las torres que soportan los aerogeneradores pueden ser:

- Fijas atirantadas de estructura metálica o tubular.
- De estructura metálica (celosía).
- Tubulares fijas, ancladas al suelo.
- Tubulares abatibles.

Respecto al material en que están construidos:

- De estructura metálica.
- Tubulares metálicos.
- De hormigón.

Figura 2.41. Tres tipos de torre para aerogeneradores.

a) Características de los mini-aerogeneradores sobre torre

El aerogenerador estará situado por encima de las perturbaciones causadas por el terreno.

Un aerogenerador transforma la energía eólica en electricidad. Las aspas de los molinos de viento giran por efecto de la energía cinética del viento y transfieren dicho movimiento a un rotor conectado normalmente a un alternador o a una dinamo que convierte la energía mecánica rotacional, en electricidad.

Existen muchos tipos de aerogeneradores en cuanto a su forma, su función y su tamaño, como son los mini-aerogeneradores de eje horizontal (aspas verticales) para usos aislados y que se emplean preferentemente en instalaciones con generación FV, como complemento o ayuda.

En el momento de hacer un montaje se considerarán los siguientes aspectos:

Consultar el mapa de vientos de la zona. El promedio anual mínimo de viento de todo el año debería estar por encima de los 4 a 5 m/s para que la instalación sea rentable.

Además de consultar e informarse sobre las condiciones climatológicas de la zona, habrá que ver sobre el terreno el lugar más idóneo, como sería por ejemplo, un lugar elevado que esté cercano al lugar de utilización.

Hay que asegurar el acceso al mini-aerogenerador, bien sea, utilizando un medio de acceso (escalera o plataforma elevadora) o que la torre sea abatible por estar sujeta con cables tensores y pivotando en el extremo inferior.

Se recomienda que el aerogenerador esté a una distancia de más del doble de la altura de cualquier obstáculo que perturbe el viento y por encima de 10 m de este.

La altura mínima del rotor del aerogenerador, cuando se instale sobre un tejado, será de 2,5 m sobre el tejado.

Atención al nivel sonoro emitido por el aerogenerador, que sea reducido o en caso negativo, alejarlo del edificio si es una vivienda.

Figura 3.42. Pequeños aerogeneradores de eje horizontal y vertical.

Hay que instalar aerogeneradores que no tengan mantenimiento o que este sea muy pequeño y distanciado en el tiempo, para evitar los inconvenientes que suponen acceder a lo alto de la torre.

Disponer de las piezas de recambio que el fabricante considere necesarias.

El aerogenerador conviene que inicie la generación de electricidad con viento suave (brisa) de unos 3 m/s y que siga generando con vientos fuertes. Algunos aerogeneradores dejan de producir energía cuando el viento supera una velocidad límite. Hay otros que están preparados contra huracanes.

b) Fijación de la torre

La torre se descargará del medio de transporte en las proximidades del lugar de montaje, almacenándola hasta el momento de su instalación, en lugar protegido y sobre soportes que eviten su deformación y raspado de la pintura o protección de la superficie de la misma.

En el momento del montaje se podrá hacer uso de una pluma mecanizada o levantar la torre tirando de cuerdas (mínimo tres) para equilibrar el sistema.

c) Características principales de los aerogeneradores

En todo sistema que emplee aerogeneradores para la generación de energía eléctrica se considerarán los factores siguientes:

- ***Sistema de regulación:***

  Regulará y estabilizará la velocidad de rotación a partir de una determinada velocidad del viento.

- ***Sistema de seguridad:***

  Frenará la rotación de la máquina cuando la velocidad del viento (tempestad) supere los límites de trabajo o falle el sistema de regulación.

- ***Generador eléctrico:***

  El generador es accionado directamente por el aeromotor o pasando por un sistema multiplicador posicionado entre el aeromotor y el generador.

- ***Mecanismo de giro:***

  Sistema que permite que el aerogenerador esté orientado en la dirección del viento.

- ***Armazón o carcasa:***

  Envoltura que protege a todos los elementos contra las inclemencias atmosféricas.

d) Torre soporte

Los aerogeneradores se instalan sobre dos tipos de soportes:

- ***Soportes autoportantes***

  Como se ha indicado, pueden ser: de estructura metálica, tubulares, de hormigón, etc.

- ***Soportes atirantados***

  Pueden ser de estructura metálica y tubular.

- ***Altura***

  El aerogenerador se instalará a una altura que esté por encima de las perturbaciones causadas por el terreno.

  Cuando el aerogenerador se instale sobre un tejado, estará 2,5 m por encima del tejado.

- ***Robustez***

  La estructura de la torre tendrá la robustez necesaria para soportar los esfuerzos que supone la fuerza del viento y la carga del aerogenerador y el impacto de la rotación de las palas.

- ***Forma de la torre***

  Mejor que sea tubular que construida con angulares y pletinas. Las torres tubulares facilitan la circulación de las corrientes de aire y soportan mejor los esfuerzos de empuje.

- ***Frecuencia***

  Al tratarse el aerogenerador de una máquina con un elemento en rotación exterior, da lugar a vibraciones.

  Es importante que la frecuencia de la propia torre sea muy diferente a la frecuencia de las vibraciones producidas en el aerogenerador, para que no entren en resonancia.

  Una vez realizado el apriete de las tuercas, la rosca debe ser graneteada para que las tuercas no puedan desprenderse debido al movimiento vibratorio que ejerce el aerogenerador a la torre. También se podrán utilizar tuercas autoblocantes, con el mismo fin.

- ***Mantenimiento***

  El acceso a la torre será fácil y sin obstáculos que impidan el acceso, para facilitar el mantenimiento del aerogenerador.

Se mantendrá en buen estado su capa protectora contra la corrosión.

El tratamiento con cataforesis de las partes metálicas, le convierte en un conjunto anticorrosivo y antisalino ideal para instalar en zonas cercanas al mar.

El Real Decreto 1699/2011, regula la energía eólica de pequeña potencia, conectada a red.

3.8. Ruidos y vibraciones

Otro impacto de los aerogeneradores es el acústico. A pesar de los constantes avances, un aerogenerador produce ruido y vibraciones. Los fabricantes tienen como gran objetivo la construcción de nuevos aerogeneradores mucho más silenciosos.

CENER, Centro Nacional de Energías Renovables, y otras entidades, trabajan en proyectos acústicos específicos para la reducción de ruido y vibraciones.

a) Ruido producido por aerogeneradores

El ruido se define como un sonido audible no deseado, capaz de afectar al oído humano y a su sistema nervioso.

Durante el funcionamiento de un aerogenerador o del conjunto del parque eólico, las acciones desencadenantes de impacto sonoro provienen de efectos sonoros de la actividad de las turbinas eólicas.

Dos son los focos de emisión: el sonido proveniente de las turbinas de viento que es de origen aerodinámico, y que es producido por el flujo del viento que incide sobre las aspas, y el mecánico, debido a los motores, transmisiones y ventiladores de refrigeración.

El ruido mecánico lo producen fundamentalmente el multiplicador, los ejes de transmisión y el generador de la turbina eólica.

Hay que tener en cuenta, que también se siente ruido cuando las aspas están paradas por la acción del viento contra la torre, las aspas y la góndola.

El tema del ruido es estudiado por los fabricantes para reducirlo al máximo. Este efecto se va reduciendo progresivamente con los nuevos diseños.

Respecto al impacto del ruido producido sobre el entorno próximo, debemos tener en cuenta que su efecto disminuye de forma exponencial con la distancia a la fuente sonora. Se puede determinar, que a una distancia de 200 metros de un aerogenerador, el nivel de sonido será una cuarta parte, del que tenga a 100 metros. Por esta razón, a distancias superiores a 300 metros, el nivel de ruido teórico máximo de los aerogeneradores de alta calidad estará generalmente por debajo de los 45 dB(A) al aire libre.

La dirección que pueda llevar el viento y su velocidad, influyen sobre el nivel de ruido que puede darse en un determinado lugar.

El sonido aerodinámico de las turbinas se incrementa en 1 dB, por cada 1 m/s que se incremente la velocidad del viento.

b) Vibraciones

En el diseño de las estructuras de la góndola, la torre, transmisiones y las paletas se presta una atención especial para reducir ruidos y vibraciones. Dicho diseño debe ir encaminado a evitar vibraciones síncronas de los componentes, que se traducen en amplificaciones del ruido. El diseño del chasis o carcasa de la góndola de un aerogenerador suele incluir hendiduras amortiguadoras para reducir vibraciones.

El choque del viento con la superficie lisa de las palas del rotor y de forma especial con los bordes produce un ruido que se puede elevar con la velocidad de giro.

c) Otros efectos producidos por los aerogeneradores

En este apartado se consideraran los efectos producidos por los campos electromagnéticos generados por el parque eólico y el efecto del giro de los rotores (palas), con su impacto en señales de telecomunicaciones.

- Pueden crear perturbaciones en señales electromagnéticas utilizadas en las comunicaciones.
- Las turbinas crean una zona oscura para las transmisiones, que pueden ser detectadas en un radio máximo de 10 km, si éstas se instalan entre un transmisor de TV, o conviven con antenas.
- Los usuarios de estas áreas recibirán interferencias televisivas con pérdidas de detalles de color, de sonido o, incluso, con aparición de ruidos.
- También pueden ocasionar problemas con las comunicaciones por microondas, debiendo ser evitadas mediante un correcto emplazamiento de los aerogeneradores.

3.9. Repaso de la materia estudiada

A continuación y a modo de repaso sobre la materia estudiada, se presentan una serie de preguntas con respuesta, que tienes que intentar responder correctamente, tapando la respuesta, para que puedas evaluarte sobre los conocimientos adquiridos.

Preguntas		Respuestas
1	¿Quién elije los materiales y dimensionado de los perfiles y estructuras?	El montador se ajustará a lo indicado en el proyecto y los planos. La parte técnica es la responsable de calcular, definir y cumplir la normativa.
2	Clasificación de los metales por su peso.	a) Metales ligeros Densidad < 4,5 kg/dm³ b) Metales pesados Densidad > 4,5 kg/dm³
3	Clases de cargas que soportan las estructuras:	Estática: carga que actúa de modo permanente con la misma intensidad. Intermitente: carga que varía continuamente entre un valor mínimo y máximo. Dinámica: carga que varía continuamente, siendo móvil, es decir, que se desplaza.
4	Cita tres esfuerzos que soportan las estructuras sobre las que se apoyan los módulos FV.	• Compresión. • Flexión. • Alargamiento.
5	¿Qué métodos se utilizan para determinar la dureza de un material?	Métodos: Brinell, Vickers, Rockwell y Shore.
6	¿Que produce el calor en los metales?	Dilataciones (lineal, superficial y cúbica) que pueden afectar a las estructuras metálicas y a los módulos fotovoltaicos.
7	Enumera algunas de las fuerzas a que están sometidos los paneles y las estructuras:	Tracción, compresión, flexión, torsión, cizalladura y pandeo.
8	¿Qué significa que un perfil trabaja a flexión?	Cuando la acción ejercida sobre un material por una fuerza perpendicular al mismo, lo tiende a curvar.
9	Principales tipos de perfiles.	Perfiles: L – LD – T – UPN – IPN – IPE – HBE – HEM
10	Principales materiales utilizados en la construcción de estructuras y paneles:	• Acero al carbono. • Acero inoxidable. • Aluminio.
11	¿Cuánto menos pesa el aluminio que el hierro?	Tres veces menos.
12	¿Qué significa que un material trabaja a cizalladura?	Se dice que un cuerpo trabaja a cizalladura o cortadura, cuando fuerzas exteriores tienden a cortarlos.

13	¿Sobre qué lugares se montan las estructuras para módulos FV?	• Integración en fachada: • En fachada vertical continua. • En fachada vertical discontinua. • En fachada inclinada. • Instalación de módulo inclinado en fachada vertical. • Integración en cubierta: • En cubierta inclinada. • En cubierta plana. • Estructura inclinada en cubierta plana. • En "dientes de sierra" sobre cubierta plana. • En cubierta curva. • En campo abierto: • Fijos. • Móviles, con giro en uno o dos ejes.
14	Cargas principales que soportan las estructuras:	El peso de los módulos. El empuje del viento. El peso de la nieve.
15	Procedimientos de fijación de soportes y estructuras:	Por bulones de diferentes tipos. Con tornillería especial. Con zarpas embebidas en hormigón.
16	¿Con qué aparato se mide el grado de humedad?	Con un higrómetro.
17	¿Qué ángulo de filete tiene una rosca Métrica y una rosca Whitworth?	Rosca Métrica: 60° Rosca Whitworth: 55°
18	¿En qué se apoyan las estructuras?	Las estructuras se apoyan sobre soportes de hormigón, placas metálicas, cubiertas, planchas de hormigón, pernos, cuñas, etc.
19	¿Con qué aparato se mide la velocidad del viento?	Con un anemómetro.
20	¿Cómo se solucionan las sobrecargas que suponen el viento y la nieve sobre los paneles FV?	Reforzando las estructuras con perfiles bien dimensionados y sujetando de forma adecuada los módulos FV.
21	¿Sobre qué se soportan los aerogeneradores?	Sobre postes y torres que podrán estar construidas en tubos y en estructuras (celosías).
22	Tipos de aerogeneradores por su eje frente al aire.	• De eje vertical. • De eje horizontal (los más utilizados).
23	Tipos de esfuerzos que soportan los soportes de los aerogeneradores:	• Peso del aerogenerador. • Empuje del viento. • Efecto del giro del rotor. • Peso de la nieve que se pueda depositar. • Peso y efectos del hielo. • Dilataciones térmicas.
24	¿A quién perjudica el ruido de los aerogeneradores?	A la población próxima, si la hay.

25	¿Qué efectos secundarios pueden generar los aerogeneradores?	Problemas en las comunicaciones, en un radio limitado a algunos kilómetros.
26	¿Cuál es la previsión de energía eléctrica para el año 2020, de generación eólica, según PANER?	El 19,8 % de la energía eléctrica total generada será eólica.
27	¿Cuál es la fórmula para calcular la superficie de un redondo?	S = 0,785 · d2 d – Diámetro.
28	¿Con qué aparatos se mide la presión atmosférica y cuál es la unidad?	Se mide con barómetro. La unidad utilizada en presión es el milibar (mbar).
29	¿Qué es humedad y con qué se mide? ¿A qué porcentaje de humedad se considera como seco?	• Porcentaje de agua que contiene el aire. • Se mide con un higrómetro. • En torno a 30 %.
30	Manipulación manual de objetos	En la manipulación de objetos se utilizan palancas, poleas, cuerdas, etc.

4. Control del montaje de instalaciones solares fotovoltaicas

Introducción

Como en todo tipo de trabajo que se realice, el control del montaje de instalaciones solares fotovoltaicas tiene sus particularidades, sin llegar a ser de mucha dificultad, si se realiza correctamente el estudio y la preparación del Proyecto.

Respecto al montaje, el trabajo se inicia con la recopilación de toda la documentación que se haya emitido sobre el Proyecto en cuestión.

Los planos de detalle y construcción, así como los planos de implantación y montaje, son imprescindibles para la ejecución del montaje, unido a las instrucciones del suministrador de los materiales y el Panning de ejecución

A todo lo anterior, le sigue la preparación del lugar o zona de montaje y el acondicionamiento necesario para realizar el trabajo con plenas garantías de seguridad, con el mínimo riesgo de accidente. En esta preparación se incluyen los trabajos de obra civil que correspondan.

La manipulación de los objetos y materiales en todo su recorrido en la obra, desde su recepción, hasta su montaje, es una de las tareas más importantes y que entrañan cierta dificultad en su manipulación y suponen riesgos de caídas, accidentes y roturas.

En algunos casos se puede tratar de ampliaciones o de modificación de instalaciones existentes. Para estos casos se seguirá el mismo criterio que si de una instalación nueva se tratara, teniendo en cuenta que en este tipo de instalaciones habrá que aislar o desconectar la instalación eléctrica, para evitar riesgos por efecto eléctrico.

La calidad de todo montaje debe ser una prioridad de nuestro trabajo, y son muchos los puntos a controlar, como estudiaremos en el apartado correspondiente.

Todo el trabajo de montaje se debe apoyar en un elaborado Documento Técnico de Montaje, o Manual de Montaje, o Pliegos de Prescripciones Técnicas, que será realizado por un técnico competente y conocedor del oficio. Su seguimiento nos ayudará a realizar nuestro trabajo con la calidad esperada.

El montaje debe ser seguido por un responsable competente, que dará solución a los problemas que se vayan planteando y decidirá la forma de proceder en cada caso, a medida de que se vaya ejecutando el montaje.

A lo largo del montaje se irá tomando nota escrita de las incidencias que se vayan dando y que se refieran a la seguridad, al personal y a la parte técnica.

Respecto a las herramientas empleadas en el montaje, serán de calidad suficiente para facilitar las tareas, y para garantizar la calidad exigida para este tipo de montaje.

Subestación de una central de generación fotovoltaica.

Contenido

4.1. Procedimientos y operaciones de preparación y replanteo de las instalaciones

Para realizar la preparación y replanteo de una instalación de generación eléctrica fotovoltaica, debemos contar con toda la documentación posible que nos permita establecer los procedimientos y operaciones con la máxima precisión y sin olvidar partes o elementos de la misma, por lo tanto precisaremos de:

Cuaderno de Cargas, Especificaciones Técnicas, Dosier Técnico con sus planos de implantación, detalle y montaje, y cualquier documentación que se haya generado en el desarrollo del Proyecto, para que nos puedan ayudar a realizar una correcta preparación y replanteo de la obra.

Un elemento básico para planificar las necesidades es el Planning Director de la ejecución del Proyecto. No es lo mismo dar mucho tiempo de ejecución de una tarea, que poco tiempo, para la ejecución de la misma tarea.

Cuando se hace la preparación de la ejecución de una obra, en este caso, el montaje de una instalación de generación eléctrica fotovoltaica, tendremos en cuenta lo siguiente:

- Tipo de instalación (si es reducida de tamaño, o muy extensa, o se trata de una instalación aislada, etc.).
- Lugar de instalación (sobre una cubierta o tejado, sobre una fachada, en el campo, etc.).
- Accesos a la obra (si valen los existentes o hay que realizarlos, acondicionarlos, etc.).
- Si hay energía eléctrica (en caso contrario habrá que prever grupos electrógenos).
- Acondicionamientos previos de la zona antes de iniciar el montaje.
- Obra civil necesaria.
- Lugar de almacenado de los materiales en la obra.
- Alojamiento del personal en la obra.
- Medios de manipulación y transporte de materiales
- Equipamiento necesario en herramientas y aparatos.
- Equipamiento humano necesario.

Después de haber tenido en cuenta las consideraciones anteriores, estableceremos:

- Un Planning detallado de Montaje (cuanto más preciso sea, mejor). Un Planning bien realizado, reduce el coste de un montaje, al eliminar gastos innecesarios por tener materiales alquilados sin emplear o al personal desocupado en espera de materiales.
- Planificar las necesidades de personal para cada fase de montaje, determinando número de personas y su categoría profesional.
- Planificar los medios necesarios para la manipulación y desplazamientos de materiales (no se puede tener una grúa parada en espera de un movimiento, porque hay que pagar todas las horas que permanezca en la obra, el mismo criterio para otros materiales que se puedan alquilar.
- Planificar y determinar los medios de seguridad a aplicar en el conjunto de la instalación y en el equipamiento del personal que interviene en la obra.
- Planificar la llegada a obra de los suministros (casetas de obra, fluidos, herramientas, materiales de seguridad, maquinaria, materiales a montar).

Recordemos, que un buen estudio y preparación del conjunto de una instalación, es una herramienta de trabajo muy útil y positivo para conseguir los objetivos que nos hayan fijado.

Si no hay seguimiento serio y riguroso de la planificación realizada a lo largo del montaje, de poco va a servir el trabajo realizado para hacer la planificación.

Cuando llega a una obra el personal de montaje, debe estar todo dispuesto para poder actuar (montar) de inmediato, para lo que se requiere que se hayan realizado los trabajos previos de acondicionamiento de la zona, tanto en obra civil, como en la delimitación de la zona y las señalizaciones que determinen las normas de seguridad a aplicar.

4.2. Obra civil: desplazamiento e izado de materiales y equipos

Para el desplazamiento e izado de materiales en el montaje de una instalación fotovoltaica se precisan diversos elementos materiales, así como la aplicación de normas y consignas de seguridad, que estudiamos en este apartado. Empezamos repasando el índice de materias tratadas y de forma especial el Capítulo X de la Ordenanza de Seguridad e Higiene en el Trabajo.

Capítulo X. Elevación y transporte:

Recomendamos la lectura de los Artículos 100 a 124, ya que será un complemento ideal para la materia que vamos a estudiar, respecto a útiles y procedimientos de transporte e izado de cargas.

4.2.1. Útiles para el desplazamiento e izado de cargas

1. Eslingas

La eslinga o cincha es una herramienta de elevación, y es el elemento intermedio que permite enganchar una carga a un gancho de izado o de tracción.

Tres tipos de eslingas: textiles (poliéster), de eslabones metálicos y de cables de acero.

Características que definen una eslinga:

1º. Tipo de cable empleado (composición, diámetro, resistencia/mm^2, protección, torsión, etc.).

2º. Longitud total L (incluida la de las gazas u ojales).

3º. Dimensiones interiores de las gazas. Ancho (a), largo (b).

4º. Tipo de confección de las gazas (con casquillo o cosidas y forradas a mano).

5º. Tipo de accesorios que le complementan (guarda cabos, ganchos, grilletes, tensores, argollas, etc.).

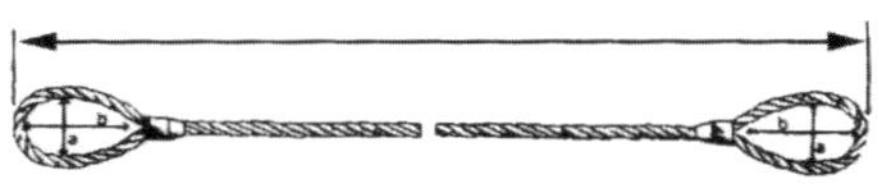	Medida de una eslinga (longitud).
	Eslinga simple textil.
	Eslinga simple textil, con terminal metálico.
	Eslinga textil doble (DU).
	Eslinga textil doble, con terminal metálico.

Ventajas que tienen las eslingas de poliéster:

Las eslingas fabricadas en poliéster son más resistentes, más elásticas y ejercen más tensión sobre la carga. Esto permite trabajar más cómodamente, al poderlas retensionar si fuese necesario, algo que no podremos hacer, por ejemplo, con cables de acero.

Además, el poliéster resiste mucho mejor que otros materiales las condiciones extremas, de manera que podemos utilizar estas eslingas textiles a bajas temperaturas (hasta -40 °C) y hasta +100 °C, sin que sufran ningún tipo de daño. También son resistentes a la mayoría de los ácidos minerales y a las radiaciones solares. Sin embargo, a pesar de las buenas características de las eslingas de poliéster, no hay que olvidar las consignas de conservación a aplicar, para conseguir que sus propiedades se mantengan con el paso del tiempo y su empleo.

Las eslingas textiles identifican su carga máxima por su color, tal como vemos en la figura 4.2.

Cód. Color Norma CEN	Carga máx. de utilización (kg)
Violeta	1.000
Verde	2.000
Amarillo	3.000
Gris	4.000
Rojo	5.000
Marrón	6.000
Azul	8.000
Naranja	10.000

Figura 4.2. Eslingas textiles (poliéster).

Figura 4.3. Eslingas de cadena.

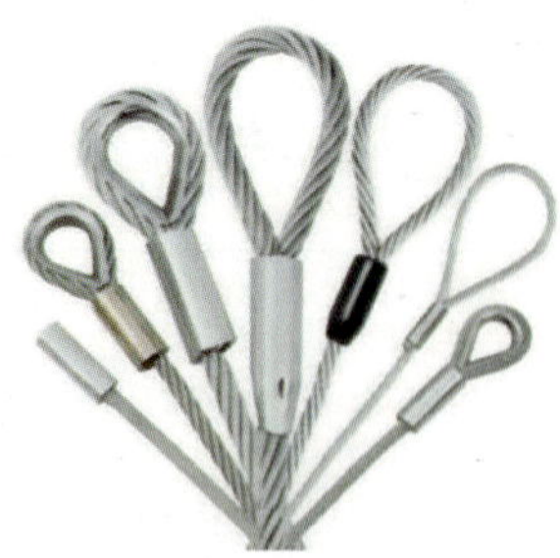

Figura 4.4. Eslingas de cable de acero.

Norma para el usuario EN 1492-1

Tabla 4.1. Carga máxima de utilización eslingas textiles planas.

(carga en %)			100%	200%	140% de 7° a 45°	80%	100% de 45° a 60°
C.M.U.	Colores	(ancho)		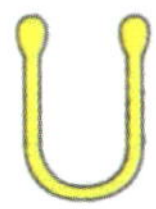	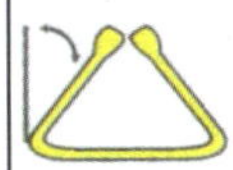		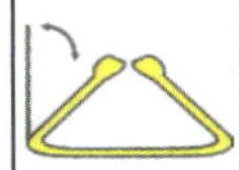
1 T	lila	30	1.000	2.000	1.400	800	1.000
1,5 T	naranja	50	1.500	3.000	2.100	1.200	1.500
2 T	verde	60	2.000	4.000	2.800	1.600	2.000
2,5 T	blanco	75	2.500	5.000	3.500	2.000	2.500
3 T	amarillo	90	3.000	6.000	4.200	2.400	3.000
4 T	gris	120	4.000	8.000	5.600	3.200	4.000
5 T	rojo	150	5.000	10.000	7.000	4.000	5.000
6 T	marrón	180	6.000	12.000	8.400	4.800	6.000
8 T	azul	240	8.000	16.000	11.200	6.400	8.000
10 T	naranja	300	10.000	20.000	14.000	8.000	10.000

Cargas de trabajo de eslingas de cable de acero con casquillo de aluminio DIN 3093.

Cargas de trabajo en kg/coeficiente de seguridad 5:1.

Tablas 4.2. Eslingas de cable metálico.

Diámetro del cable	vertical	ahorcada	**doble** suspensión	**2 ramales** 0°<8≤45°	**2 ramales** 45°<8≤60°	**4 ramales** 0°<8≤45°	**4 ramales** 45°<8≤60°
8	638	479	1.277	894	638	1.341	958
9	808	606	1.616	1.131	808	1.696	1.212
10	997	748	1.995	1.396	997	2.095	1.496
11	1.207	905	2.414	1.690	1.207	2.534	1.810
12	1.436	1.077	2.873	2.011	1.436	3.016	2.154
13	1.620	1.215	323	2.267	1.620	3.401	2.429
14	1.878	1.409	3.757	2.630	1.878	3.945	2.818
16	2.453	1.840	4.907	3.435	2.453	5.152	3.680
18	3.105	2.329	6.211	4.347	3.105	6.521	4.658
20	3.834	2.875	7.667	5.367	3.834	8.051	5.750
22	4.639	3.479	9.277	6.494	4.639	9.741	6.958
24	5.520	4.140	11.041	7.729	5.520	11.593	8.281
26	6.479	4.859	12.957	9.070	6.479	13.605	9.718

28	7.514	5.635	15.028	10.520	7.514	15.779	11.271
32	9.814	7.360	19.628	13.740	9.814	20.609	14.721
36	12.421	9.316	24.842	17.389	12.421	26.084	18.631
40	15.334	11.501	30.669	21.468	15.334	32.202	23.002
44	18.555	13.916	37.109	25.976	18.555	38.965	27.832
48	22.081	16.561	44.163	30.914	22.081	46.371	33.122
52	25.915	19.436	51.830	36.281	25.915	54.422	38.873
56	30.055	22.542	60.111	42.078	30.055	63.116	45.083
60	34.502	25.877	69.005	48.303	34.502	72.455	51.754

2. Complementos para las eslingas

Se utilizan diversos complementos con los que se equipan las eslingas y se facilita el enganche de las piezas a izar, como: anillas, grilletes, terminales, cáncamos, ganchos, guardacabos, y otros.

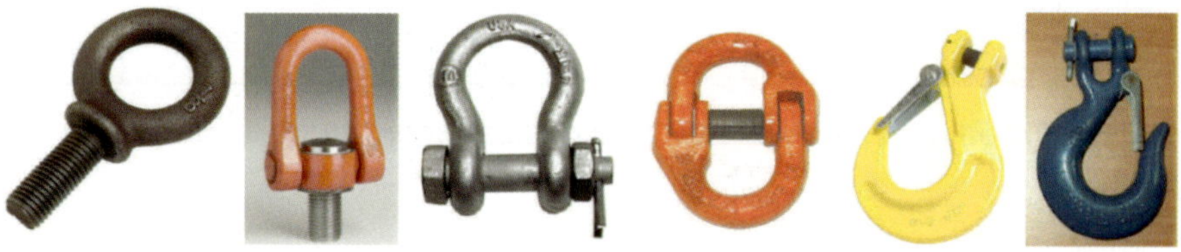

Figura 4.5. Cáncamos, grilletes y ganchos.

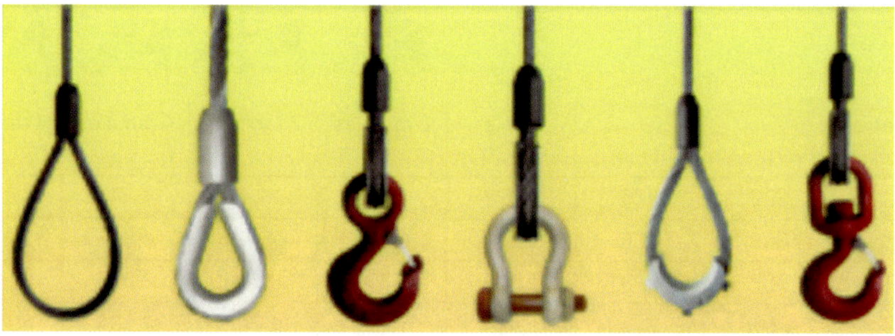

Figura 4.6. Muestrario de útiles empleados en el izado de materiales.

El gancho es un instrumento con forma curva y con punta en un extremo o en ambos, que sirve para sostener, colgar o sujetar una carga.

Ganchos de seguridad son aquellos que tienen una lengüeta que impide la salida involuntaria de la eslinga, cable o cadena.

La figura 4.7 muestra otros complementos utilizados en la manipulación de materiales.

Figura 4.7. Complementos para eslingas utilizados en el izado de cargas.

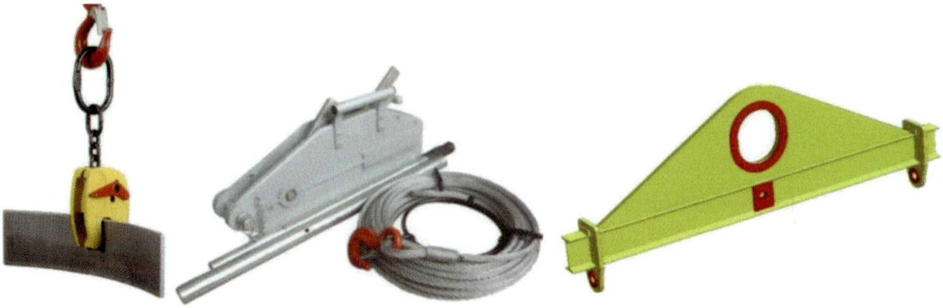

Figura 4.8. Pinza, tráctel para arrastrar o tensar y balancín o yugo.

3. Otros útiles que utiliza el montador

Para el montaje, el mecánico se ayuda de muchos útiles como son por ejemplo los gatos hidráulicos, dispositivos de sujeción y apriete (sargentos), como los que se representan en las figuras 4.9 y 4.10.

Figura 4.9. Gatos hidráulicos para elevar o calzar elementos.

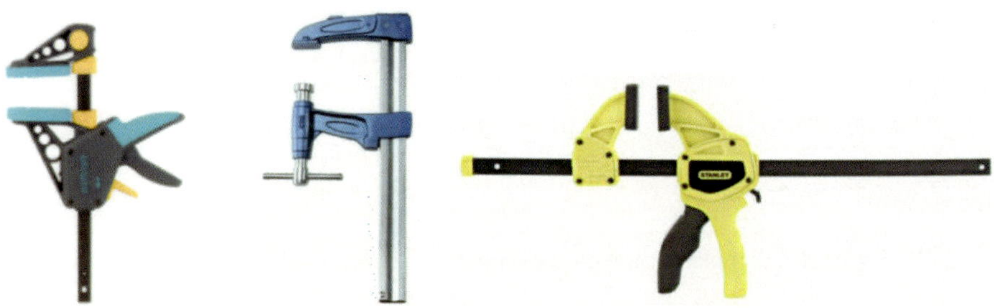

Figura 4.10. Dispositivos para sujetar piezas a unir.

4. Elementos para mover (desplazar) y elevar cargas

Durante la operación de montaje podemos ayudarnos de diferentes medios y dispositivos, como son algunos de los que se presentan a continuación:

Consignas para la utilización de carretillas motorizadas:

- La conducción y manipulación deberá realizarse por personas autorizadas y que han sido especialmente formadas para este fin.
- No superar la carga máxima autorizada.
- No utilizar la carretilla para transportar personas.
- No utilizar la carretilla para elevar personas sobre las uñas, plataforma u otro medio.
- Evitar paradas y arranques bruscos, así como virajes rápidos o conducción temeraria.
- Realizar los desplazamientos y las maniobras con suavidad evitando los movimientos bruscos.

- Asegurar en todo momento la visibilidad de los desplazamientos, que la carga no sea un obstáculo.
- El desplazamiento de una carga se hará elevándola en torno a 15 cm del suelo.
- Ubicar correctamente la carga sobre las uñas, buscando el equilibrio.
- La circulación sin carga se realizará con las uñas (horquillas) bajas, próximas al suelo.
- Al final de la utilización, las palancas quedarán en "punto muerto", el motor parado, los frenos aplicados y la llave de contacto retirada.
- Prestar atención especial al estado y conservación de la carretilla.
- Retirarla de la circulación cuando se detecte una avería del tipo que sea.

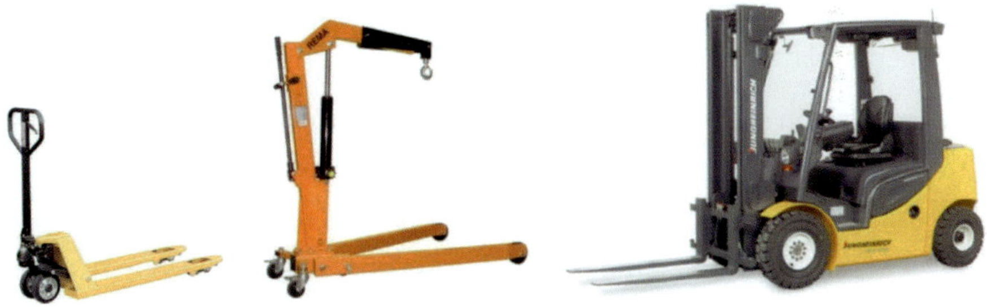

Figura 4.11. Transpaleta, grúa portátil hidráulica y carretilla motorizada.

5. Maquinaria de elevación

Para manipular y elevar piezas y materiales se utilizan diversos medios, como son:

- Poleas.
- Grúas-torre.
- Montacargas.
- Polipastos manuales y motorizados.
- Grúas-camión.
- Elevadores para obras.

Condiciones generales de servicio:

- Los dispositivos que se asientan en el suelo, tendrán una buena base o puntos de apoyo.

- Los elementos de tracción tendrán la potencia suficiente para elevar las cargas.
- La instalación y funcionamiento de los medios empleados será el correcto.
- En lugar bien visible estará indicado el valor de la carga máxima autorizada.
- El sistema de suspensión dispondrá de limitador de carga.
- El operador será una persona formada y autorizada.
- Los órganos móviles estarán bien protegidos.
- Este tipo de aparatos tendrá revisiones periódicas reglamentarias.
- Estará correctamente delimitada la zona o radio de acción.
- El dispositivo tendrá fines de curso para controlar los desplazamientos.
- Los montacargas y las grúas-torre tendrán un conductor que ponga su masa metálica a tierra.
- La instalación eléctrica dispondrá de un interruptor diferencial de 300 mA de corriente diferencial para la protección de las personas.
- En grúas-torre y grúas-camión habrá un maquinista y un auxiliar que tenga la experiencia suficiente para dirigir las operaciones.
- Se observará escrupulosamente la normativa que corresponda a los medios de manipulación y elevación empleados, así como la utilización de los medios auxiliares que cada tipo de carga precise para su manipulación.
- Atención muy especial a los cables, eslingas, ganchos, estrobos, etc., en lo que respecta a su estado y utilización.
- Evitar el paso o estancia de personas en la zona de trabajo o actividad de estos medios, cuando se interviene con ellos.

6. Polipastos

Son máquinas que están compuestas por dos o más poleas y una cuerda, cable o cadena que alternativamente va pasando por las diversas poleas de cada una de aquellas. Se utilizan para elevar o mover una carga, aplicando una fuerza mucho menor que el peso que hay que mover.

Estos dispositivos con accionados manualmente o con motorización eléctrica.

Polipasto diferencial

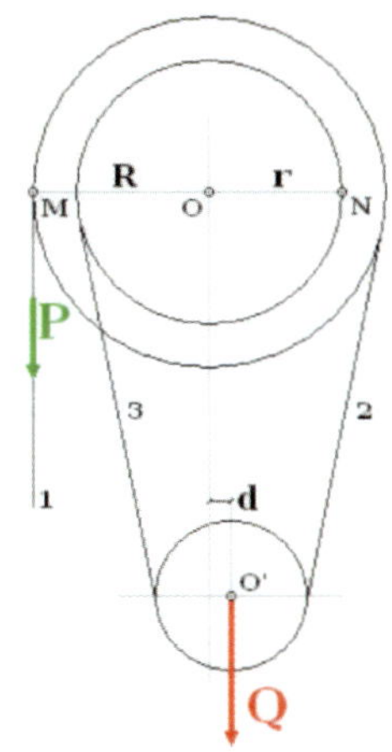

$$P = \frac{1}{2}\left(1 - \frac{r}{R}\right)Q$$

P – Potencia.
R – Radio mayor.
r – Radio menor.
Q – Carga (peso).

Figura 4.12. Polipasto con poleas diferenciales.

Ejemplo de aplicación:

Determinar la fuerza a realizar para elevar una carga de 300 kg, si empleamos un polipasto cuya polea mayor tiene un radio de 150 mm y el radio de la polea menor es de 100 mm.

$$P = \frac{1}{2} \quad 1 - \frac{r}{R} \quad Q = P = \frac{1}{2} \quad 1 - \frac{100}{150} \quad 300 = 50 \text{ kgf}$$

Figura 4.13. Polipasto manual de un ramal, polipasto eléctrico

Figura 4.14. Grúas hidráulicas motorizadas.

7. Andamios metálicos tubulares

En determinados montajes habrá que hacer uso de andamios que se montarán de acuerdo con las siguientes instrucciones:

- Asegurarse de que el suelo es firme.
- Que los elementos en contacto con el suelo disponen de husillos de nivelación.
- La estructura se apoyará en durmientes.
- El montaje y la izada de módulos será el correcto.
- Arriostrado adecuado con crucetas (X).
- Escaleras, barandillas, plataformas y rodapiés reglamentarios.
- Dependiendo de la altura, el andamio se sujetará a la pared u otro punto.

Figura 4.15. Montando un andamio tubular.

8. **Andamios colgados móviles**

- La plataforma tendrá una anchura mínima de 60 cm y la barandilla una altura de 90 cm.
- Tendrán rodapiés y barandilla intermedia.
- Las trócolas se revisarán periódicamente.
- Los cables tendrán la sección, resistencia y longitud adecuada.
- Se mantendrá la horizontalidad de la plataforma respecto al suelo.
- Los ganchos dispondrán de pestillos de seguridad.
- Se efectuarán pruebas de seguridad (carga).
- Para trabajar sobre el andamio se utilizarán cinturones de seguridad anticaída.

9. **Plataformas voladas**

- Serán sólidas y resistentes.
- Estarán apuntaladas y arriostradas.
- Estarán dotadas de barandillas y rodapiés reglamentarios.
- Dispondrán de tramo de barandilla desmontable.
- Para realizar los trabajos se utilizarán cinturones de seguridad anticaída.

10. **Mesas elevadoras**

Una forma fácil y segura de acceder a lugares en altura y con cierta dificultad.

Recomendaciones para la conducción y utilización:

- La conducción y manipulación de estos aparatos deberá hacerse por personas autorizadas y que hayan sido especialmente formadas
- No superar la carga máxima autorizada.
- Realizar todos los movimientos sin brusquedad (suaves).
- Ante desplazamientos o movimientos difíciles, estudiarlos previamente.
- Asegurarse que el suelo por donde ha de circular la mesa elevadora está en buenas condiciones (terreno firme y resistente con ausencia de baches).
- En el momento de elevación de la cesta o plataforma, la carretilla deberá estar parada y correctamente frenada.

- Cuando se deja fuera de servicio la carretilla, todas las palancas quedarán en punto muerto, los motores parados, los frenos aplicados y la llave de contacto quitada.

Figura 4.16. Plataformas elevadoras.

11. Utilización de escaleras manuales

Las escaleras en sus diferentes modelos son muy empleadas en los montajes.

Recomendaciones generales:

- Elegir la escalera adecuada para el trabajo que se va a realizar y la zona donde se va a utilizar.
- Revisar la escalera para asegurarse de que está en buen estado de utilización.
- Que la base de apoyo sea antideslizante.
- Apoyarla en superficie sólida y bien nivelada.
- Cuando desde la escalera se va a pasar a un andamio, plataforma u otro lugar, asegurarse que la escalera sobrepasa al menos un metro la parte superior.
- Subir y bajar las escaleras siempre de frente, utilizando las dos manos, para asirse a los peldaños. Si se tiene que transportar herramientas o materiales, deberá hacerse cargándolos a la espalda, pero sin que dificulten la libertad de movimientos.
- El calzado utilizado para subir por las escaleras será antideslizante y estará limpio de barro, grasa u otra sustancia resbaladiza.

- Asegurar la estabilidad durante el tiempo que se trabaje sobre la escalera.
- Asegurar la zona de trabajo para evitar desplazamientos imprevistos de la escalera y en especial, cuando se trabaja en la proximidad de puertas.
- El transporte de la escalera se realizará con el máximo cuidado para evitar golpear a las personas y a las cosas.
- Atención especial merece el transporte de escaleras metálicas (aluminio) en los lugares que hay tendidos eléctricos, ¿cuántos accidentes, incluso mortales se producen por esta circunstancia?

La escalera es una herramienta muy útil, pero que puede ser causa de accidentes muy graves, por lo que deberán tenerse en cuenta las recomendaciones que acabamos de leer.

Figura 4.17. Escalera desplegable, escalera de tijera y escalera con barandilla y protección.

4.3. Determinación y selección de equipos y elementos necesarios para el montaje, a partir de los planos de la instalación

De acuerdo con los Cuadernos de Cargas, las Especificaciones Técnicas, el Descriptivo de la Instalación de un Proyecto, planos de construcción, planos de implantación y planos de instalación o montaje, listado de materiales y otros documentos, se determinarán y seleccionarán los elementos necesarios para la ejecución de un determinado montaje.

Hay que tener en cuenta, que no es lo mismo una instalación en superficie, que una instalación sobre un tejado, una tejavana, una azotea o una fachada.

Cada tipo de instalación requerirá un tipo de equipo que le sea apropiado.

En el apartado anterior hemos estudiado los medios y equipos utilizados en el desplazamiento e izado de materiales y equipamientos, y en el apartado 2.6, “Maquinaria y equipos empleados en el montaje”, ahora toca elegirlos, ya que son muchos y variados.

- Si el trabajo es en altura, empezaremos por proteger la zona de trabajo con cierres y barandillas.
- Si se trata de tejados, haremos pasillos para acceder a los puntos de montaje sin deteriorar las tejas o cerramiento.
- Si se trata de fachadas habrá que montar andamios.
- Habrá que determinar los medios de elevación de las cargas.
- También se determinarán los medios utilizados para la manipulación de las cargas.
- Establecer el lugar donde colocar “las tomas de corriente” y punto de conexión a la red eléctrica.
- Si se trata de un lugar aislado, la potencia necesaria para alquilar un grupo electrógeno para suministrar corriente eléctrica.
- Si se necesita un grupo compresor para alimentar las herramientas neumáticas.
- Equipamiento de seguridad individual (EPI) y colectiva.
- Equipos de soldadura eléctrica y autógena.
- Equipamiento de herramientas.
- Otros.

4.3.1. Adaptación y mejora de instalaciones

La intervención de los montadores no siempre se hace sobre nuevos Proyectos, en otros casos, se trata de instalaciones que hay que modificar por razones varias, como: ampliación de la instalación, sustitución de soportes y módulos FV, etc.

Para estos casos, aunque se trate de instalaciones menores, habrá que proceder de la misma forma que se ha tratado en el apartado anterior.

La problemática general de acondicionamientos, elevación y movimientos de cargas, equipamientos, etc., y las circunstancias que hay que solventar no pueden ser diferentes que las de una instalación mayor.

4.4. Técnicas y operaciones de ensamblado, asentamiento, alineación y sujeción

Las estructuras y soportes se montarán de acuerdo con las instrucciones que se tengan, teniendo en cuenta varios conceptos importantes, como son: su ensamblado, y su asentamiento alineación y sujeción.

Figura 4.18. Panel con 90 módulos FV visto al frente y por detrás.

4.4.1. Técnicas y operaciones de ensamblado

Las técnicas y operaciones empleadas para el ensamblado de las estructuras y soportes de los módulos fotovoltaicos dependerán de los materiales empleados, así como de la forma constructiva de los mismos.

El material puede llegar a la obra, en piezas sueltas o premontadas.

El suministro en subconjuntos premontados, facilita el montaje en obra y acorta el tiempo de ejecución de la misma.

Las técnicas de ensamblado más empleadas son: atornilladas, soldadas, o mixtas (atornilladas-soldadas).

Figura 4.19. Atornillado de perfiles para soportar estructuras.

4.4.2. Asentamiento

El asentamiento de las estructuras podrán hacerse, sobre:

- Bases de hormigón.
- Macizos.
- Superficies planas sobre terrazas.
- Fachadas de edificios.
- Tejados de teja cerámica.
- Tejados metálicos (diversos tipos).
- Soportes diversos.

Cada tipo de asentamiento tiene sus particularidades, por lo que se tendrá en cuenta la forma de los elementos a sujetar, y los dispositivos a emplear en cada caso.

Figura 4.20. Diferentes asentamientos de módulos fotovoltaicos a sus estructuras.

4.4.3. Alineación y sujeción

La alineación y sujeción de los elementos que se montan es fundamental, para garantizar la calidad del montaje y la estabilidad, fuera de tensiones, de los módulos fotovoltaicos.

a) Alineación

Para el trazado y alineación de los elementos de montaje se utilizarán los planos de implantación y la alineación se realizará aplicando reglas, trazado de ejes, niveles, plomadas, láser, etc.

Para establecer los ejes de referencia y marcado, se utilizarán pinturas, yeso, espráis, cuerdas, estacas, etc.

b) Sujeción

La sujeción de los apoyos se hará mediante bulones, zarpas, tornillería, y otros elementos (herrajes) construidos con este fin.

A continuación se presentan diferentes bulones de expansión para fijar piezas, soportes y estructuras.

Bulones metálicos para fijar piezas a hormigón			
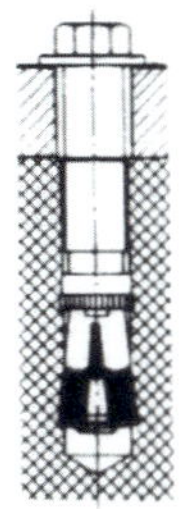	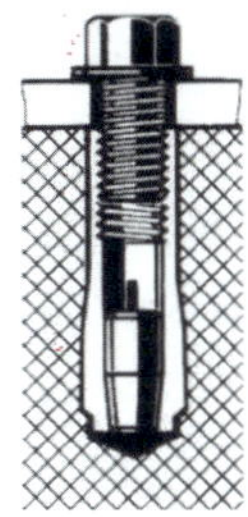		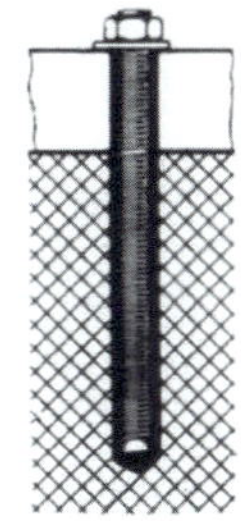
Utilizado para suspender y fijar piezas al hormigón de medio y gran peso	Permite la fijación de piezas (patas) en posición horizontal o formando otro ángulo.	Tacos de larga longitud que permiten buscar hormigón o materia consistente a cierta distancia de la superficie.	Amarre con resina. Se utiliza cuando el lugar a anclar tenga consistencia, como es el hormigón.

Obsérvense las consignas dadas por el fabricante respecto a la proximidad de los agujeros, distancias de bordes, profundidad de los agujeros y materiales donde se pueden emplear.

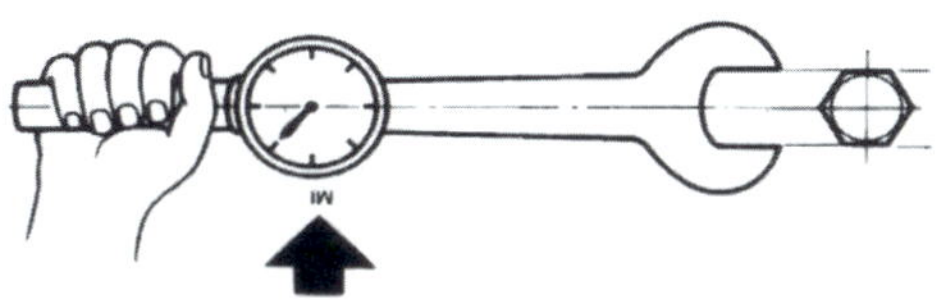

Figura 4.21. Llave dinamométrica para control del apriete de tornillos.

La figura 4.22 es un ejemplo de soporte realizado con perfiles tubulares fijada al hormigón por medio de bulones de expansión.

Figura 4.22. Estructura fijada a hormigón mediante bulones de expansión.

4.5. Montaje de los diferentes elementos de una instalación solar fotovoltaica

En una instalación solar fotovoltaica se distinguen las partes siguientes:

- Acondicionamiento y preparación de la zona para el montaje posterior.
- Montaje mecánico de estructuras y soportes.
- Montaje de los módulos fotovoltaicos.
- Conducciones eléctricas.
- Instalación eléctrica.

4.5.1. Principales elementos de la instalación fotovoltaica

Respecto al conjunto de una instalación fotovoltaica, podemos distinguir las partes o elementos siguientes:

- Zona de instalación, que habrá que acondicionar de acuerdo con el tipo de montaje que se vaya a realizar.
- Estructuras y soportes para los módulos FV.
- Módulos FV.
- Canalizaciones eléctricas.
- Local eléctrico.
- Instalación eléctrica.

a) Generador fotovoltaico

El generador eléctrico fotovoltaico (FV) está constituido por un determinado número de módulos fotovoltaicos [1]. Los módulos FV generan la electricidad en forma de corriente continua (CC), directamente a partir de la luz solar. El número de módulos de una instalación FV viene determinado por las necesidades de potencia y por la radiación disponible en la zona.

(1) Cada módulo está constituido por un determinado número de células fotovoltaicas conectadas entre sí, en serie, derivación y serie-derivación según casos.

Los módulos fotovoltaicos pueden ser:

Módulo monocristalino	Módulo policristalino	Módulo amorfo
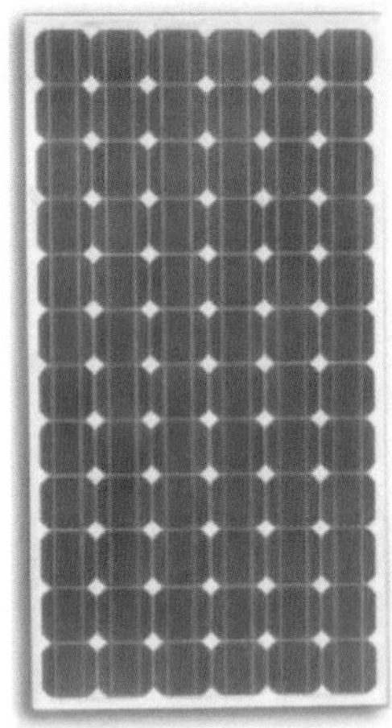	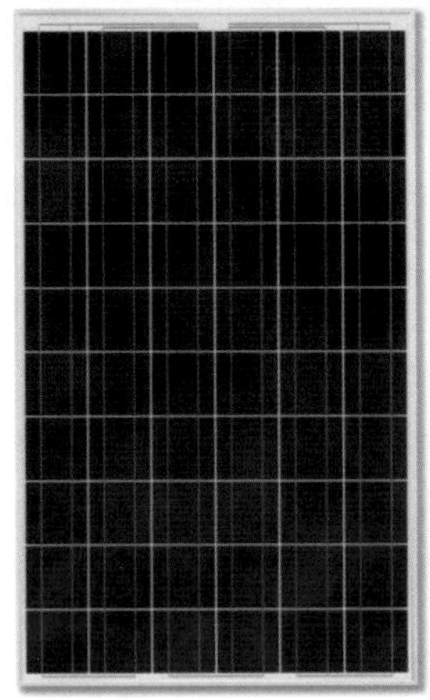	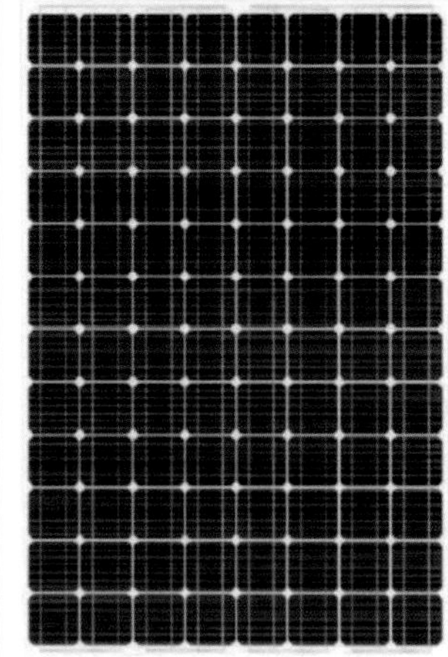
Rendimientos (η) • En laboratorio: 24 % • En directo: 15-18 %	Rendimientos (η) • En laboratorio: 19-20 % • En directo: 12-14 %	Rendimientos (η) • En laboratorio: 16 % • En directo: < 10 %

Figura 4.23. Tipos de módulos más empleados (monocristalinos, policristalinos y amorfos)

Tabla 4.3. Características de módulos monocristalinos a diferentes potencias.

Características eléctricas: **Potencia pico Max (Pm)**	160 W	165 W	170 W	175 W	180 W
Tolerancia de potencia	±3 %	±3 %	±3 %	±3 %	±3 %
Voltaje a potencia máxima (Vm)	34,6 V	34,6 V	34,9 V	35,2 V	35,2 V
Corriente de potencia máxima (Im)	4,62 A	4,76 A	4,87 A	4,97 A	5,11 A
Voltaje de circuito abierto (Voc)	43,4 V	43,4 V	43,4 V	43,6 V	43,6 V
Corriente de cortocircuito (Isc)	5,08 A	5,24 A	5,40 A	5,48 A	5,50 A
Eficiencia de la célula	15,0 %	15,5 %	16,0 %	16,5 %	17,0 %
Eficiencia del panel	12,6 %	13,0 %	13,4 %	13,8 %	14,2 %
Coeficiente de temperatura Pm	-0,47 %/°C	-0,47 %/°C	-0,47 %/°C	-0,47 %/°C	-0,47 %/°C
Coeficiente de temperatura Voc	-0,38 %/°C	-0,38 %/°C	-0,38 %/°C	-0,38 %/°C	-0,38 %/°C
Coeficiente de temperatura Isc	0,10 %/°C	0,10 %/°C	0,10 %/°C	0,10 %/°C	0,10 %/°C
TONC	47±2 °C	47±2 °C	47±2 °C	47±2 °C	47±2 °C
Máximo voltaje del sistema (VDC)	1000 V	1000 V	1000 V	1000 V	1000 V
Rango de temperatura de trabajo	-40 / +85 °C	-40 / +85 °C	-40 / +85 °C	-40 / +85 °C	-40 / +85 °C

- **Marco de metal**, normalmente de aluminio, que asegura rigidez y estanqueidad al conjunto, y que lleva los elementos necesarios para el montaje del panel sobre la estructura soporte.

El marco de los módulos está compuesto de aluminio anodizado resistente a la torsión y cumple con los máximos requerimientos de estabilidad y resistencia a la corrosión. Los módulos se fabrican con la máxima protección contra las condiciones climatológicas adversas, y son aptos para cualquier tipo de montaje: sobre tejado, en cubierta plana, integrado, etc.

- **Caja de terminales**, incorpora los bornes para la conexión del módulo.

Figura 4.24. Cajas de conexión que trabajan a la intemperie.

b) Otros elementos de la instalación eléctrica

Regulador de carga: Los reguladores de carga actúan como unión entre el generador FV, la batería y los receptores (instalaciones aisladas), y protegen las baterías contra sobrecarga o de sobredescarga y regulan el suministro.

Baterías: las baterías almacenan la energía eléctrica generada por el generador FV en forma de energía electroquímica, para restituirla a la utilización cuando interese.

Inversor: los inversores convierten la corriente continua (CC), en corriente alterna (CA), necesaria para ciertos receptores y para la conexión a la red eléctrica.

c) Tipos de instalaciones fotovoltaicas

1. Instalaciones aisladas sin acumulación.
2. Instalaciones aisladas con acumulación.
3. Instalaciones conectadas a la red eléctrica.

1. Instalaciones aisladas sin acumulación

Se trata de instalaciones destinadas a un servicio durante el tiempo en el que hay luz solar, como es el caso de una instalación de bombeo. No dispone de un equipo de baterías de acumulación de energía, ni regulación (aunque podría tenerlo).

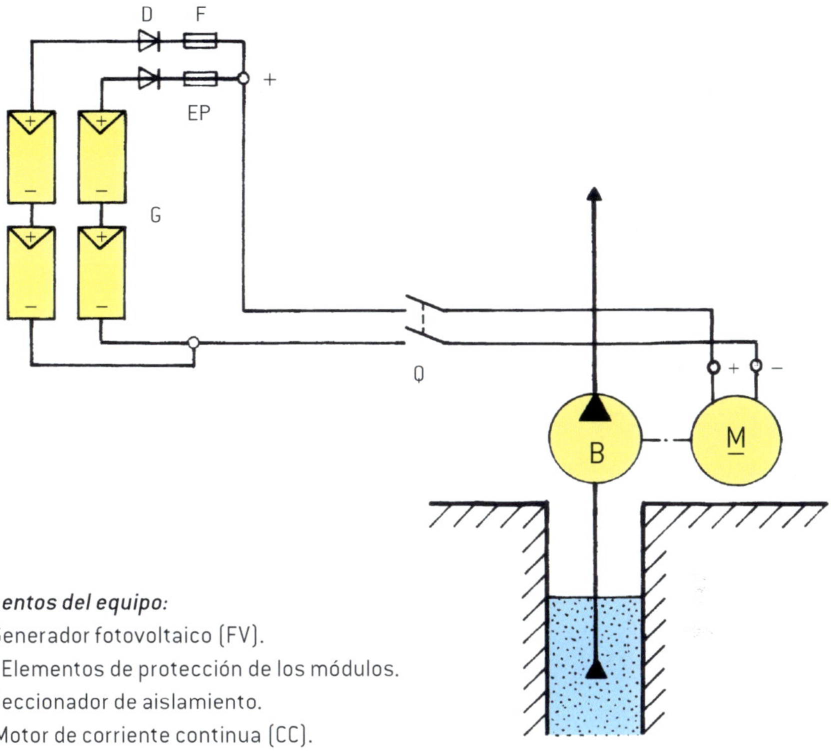

Elementos del equipo:

G – Generador fotovoltaico (FV).

EP – Elementos de protección de los módulos.

Q – Seccionador de aislamiento.

M – Motor de corriente continua (CC).

B – Bomba.

Figura 4.25. Generación fotovoltaica para alimentar una motobomba de forma directa.

2. Instalaciones aisladas con acumulación de energía

Estas instalaciones incorporan un equipo de acumulación a base de baterías eléctricas que permiten almacenar energía eléctrica para suministrarla cuando no haya luz solar o esta sea insuficiente para proporcionar la energía demandada.

El equipo consta básicamente de los elementos siguientes:

Equipo de generación, constituido por uno, varios o muchos módulos fotovoltaicos.

Los módulos FV generan corriente continua (CC).

Regulador de corriente.

Batería/s de acumulación de energía eléctrica.

Si el suministro de corriente eléctrica se hace en CC, no sería necesario ningún elemento más (figura 4.26), salvo si se quiere regularizar el suministro con convertidor CC/CC.

Si el suministro se hace en corriente alterna (CA), habrá que colocar en el circuito de salida un inversor que convierte la corriente continua, en corriente alterna (CC/CA).

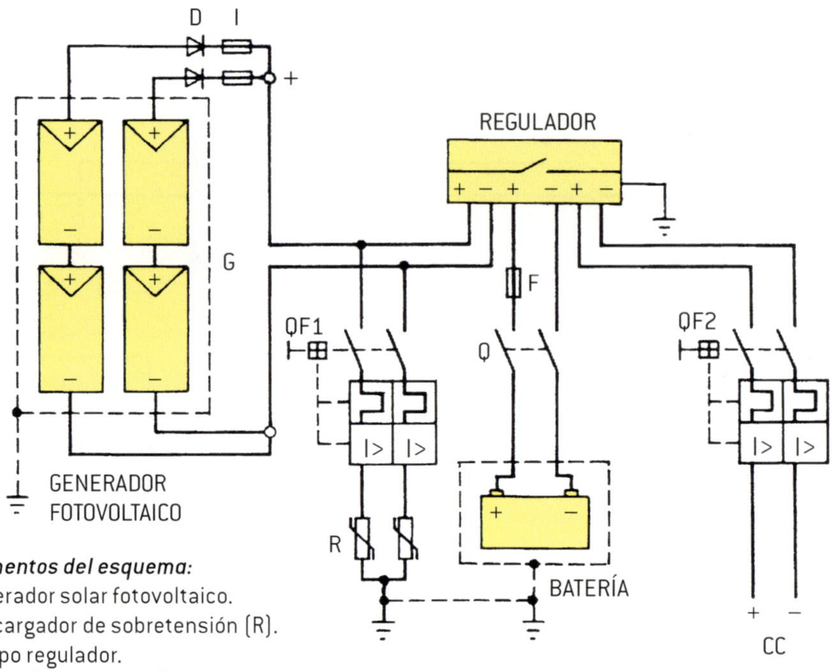

Elementos del esquema:
Generador solar fotovoltaico.
Descargador de sobretensión (R).
Equipo regulador.
Batería (acumulación).
Salida hacia receptores en CC.

Figura 4.26. Esquema de una generación de energía fotovoltaica con baterías de acumulación.

3. Instalaciones conectadas a la red eléctrica

Estas instalaciones no tienen acumulación de energía. La energía generada se envía directamente a la red eléctrica general.

La instalación consta de los siguientes elementos:

Equipo de generación, constituido por uno, varios o muchos módulos fotovoltaicos.

Los módulos FV generan corriente continua (CC).

En estas centrales FV, es imprescindible el inversor de corriente continua a corriente alterna (CC/CA), que adapta la corriente en tensión (U) y frecuencia (f) a la tensión de la red a la que se conecta.

En otros casos, habrá que elevar el valor de la tensión obtenida del inversor, de baja a media o alta tensión, para lo que se emplean transformadores. Las centrales de generación FV de este tipo, dispondrán de un parque o estación de transformación, similar al que se representa en la figura que ilustra el inicio de este capítulo, y en la figura 4.27.

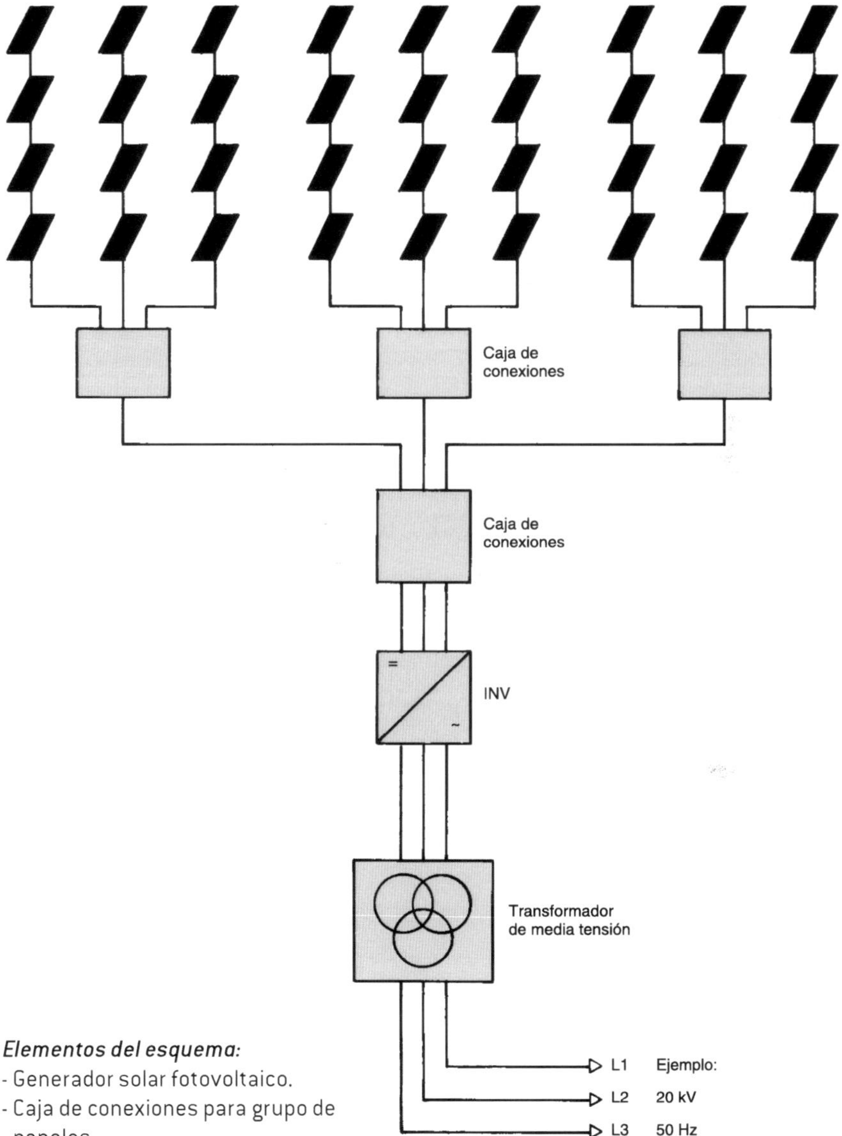

Elementos del esquema:

- Generador solar fotovoltaico.
- Caja de conexiones para grupo de paneles.
- Caja de conexiones general.
- Inversor de corriente (CC/CA).
- Transformador de medida y tensión
- Red eléctrica general.

Figura 4.27. Esquema simplificado de una instalación FV conectada a la red.

La figura 4.28 muestra el esquema de un agrupamiento de un panel compuesto por 56 módulos FV, que suministran corriente a una tensión de 12 x 4 = 48 V (cuatro paneles en serie). También se señala la sección de los conductores.

La salida del inversor es monofásica a la tensión y frecuencia que precise la utilización.

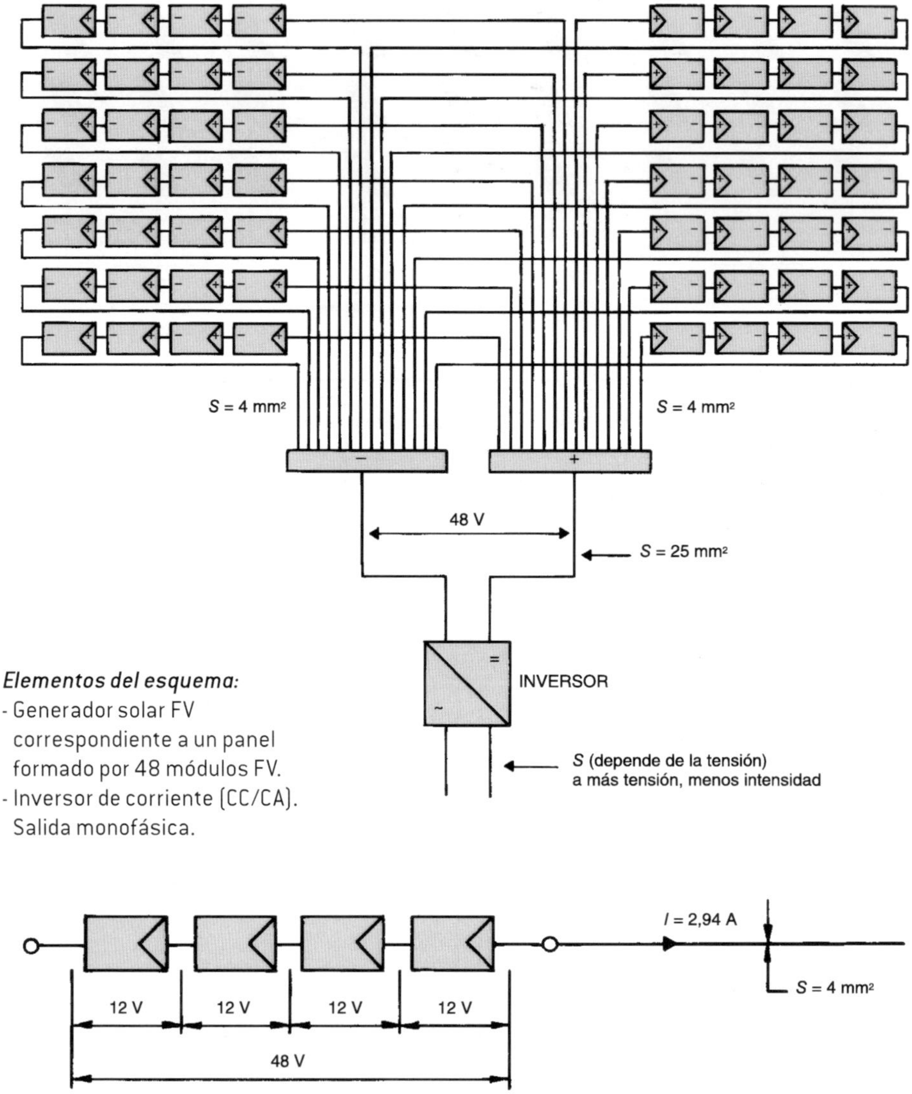

Conexión serie de cuatro módulos fotovoltaicos y sus valores nominales de tensión, corriente y sección del conductor.

Figura 4.28. Empleo de generación solar FV conectada a la red eléctrica general.

Todos los módulos de la central serán de las mismas características, por ejemplo, como las que se indican en las tablas 4.4 Y 4.5.

Tabla 4.4. Características principales de un módulo fotovoltaico.

Características	Valores
Potencia máxima	185 Wp
Corriente a máxima potencia	5,05 A
Tensión a máxima potencia	36,5 V
Corriente de cortocircuito	5,49 A
Tensión de circuito abierto	45,4 V
Nº de células	72
Tensión máxima del sistema	1.000 V
Coeficiente de Tª de la corriente	Isc 0,1 %/k
Coeficiente de Tª de la tensión	Voc -0,38 %/k
Coeficiente de Tª del rendimiento	Pmpp -0,47 %/k

Medidas realizadas en las siguientes condiciones:
Tª de célula: 25 °C, Radiación: 1.000 W/m^2, Espectro: AM 1.5

Tabla 4.5. Dimensiones del módulo FV.

Características	Valores
Longitud	1.580 mm
Altura	808 mm
Ancho	50 mm
Peso	16,2 Kg

Figura 4.29. Subestación de una central de generación FV conectada a la red eléctrica general.

Las instalaciones de generación eléctrica fotovoltaica conectadas a la red, precisan de una subestación, tal como se aprecia en la figura 4.29 en la que el elemento principal es el transformador, que eleva la tensión suministrada por la central FV, a la tensión y frecuencia de la red a la que se suministra la energía eléctrica generada.

La figura 4.30 muestra el esquema de una generación FV con conexión a la red eléctrica y que también suministra energía a un particular que puede ser el productor de la generación FV, que suministra a la red, la energía sobrante.

En este caso, el suministro a la red se hace en media tensión (10 kV), y el esquema dispone de los elementos que se señalan en la nomenclatura.

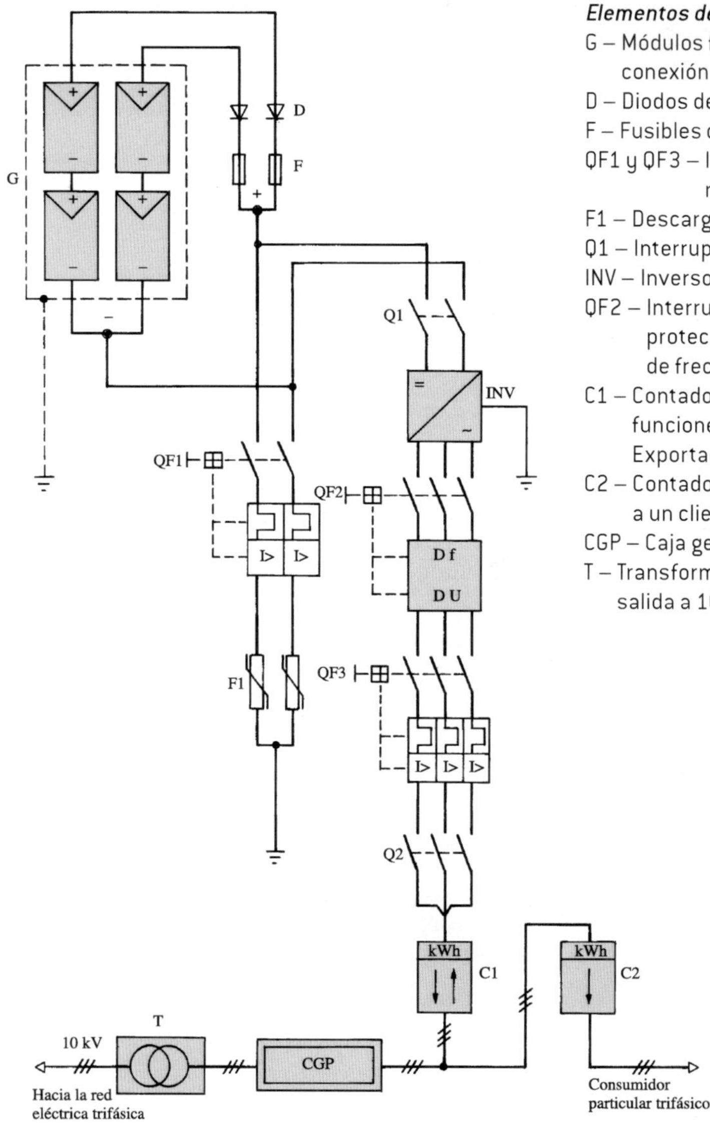

Elementos del esquema:

G – Módulos fotovoltaicos en conexión serie-paralelo.
D – Diodos de seguridad.
F – Fusibles de protección.
QF1 y QF3 – Interruptor automático magnetotérmico.
F1 – Descargador de sobretensión.
Q1 – Interruptor de aislamiento.
INV – Inversor CC/CA.
QF2 – Interruptor automático de protección contra desajustes de frecuencia y tensión.
C1 – Contador de energía en funciones de Importador-Exportador.
C2 – Contador de la energía servida a un cliente particular.
CGP – Caja general de protección.
T – Transformador trifásico con salida a 10 kV.

Figura 4.30. Esquema conectado a la red y a un consumidor particular.

4.5.2. Montaje de estructuras y soportes

Para el montaje de las estructuras y soportes se tendrán en cuenta todas las recomendaciones que se hacen a lo largo de esta obra.

El montador se ajustará a los planos constructivos y de montaje que le entregue la dirección de la obra, así como a las indicaciones que le puedan dar los fabricantes, cuando se trata de perfiles y conjuntos que se suministran semimontados.

En muchas instalaciones, es el propio constructor de los materiales (soportes y estructuras) quien realiza el montaje de los mismos. En este caso es más fácil resolver los problemas que se den en el montaje.

Es recomendable hacer un premontaje en taller antes de suministrar los materiales a la obra, de esta forma se solventan muchos inconvenientes que se dan en todo montaje, cuando se suministran los materiales directamente en piezas.

Figura 4.31. Fase de montaje de una estructura para módulos fotovoltaicos.

4.5.3. Estructura de los sistemas de seguimiento

El objetivo del seguimiento solar de los módulos fotovoltaicos es el aprovechamiento máximo posible, de la radiación solar a lo largo de su trayectoria diaria, siguiendo el camino que lleva el Sol.

El mecánico montador debe conocer los sistemas de seguimiento solar, ya que los tiene que montar, poner en servicio y mantener. El montaje debe ser de calidad, dado que se trata de un mecanismo de precisión.

Los montajes de los paneles tienen que estar bien compensados, en simetría, para asegurar el correcto funcionamiento de los accionadores, con las mínimas averías. En los parques solares es fácil ver algún panel "desorientado").

Figura 4.32. Panel que no sigue las consignas, por estar su sistema de seguimiento averiado.

a) Cambio de la trayectoria del Sol a lo largo del año

La luz del Sol no incide de la misma forma sobre el módulo fotovoltaico a lo largo del año, tiene variaciones importantes que repercuten en su rendimiento. Existen diferentes procedimientos para mejorar el rendimiento de los módulos fotovoltaicos, como vamos a ver a continuación.

El seguimiento por parte de los paneles solares de la perpendicularidad de la luz solar, permite incrementar su rendimiento en aproximadamente un 30 a 40 % respecto a los módulos fijos.

b) Seguidores solares

Los dispositivos de seguimiento solar son equipos preparados para que el panel que contiene los módulos se sitúe en todo momento en la situación más favorable para recibir la luz solar con la máxima verticalidad, en cualquier época del año.

Los dispositivos de desplazamiento del panel pueden ser motores, u otros dispositivos neumáticos o hidráulicos, que pilotados por un equipo electrónico o un microprocesador, tienen en cuenta las variables que se dan en el tiempo, o copiando directamente de la situación real del Sol, por medio de células, para transmitir al mecanismo las órdenes de emplazamiento que más convenga en cada momento.

En el caso de utilizar seguidores solares, estos incorporarán el marcado CE y cumplirán lo previsto en la Directiva 98/37/CE del Parlamento Europeo y del

Consejo, de 22 de junio de 1998, relativa a la aproximación de legislaciones de los Estados miembros sobre máquinas, y su normativa de desarrollo, así como la Directiva 2006/42/CE del Parlamento Europeo y del Consejo, de 17 de mayo de 2006 relativa a las máquinas.

c) Economía que supone la instalación de paneles con seguidores solares

Con los seguidores solares se consigue un mayor rendimiento de los módulos fotovoltaicos (hasta el 40 %). Para generar la misma energía que con paneles fijos, si los paneles son móviles, se necesitará menos superficie fotovoltaica, y por tanto, una menor inversión en origen. Por otro lado, si se tiene una determinada superficie instalada, se consigue generar más energía que si los módulos fueran fijos.

Los seguidores solares pueden aplicarse tanto a módulos de pequeñas instalaciones aisladas, como a los instalados en huertos solares.

El seguimiento de un eje resulta rentable, al comparar la inversión, con la energía que se obtiene. Resulta inferior la rentabilidad, cuando la inversión es para los dos ejes.

d) Seguidor de un eje

Estos soportes son móviles y realizan un determinado seguimiento solar. La rotación del soporte se hace por medio de un solo eje, ya sea horizontal, vertical u oblicuo. Este tipo de seguimiento es el más sencillo, y el más económico, resultando sin embargo incompleto ya que solo podrá seguir o la inclinación o el azimut del Sol, pero no ambas a la vez.

Con el seguimiento solar de un eje, por parte de los paneles, que girarán sobre su eje de Este a Oeste, siguiendo el azimutal [2], se consigue un incremento de rendimiento del 29 % sobre la misma superficie de paneles con implantación estática.

e) Seguidor de doble eje o dos ejes

Con este sistema es posible realizar el seguimiento total del Sol en altitud y en azimut, con lo que se conseguirá que la radiación solar incida perpendicularmente sobre los módulos, obteniéndose la mayor captación posible a lo largo del día.

El seguimiento de la inclinación estacional del Sol del solsticio de invierno a verano, e inverso cada seis meses (cenital) [3].

---

[2] Azimut – Ángulo medido sobre el horizonte y que lo forman el punto cardinal Norte y la proyección vertical del Sol sobre el horizonte y se mide en sentido horario a partir del Norte.

[3] Cenit – Se denomina cenit a la intersección entre la vertical del observador y la esfera celeste.

Este seguimiento es complementario al anterior, por lo que ambos unidos representan un rendimiento del 39 %, sobre paneles con implantación estática.

Supongamos una recta que parte del centro de la Tierra, pasa por nuestra situación y se prolonga hacia el cielo. En esa situación está el cenit.

a) Panel que sigue un eje

b) Panel que sigue dos ejes.

Figura 4.33. Paneles que siguen el camino del Sol buscando la perpendicularidad.

f) Sistemas empleados para el seguimiento

Existen diversos sistemas de regulación del seguimiento del Sol para uno o dos ejes:

El sistema motriz puede estar basado en dispositivos manuales (no es habitual), mecánicos, hidráulicos, neumáticos y electrónicos.

- ***Sistemas mecánicos:***

  El movimiento se realiza por medio de un motorreductor y de un sistema de engranajes o piñones. Al variar la inclinación del Sol a lo largo del año, es necesario realizar ajustes periódicos para adaptar el movimiento al curso del Sol.

- ***Mediante dispositivos sin motor:***

  Sistemas que mediante la dilatación y evaporación de determinados gases y el juego de equilibrios se logra el seguimiento del Sol durante todos los días del año.

  También, por cilindros hidráulicos y actuares neumáticos y electrónicos.

- ***Seguimiento por programa informático:***

  La motorización de los paneles se puede controlar por medio de células o captores, y de forma más generalizada, por medio de un ordenador, con programa en el que están considerados cada día del año, y los reglajes se efectúan tanto si hay luz natural, como si el día está nublado.

Esta forma de seguimiento es más precisa y no está sujeta a que pueda ensuciarse o averiarse la célula de captación de la luz solar colectiva, o individual para cada uno de los paneles de módulos.

Las potencias de accionamiento necesarias son pequeñas, obteniendo la energía del mismo panel, o desde una batería cargada desde la energía generada por los propios paneles.

g) Motorización y sistema automático de seguimiento solar

Al ser los movimientos muy lentos, los motores de accionamiento suelen ser de pequeña o mediana potencia, y pueden ser, eléctricos o hidráulicos con los que se accionan reductores que son multiplicadores de par, es decir, que con pequeña potencia motriz se puede mover una carga importante, siempre que el par sea suficiente.

En la figura 4.34 se muestra el motorreductor mediante el cual el panel sigue el movimiento del Sol. El motorreductor acciona un piñón que al girar engrana en la cadena de eslabones y avanza en uno u otro sentido.

Figura 4.34. Ejemplo de transmisión de un panel por accionamiento mecánico.

Ejemplo. Motor a 1.000 rpm.
Potencia del motor 100 W = 0,1 kW
Reductor 1.000/10 revoluciones

$$\text{Par motor: } M_m = \frac{9.550 \cdot P_m}{n_m} = \frac{9.550 \times 0{,}1}{1.000} = 0{,}955 \ \text{(Nm)}$$

Par a la salida del reductor:

$$M_r = \frac{9.550 \cdot P_r}{n_r} = \frac{9.550 \times 0{,}1}{10} = 95{,}5 \text{ (Nm)}$$

Se considera $P_m = P_r$ (no se tiene en cuenta el rendimiento del reductor)

Nota: *en una hora, el Sol avanza 15°, que es lo que tiene que girar el panel al seguir su trayectoria.*

Figura 4.35. Paneles que siguen la trayectoria del Sol en un eje.

Figura 4.36. Paneles que siguen la trayectoria del Sol en dos ejes.

h) Motorreductores

Los motorreductores (figuras 4.37 y 4.38) son equipos constituidos por un motor o elemento motriz, y un reductor, cuyo fin es adaptar la velocidad motriz a la velocidad que precisa la aplicación o máquina de que se trate. Pueden ser de dos tipos:

Respecto al eje de salida pueden ser: macho o hembra, según interese a la aplicación.

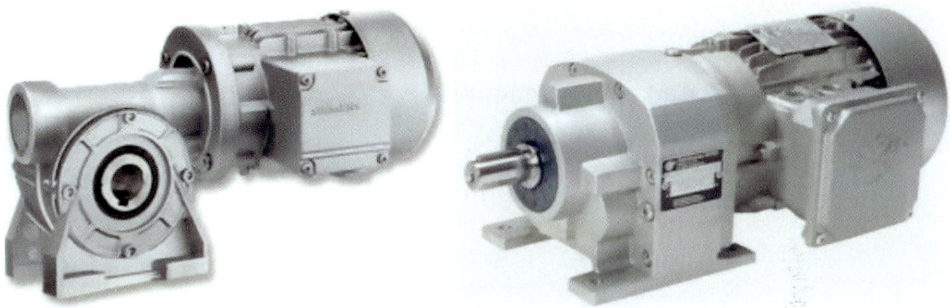

Figura 4.37. Motorreductores con diferente tipo de eje de salida.

Respecto a su conexión (motor/reductor), pueden ser:

Con motor acoplado directamente al reductor, o unidos por medio de un acoplamiento, como el que se representa en la figura 4.37 (derecha).

Figura 4.38. Motorreductor. El motor está acoplado al reductor (izquierda) y motor unido al reductor con acoplamiento intermedio (derecha).

- ***Características principales que definen el reductor:***
  - Tipo de motor (a brida o patas).
  - Tipo de arranque. Directo o con limitación de par en el arranque.
  - Con inversión de giro o sin inversión (reversible o no reversible). En nuestro caso deben ser reversibles.

- Tipo de reductor. Con acoplamiento directo al motor (brida), o unido al motor a través de un acoplamiento.
- Potencia mecánica del reductor (P_{mr}), en kW.
- Velocidad de entrada (n_m), la que le llega desde el motor.
- Velocidad de salida (n_r), en rpm.
- Relación de reducción (i); $i = n_m/n_r$.
- Par motor (M_m), en Nm, de entrada al reductor (el de salida del motor).
- Par reductor (M_r), en Nm, medidos en el eje de salida (n_r).

- ***Fórmulas de cálculo:***

  - **Potencia solicitada por la máquina (P)**

$$P = \frac{F \cdot v}{1.000 \cdot \eta_m} \quad \text{(kW)}$$

$$P = \frac{M \cdot n}{9.550 \cdot \eta_m} \quad \text{(kW)}$$

F – Fuerza (peso, fricción), en N.
v – Velocidad lineal, en m/s.
η_m – Rendimiento de la máquina.
M – Par de giro de la máquina, en Nm.
n – Revoluciones del eje, en rpm.

  - **Relación de transmisión (i)**

$$i = \frac{n_r}{N_m}$$

N_m – Velocidad de salida del motor, en rpm (entrada al reductor).
n_r – Velocidad de salida del reductor, en rpm.

  - **Par motor (M_m)**

$$M_m = \frac{9.550 \cdot P}{n_m} \quad \text{(Nm)}$$

  - **Par reductor (M_r)**

$$M_r = i \cdot M_m = \frac{N_m}{N_r} \cdot M_m \quad \text{(Nm)}$$

***Nota:** a menor velocidad y con la misma potencia, mayor par.*

- *Potencia eléctrica del motor:*
  - *Potencia absorbida por un motor de CC (P_{am})*

$$P_{am} = \frac{U \cdot I}{1.000} \text{ (kW)}$$

  - *Potencia absorbida por un motor trifásico (P_{am})*

$$P_{am} = \frac{\sqrt{3} \cdot U \cdot I \cdot \cos\varphi}{1.000} \text{ (kW)}$$

  - *Potencia útil suministrada por el motor (P_{um})*

$$P_{um} = P_{am} \cdot \eta \text{ (kW)}$$

  - *Par suministrado por el motor (M_m)*

$$M_m = \frac{9.550 \cdot P_u}{n} \text{ (Nm)}$$

  - *Potencia útil que suministra el reductor (P_{ur}) y que llega a la máquina*

$$P_{ur} = P_m \cdot \eta_r$$

  - *Par suministrado por el reductor (M_r)*

$$M_r = M_m \cdot \eta_r \text{ (Nm)}$$

U – Tensión, en voltios (V).
I – Intensidad, en amperios (A).
cos φ – Factor de potencia.
M_m – Par motor, en Nm.
η_r – Rendimiento del motor.
P_m – Potencia del motor, en kW.
n_m – Velocidad del eje del motor, en rpm.
n_r – Velocidad del eje de salida del reductor, en rpm.

***Nota:** los motorreductores empleados para mover los paneles por grandes y aunque estos sean pesados, son de pequeña potencia, dado que los desplazamientos se hacen muy lentos. Durante la jornada de Sol, el panel avanza 15° por hora. Al final de la jornada, el panel volverá a la posición en la que inició la jornada.*

4.5.4. Montaje de módulos FV

a) Precaución en la manipulación de los módulos fotovoltaicos

Antes de comenzar el montaje o efectuar un determinado mantenimiento o inspección de los módulos fotovoltaicos, debemos leer con atención las "Instrucciones de instalación y mantenimiento" proporcionadas por el fabricante. En caso de no hacerlo, podemos encontrarnos con riesgos de accidente personales, y también, con riesgo de avería para los materiales.

Es obligatorio incluir un folleto de instrucciones y características (en la lengua oficial), junto con los materiales.

Debemos tener presente, que la manipulación de los sistemas fotovoltaicos requieren conocimientos especializados, particularmente para la instalación y el cableado de los módulos fotovoltaicos.

Este tipo de trabajo debe hacerlo personal cualificado y autorizado para efectuar este cometido.

b) Observaciones recogidas en el apartado 2.4 del capítulo 2

Repasar los temas tratados en el apartado 2.4 del capítulo 2 (Especificaciones metodológicas para el montaje de paneles), ya que complementa lo que se estudia en la materia que se refiere al montaje de módulos FV.

4.5.4. Realización de las canalizaciones eléctricas

Las canalizaciones tienen la finalidad de recoger los conductores eléctricos en un lugar que permita su fácil acceso y revisión, a la vez, que estén protegidos contra los efectos de la luz solar y la climatología en general.

Las canalizaciones serán diferentes según sea el lugar donde estén ubicadas, pudiendo ser:

- De obra civil.
- Tubos de hormigón.
- Tubos de PVC, flexibles o rígidos.
- Tubos metálicos aislados.
- Canaletas especiales.
- Bandejas metálicas o de plástico, abiertas o cerradas.

Las canalizaciones podrán estar enterradas o al aire, en el interior o en el exterior de edificios.

Figura 4.39. Tubos y canalizaciones para conductores eléctricos.

4.5.5. Realización de la instalación eléctrica

Se tendrán en cuenta las recomendaciones y advertencias que se recogen en el apartado 4.5.3, sobre la manipulación y el montaje y de los módulos FV.

Se aplicarán todas las consignas de seguridad determinadas para este trabajo, y se emplearán herramientas adecuadas.

Respecto al cableado:

Las sección de los conductores así como el color de su aislamiento y marcado se corresponderá con las especificaciones técnicas del dosier eléctrico.

No se hará ninguna rectificación o cambio de materiales que no sean aprobados por la dirección técnica del proyecto.

Toda modificación que pudiera hacerse se indicará sobre los planos eléctricos y especificaciones técnicas.

Cuando en un mismo lugar hay instalaciones de corriente continua (CC) con otras de corriente alterna (CA), separar convenientemente ambas corrientes. Lo mismo con los conductores correspondientes a señalización o comunicaciones.

Los polos positivos y negativos de cada grupo de módulos se conducirán separados y protegidos de acuerdo a la normativa vigente.

Los conductores serán de cobre y tendrán la sección adecuada para evitar caídas de tensión y calentamientos. Concretamente, para cualquier tipo de trabajo, los conductores deberán tener la sección suficiente para que la caída de tensión sea inferior del 1,5 %.

Los circuitos eléctricos tendrán el mínimo recorrido posible para evitar instalar conductores con gran sección o que se produzcan caídas de tensión importantes.

El cable deberá tener la longitud necesaria para no generar esfuerzos en los diversos elementos ni posibilidad de enganche por el tránsito normal de personas, o de elementos móviles.

Controlar en todo momento la polaridad correcta del circuito de CC.

Los cables sueltos o no fijados deben estar protegidos contra los daños mecánicos.

En la medida de lo posible, se evitará la exposición de los cables a la luz solar directa.

4.5.6. Cables eléctricos para instalaciones fotovoltaicas

Existen tramos diferentes dentro de las instalaciones fotovoltaicas en los que los conductores tendrán características especiales, por ser diferente el lugar, la corriente y la tensión, como es el caso de:

- Cables para el conexionado entre módulos y entre paneles.
- Cables para la instalación de BT en CC, entre paneles y cajas de conexión.
- Cables para la instalación de BT en CC entre cajas de conexión e inversor.
- Cables para la instalación de BT en CA entre inversor y transformador.
- Cables para la instalación entre en circuito secundario del transformador en MT y la conexión a la red eléctrica.
- Cables eléctricos para líneas aéreas.

En cada parte de la instalación se colocarán los cables con las características y sección que señales los planos y las especificaciones técnicas, así como los colores de su aislamiento y el marcado de los mismos. Los conductores se podrán alojar a la intemperie o dentro de tubos u canalizaciones adecuadas.

Características de los cables para instalaciones FV:

- Podrán ser rígidos o flexibles, cables de uno o varios conductores.
- Serán resistentes a las variables climatológicas.

  Cables para altas y bajas temperaturas con buena resistencia climática. Soportarán bien las radiaciones UV, ozono, frío, calor, humedad).

- Aptos para servicio móvil.

  En algunas partes del circuito (paneles móviles) serán flexibles, y especialmente aptos para servicios móviles.
- Larga vida útil. Se trata de instalaciones en las que el cableado puede trabajar en deficientes condiciones, pero que han de tener una larga vida útil.
- Aislamiento resistente a las fuerzas exteriores y los roedores.
- Otras características: los cables serán libres de halógenos, no propagadores de incendios y con emisión de humos y opacidad reducida.

4.5.6. Cálculo de la sección de los conductores y caída de tensión

a) Cálculo de la sección (S) y caída de tensión (e) para una línea de CC

Conocida la intensidad (I).

$$S = \frac{2\,L \cdot I}{\gamma \cdot e}$$

$$e = \frac{2\,L \cdot I}{\gamma \cdot S}$$

b) Cálculo de la sección (S) y caída de tensión (e) para una línea monofásica

Conocida la intensidad (I), en un circuito inductivo.

$$S = \frac{2\,L \cdot I \cdot \cos\varphi}{\gamma \cdot e}$$

$$e = \frac{2\,L \cdot I \cdot \cos\varphi}{\gamma \cdot S}$$

c) Cálculo de la sección (S) y caída de tensión (e) para una línea de CC

Conocida la potencia (P).

$$S = \frac{2\,P \cdot I}{\gamma \cdot e \cdot U}$$

$$e = \frac{2\,P \cdot I}{\gamma \cdot S \cdot U}$$

d) Cálculo de la sección (S) y caída de tensión (e) para una línea trifásica

Conocida la intensidad (I)

$$S = \frac{\sqrt{3}\, L \cdot I \cdot \cos\varphi}{\gamma \cdot e}$$

$$e = \frac{\sqrt{3}\, L \cdot I \cdot \cos\varphi}{\gamma \cdot S}$$

γ – Conductividad: 56 para el cobre (Cu), 35 para el aluminio (Al) y 8,5 para el hierro (Fe).
e – Caída de tensión en la línea, en voltios (V).
I – Intensidad total, en amperios (A).
L – Longitud de la línea, en metros (m).
P – Potencia activa, en vatios (W).
S – Sección del conductor de fase, en milímetros cuadrados (mm^2).
U – Tensión, (V) en voltios. Para corriente trifásica, es la tensión entre fases.

Ejercicio de aplicación. Determinar la sección de los conductores en cobre (γ = 56) de una línea de corriente continua cuya intensidad es de 30 A, la tensión de 48 V, la longitud 20 m y la caída de tensión no será superior al 1,5 %.

Caída de tensión (e):

$$e = \frac{U \cdot \%}{100} = \frac{48 \times 1{,}5}{100} = 0{,}72 \text{ V}$$

Sección de los conductores (S):

$$S = \frac{2\, L \cdot I}{\gamma \cdot e} = \frac{2 \times 20 \times 30}{56 \times 0{,}72} = 29{,}76 \text{ mm}^2$$

Por defecto, instalaríamos conductores de 25 mm^2.

e) Secciones normalizadas de conductores

1 - 1,5 - 2,5 - 4 - 6 - 10 - 16 - 25 - 35 - 50 - 70 - 95 - 120 - 150 - 185 - 240 - 300 (mm^2)

Figura 4.40. Conductores y cables eléctricos.

f) Color del aislamiento exterior de los conductores

Cables de la norma UNE 21031 y 211002 (450/750 V)/21123 (0,6/1 kV)

Código de colores: UNE 21089:2002 / HD 308 S2 2001

a) Sin conductor de protección.

Nº conductores	Color del aislamiento				
2	Azul	Marrón	-	-	-
3	Azul	Marrón	Negro	-	-
3	Gris	Marrón	Negro	-	-
4	Azul	Marrón	Negro	Gris	-
5	Azul	Marrón	Negro	Gris	Negro

b) Con conductor de protección (Amarillo/Verde).

Nº conductores	Color del aislamiento				
3	Azul	Marrón	Amarillo/Verde	-	-
4	Azul	Marrón	Negro	Amarillo/Verde	-
5	Azul	Marrón	Negro	Gris	Amarillo/Verde

c) En circuitos de corriente continua (CC).

Polaridad	Color
Positivo	Rojo
Negativo	Negro

Figura 4.41. Bobina con cable para instalaciones fotovoltaicas.

g) Cajas y armarios

Las conexiones de los conductores se realizarán dentro de cajas y armarios, que tendrán el grado de protección que corresponda al lugar donde se ubican. No es lo mismo trabajar en el exterior, soportando los efectos de la climatología, que en el interior de un local o edificio.

h) Grados de protección IP

Según norma UNE 20324, equivalente a la norma europea EN 60529

En este apartado se presentan las normas correspondientes al grado de protección IP de cajas, armarios y elementos eléctricos con carcasa (módulos fotovoltaicos), contra agentes exteriores como polvo, objetos, agua, gases, líquidos, etc., así como contra golpes e inclemencias del tiempo.

Ejemplo de protección para una caja marcada con IP66.

Esta caja está protegida por estanqueidad total contra el polvo, y protegida contra fuertes chorros de agua y contra la mar gruesa.

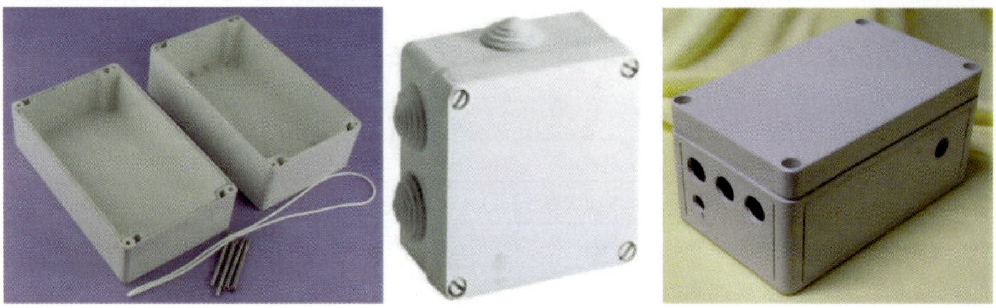

Figura 4.42. Cajas estancas de conexiones.

Tabla 4.6. Grados de protección para las envolventes
Según norma UNE 20324-94 (EN 60529/91).

Índices de protección IP: Tabla de referencia							
Primera cifra característica				Segunda cifra característica			
Protección frente a partículas sólidas			Grado de protección a partes peligrosas	Protección frente a partículas sólidas			Grado de protección a partes peligrosas
I.P.	Ejemplo	PRUEBAS		I.P.	Ejemplo	PRUEBAS	
0		No protegida	Sin protección	0		No protegida	Sin protección
1		Impide la penetración de una esfera de 50 mm de diámetro. Protege contra contacto accidental	Reverso de la mano	1		Protegida contra la caída vertical de gotas de agua	Goteo vertical
2		Impide la penetración de una esfera de 12 mm de diámetro	Dedos u objetos análogos	2		Protegida contra la cída de gotas de agua con una inclinación máxima de 15°	Goteo vertical con una inclinación máxima de la envolvente de hasta 15° con respecto a la posición normal
3	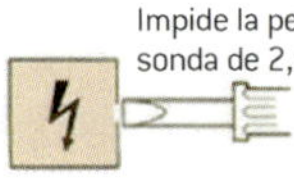	Impide la penetración de una sonda de 2,5 mm de diámetro	Herramientas	3		Protegida contra la lluvia fina (pulverizada)	Agua pulverizada (lluvia) con una dirección de hasta 60° con la vertical

Índices de protección IP: Tabla de referencia							
Primera cifra característica				Segunda cifra característica			
Protección frente a partículas sólidas			Grado de protección a partes peligrosas	Protección frente a partículas sólidas			Grado de protección a partes peligrosas
I.P.	Ejemplo	PRUEBAS		I.P.	Ejemplo	PRUEBAS	
4		Impide la penetración de una sonda de 1 mm de diámetro	Alambres	4		Protegida contra las proyecciones de agua, penetración limitada permitida	Proyección de agua en todas direcciones limitada
5		Protegida contra la penetración de polvo (acumulación no peligrosa)	Protección al polvo / Alambres	5		Protegida contra los chorros de agua, penetración limitada permitida	Agua proyectada con la ayuda de una boquilla en todas las direcciones
6		Estanqueidad total al polvo	Estanqueidad total al polvo / Alambres	6		Protegida contra fuertes chorros de agua o contra la mar gruesa	Fuertes chorros de agua o contra la mar gruesa en todas las direcciones
				7		Protegida contra los efectos de la inmersión entre 150 mm y 1 m	Inmersión temporal
				8		Protegida contra la inmersión prolongada a las profundidades especificadas	Inmersión prolongada en agua bajo las condiciones especificadas por el fabricante

i) Código IK

Sistema de codificación para indicar el grado de protección proporcionado por una envolvente contra los impactos mecánicos nocivos.

Se identifica mediante las siglas IK seguidas de una cifra de dos dígitos, representativa de la resistencia a una determinada energía de impacto que una envolvente puede soportar sin sufrir deformaciones peligrosas.

El grado de protección que garantiza el código IK se aplica a la envolvente en su totalidad. Si alguna parte de la misma tiene grado de protección diferente, debe indicarse por separado.

Tabla 4.7. Grado de protección IK contra impactos mecánicos.

Grado IK	IK00	IK01	IK02	IK03	IK04	IK05	IK06	IK07	IK08	IK09	IK10
Energía (J)	–	0,15	0,2	0,35	0,5	0,7	1	2	5	10	20
Masa y altura de la pieza de golpeo	–	0,2 kg 70 mm	0,2 kg 100 mm	0,2 kg 175 mm	0,2 kg 250 mm	0,2 kg 350 mm	0,5 kg 200 mm	0,5 kg 400 mm	1,7 kg 295 mm	5 kg 200 mm	5 kg 400 mm

4.6. Calidad en el montaje

De la calidad con que se realice el montaje, dependerá su comportamiento con el paso del tiempo.

Un buen montaje debe soportar (resistir) perfectamente el peso de los módulos y la propia estructura, el empuje del viento y el peso de la nieve.

Por otro lado, la aplicación de la calidad en el montaje, llevará a que se consigan otros resultados, como son:

- La no oxidación de los materiales por fallos de montaje.
- La conservación en el tiempo de los materiales.
- Soportar los esfuerzos originados por dilataciones y contracciones sin deformaciones permanentes.
- La correcta puesta a tierra de los materiales metálicos.
- Que los asientos y anclajes de las estructuras y soportes no cedan con el paso del tiempo.
- Que los módulos estén correctamente fijados.
- Que las cajas de conexiones permanezcan correctamente selladas.
- Que las impermeabilizaciones que se hayan realizado en los edificios no se vean afectadas con el paso del tiempo, de una forma irregular.

Control de calidad:

La calidad del montaje no es cosa de un momento, es la forma de trabajar a lo largo del montaje, y la mediremos con diferentes parámetros, como son:

- Capacidad profesional del personal que interviene en el montaje.
- Forma en que se realiza el trabajo.
- Medios utilizados (herramientas, aparatos de medida y control, manipulación, etc.).
- Aspecto general de los materiales montados.
- Estado de las piezas montadas (no raspadas, golpeadas o deformadas).
- Tornillería utilizada (tornillos, arandelas y tuercas), acero o acero inoxidable.
- Calidad de las soldaduras.
- Estado de la pintura de protección o de los tratamientos superficiales.
- Fijación y anclaje de las estructuras.
- Funcionamiento de las partes móviles.
- Limpieza de la zona.
- Reparaciones de las partes afectadas por el montaje (de forma especial, los aislamientos).
- Manera en la que se hace el montaje y fijación de los módulos fotovoltaicos.

Importante: Se desechará todo material que no reúna las condiciones de calidad exigidas.

Habrá una persona o equipo en obra, seguidor de la calidad.

Recepción de la instalación:

La instalación debe ser recepcionada por el cliente, que puede ser el contratista o el propietario de la instalación.

En toda recepción aparecen fallos que hay que subsanar de forma inmediata, para que la instalación pueda ser operativa lo antes que sea posible.

4.7. Pliegos de prescripciones técnicas

El Pliego de Prescripciones Técnicas (PPT) recoge las características generales y particulares de un determinado proyecto. Su extensión dependerá de la magnitud del mismo.

A continuación repasamos algunos de los apartados más significativos que entran en el PPT.

Capítulo 1

- Generalidades.
- Consideraciones generales.
- Consideraciones generales de ejecución de las obras.

Capítulo 2

- Materiales, ejecución, medición y abono de las Obras.
- Condiciones generales.
    1. Movimiento de tierras y demoliciones.
    2. Obras de fábrica y muros.
    3. Tuberías.

4 - Equipos electromecánicos y valvulería (si la hay).

Capitulo 3

- Mediciones y abono de las obras.
    1. Condiciones generales.
    2. Unidades de obra no incluidas en este pliego.
    3. Reserva para instalaciones especiales.
    4. Partidas alzadas.
    5. Obras que no son de abono.
    6. Normas complementarias de medición y abono.
    7. Certificaciones.
    8. Obras y materiales de abono en caso de rescisión de la Contrata.

Capítulo 4

- Control de calidad de las obras.
    1. Definición.
    2. Programa de control de calidad.
        - 2.1. Inspección y control de calidad por parte de la dirección de obra.
        - 2.2. Procedimientos. Instrucciones y planos.
        - 2.3. Control de materiales y servicios comprados.
        - 2.4. Manejo, almacenamiento y transporte.
        - 2.5. Procesos especiales.
        - 2.6. Inspección de obra por parte del contratista.
        - 2.7. Gestión de la documentación.
            1. Planes de control de calidad y programas de puntos de inspección.
            2. Abono de los costos del sistema de garantía de calidad.
            3. Nivel de control de calidad.

Respecto al montaje mecánico y a la instalación eléctrica:

Instalación mecánica

- Suministro de materiales.
- Dispositivos de manipulación.
- Acondicionamiento de la zona.
- Obra civil.
- Montaje de la estructura mecánica
- Montaje de los elementos auxiliares.
- Montaje de los módulos fotovoltaicos.
- Puesta a tierra de las estructuras metálicas.
- Inspecciones periódicas y finales.
- Control y seguimiento del montaje.
- Seguridad.
- Limpieza.
- Mantenimiento.
- Criterios de evaluación.

Instalación eléctrica

- Suministro de materiales.
- Montaje de módulos fotovoltaicos.
- Canalizaciones eléctricas.
- Conductores.
- Aislantes de conductores eléctricos.
- Tubos y canalizaciones para alojar conductores eléctricos.
- Cajas de empalme.
- Mecanismos y tomas de corriente.
- Aparamenta de mando y protección.
- Receptores a motor.
- Puestas a tierra.
- Inspecciones y pruebas en fábrica.
- Control.
- Seguridad.
- Limpieza.
- Mantenimiento.
- Criterios de medición.
- Trabajos mecánicos complementarios.

Pliego de condiciones:

Se denomina **Pliego de Condiciones** a un documento contractual, de carácter exhaustivo y obligatorio en el cual se establecen las condiciones o cláusulas que se aceptan en un contrato de obras, de montaje, de servicios, una concesión administrativa, etc.

Características de los Pliegos de Condiciones:

En un Pliego de Condiciones se indica cómo y con qué hay que hacer realidad los proyectos de obras y servicios que se contratan. En el Pliego que se concuerda y firma, contiene las relaciones que existirán y que tienen que cumplirse, entre el propietario y el ejecutor de cualquier proyecto, servicio o concesión administrativa. Este documento debe contener toda la información necesaria para que el proyecto llegue a buen fin de acuerdo con los planos constructivos del mismo, indica las condiciones generales del trabajo, la descripción y características de los materiales a utilizar, los planos constructivos, y la localización de la obra o servicio. También señala los derechos, obligaciones y responsabilidades de las partes que lo suscriben. Señala así mismo como se desarrollará el trabajo y como se resolverán los conflictos que puedan surgir.

Partes de un pliego de condiciones:

Normalmente los pliegos de condiciones de obras se dividen en varias partes, siendo las más usuales las siguientes:

Pliego de condiciones generales: esta parte del documento debe incluir la descripción general del contenido del proyecto, los criterios o aspectos normativos, legales y administrativos a considerar por las empresas que intervengan, listado de planos que componen el proyecto, etc. En España la normativa que se aplicaba en los Pliegos de Condiciones Generales era la norma UNE 24042 (ya no está en vigor).

Pliegos de especificaciones técnicas: dispone de dos apartados perfectamente diferenciados:

1. **Especificaciones de materiales y equipos**: deben estar bien definidos todos los materiales, equipos, máquinas, instalaciones, etc. que se utilizaran en el proyecto. La definición se hará en función de códigos y reglamentos reconocidos. Las especificaciones hacen referencia a Normas y Reglamentos nacionales tipo (UNE, Normas MOPU, NBE, etc.) o internacionales (DIN, ISO, etc.).
2. **Especificaciones de ejecución**: en este apartado del Pliego se hace cons-

tar cómo será realizado el proyecto, es decir, su proceso de fabricación o construcción a partir de los materiales que serán utilizados.

Pliego de cláusulas administrativas: en este apartado del Pliego se determina la forma de medir las partes ejecutadas del proyecto, valorarlas y pagarlas.

4.7.1. Índice de una memoria y pliego de condiciones

El presente documento se divide en cinco partes y tres anexos:

1. Memoria.
2. Cálculos.
3. Presupuesto.
4. Pliego de Condiciones.
5. Estudio básico de seguridad y salud.

ANEXO 1. Condiciones de seguridad a llevar a cabo en los trabajos correspondientes a las obras en instalaciones eléctricas.

ANEXO 2. Punto de conexión.

ANEXO 3. Planos.

El índice es muy amplio y en él se recogen todos los datos de la instalación (cuantos más, mejor). Para no hacerlo demasiado amplio, se hacen solamente algunas indicaciones en letra cursiva.

1. MEMORIA

1.1. ANTECEDENTES Y OBJETO DEL PROYECTO
Objetivos que se quiere conseguir con el Proyecto partiendo de una situación determinada.

1.2. TITULAR DE LA PLANTA
Datos del titular, su domicilio y CIF.

1.3. EMPLAZAMIENTO
Lugar y dirección donde se vaya a realizar la instalación, así como referencia catastral de la Parcela (la que corresponda).

1.4. NORMATIVA
Relación de la normativa sobre la que se apoya el proyecto.

1.5. DURACIÓN DE LA OBRA
Tiempo previsto de duración de la obra.

1.6. CARACTERÍSTICAS DE LA INSTALACIÓN

1.6.1. Previsión de potencias

1.6.2.1. Generador fotovoltaico

1.6.3. Estructura

1.6.4. Inversores

1.6.5. Elementos de protección, maniobra y medida

1.6.6. Cableado y línea general

1.6.7. Toma de tierra

1.6.8. Punto de conexión

1.7. SERVICIOS URBANISTICOS

Si la edificación sobre la que se ubica la instalación posee todos los servicios urbanísticos, o si necesita suministro eléctrico y otros.

2. CÁLCULOS

2.1. CÁLCULOS JUSTIFICATIVOS

Dimensionado y características de los conductores.

2.2. RESUMEN DE CARACTERÍSTICAS DE LA INSTALACIÓN

- *Utilización..Generación fotovoltaica*
- *Superficie útil total..m²*
- *Tensión en alterna..3x400 V a 50 Hz*
- Línea general..Sección, material y tensión de aislamiento.
- *Equipo de medida..Bidireccional o equivalente.*
- *Protecciones..Fusibles de 11 A y PIAs + Diferencial 300 mA.*
- *Toma de tierra..Independiente.*
- Resistencia de difusión.. Inferior a X ohmios.
- *Aislamiento de la instalación..Superior a X MΩ.*
- *Potencia nominal..W*
- *Potencia máxima CA..W*

2.3. CÁLCULO DE LA PRODUCCIÓN ANUAL ESTIMADA

Descriptivo de las características del lugar y lo que se refiere a la atmósfera, condiciones solares durante el año, etc.

Ejemplo de estimación de generación de electricidad fotovoltaica:

- *Tecnología fotovoltaica: Silicio Monocristalino*
- *Potencia pico instalada: 60.500 Wp*
- *Inclinación de módulos: 10º*
- *Orientación de módulos: 0º SUR - ESTE*
- *Localización: 37º 58' 59" N 1º 13' 14" W*
- *Elevación: 74 m.s.n.m.*
- *Pérdidas por temperatura: 10,2 %*
- *Pérdidas por reflectancia angular: 2,2 %*
- *Otras pérdidas (inversor, cables, etc.): 18 %*
- *Total pérdidas combinadas de sistema: 30,4*

Ejemplo de tabla con las producciones estimadas diarias, mensuales y anuales

Meses	kWh/día	kWh/mes	Meses	kWh/día	kWh/mes
Enero	125	3.880	Julio	266	8.230
Febrero	154	4.310	Agosto	240	7.430
Marzo	200	6.200	Septiembre	208	6.250
Abril	223	6.680	Octubre	169	5.250
Mayo	254	7.870	Noviembre	121	3.620
Junio	265	7.940	Diciembre	112	3.470

MEDIA ANUAL (ejemplo): 195 kWh/día, 5.928 kWh/año.

PRODUCCCIÓN ANUAL:

***BALANCE ENERGÉTICO** (ejemplo):*

3,90 horas x 50 kW = 195 kWh/día
195 kWh/día x 365 días = 71.175 kWh/año
0,32 €/kWh x 71.175 = 22.776 €/año

BALANCE MEDIOAMBIENTAL

Cantidades que se dejan de emitir a la atmósfera:

CO_2 (Tm)	SOx(kg)	NOx(kg)
xxx	xxx	xxx

***TOTAL CORREGIDO SEGÚN P.R.O.P.** 195*

Energía diaria generada (kWh/día).
Energía total generada (kWh).
Prima económica si la hay (€).
Radiación diaria media (kWh/día).

3. PRESUPUESTO

Se detallarán las diferentes partidas y el costo total de la instalación.

4. PLIEGO DE CONDICIONES

4.1. CARACTERÍSTICAS DE LA EMPRESA INSTALADORA

4.2 CALIDAD DE LOS MATERIALES

- 4.2.1. Conductores eléctricos
- 4.2.2. Conductores de protección
- 4.2.3. Identificación de los conductores
- 4.2.4. Canalizaciones
- 4.2.5. Cajas de empalme y derivación
- 4.2.6. Aparatos de mando y maniobra
- 4.2.7. Aparatos de protección
    - 4.2.7.1. Cuadros eléctricos
    - 4.2.7.2. Interruptores automáticos
    - 4.2.7.3. Fusibles
    - 4.2.7.4. Interruptores diferenciales
    - 4.2.7.5. Seccionadores
    - 4.2.7.6. Mecanismos y tomas de corriente
- 4.2.8. Elementos fotovoltaicos

4.3. ESTRUCTURA

La estructura para el soporte de los módulos se realizará en aluminio-magnesio y se fijará (por ejemplo) sobre cubierta de edificio. Toda la tornillería será de acero inoxidable, según normativa MV-106.

Las partes metálicas de la estructura estarán conectadas a la toma de tierra de la instalación.

Con ella se le dará al campo fotovoltaico una inclinación adecuada respecto de la horizontal para optimizar el rendimiento del mismo en función de la latitud del emplazamiento, en este caso esa inclinación será de 30º aproximadamente. Por la misma razón la orientación del campo será Sur sin ninguna desviación.

4.4. NORMAS DE EJECUCIÓN DE LAS INSTALACIONES

Las que corresponda.

4.5. VERIFICACIONES Y PRUEBAS REGLAMENTARIAS

Las establecidas para cada tipo de instalación.

4.6. CONDICIONES DE USO, MANTENIMIENTO Y SEGURIDAD

4.6.1. Mantenimiento

4.7. CONDICIONES DE SEGURIDAD

Las que correspondan a la obra a realizar.

4.8. CERTIFICADOS Y DOCUMENTACIÓN

Al finalizar la instalación, el técnico autor del proyecto de instalación, emitirá un certificado donde se acredite que toda la instalación se ha realizado de acuerdo con el correspondiente proyecto. Igualmente, si se hubiera realizado alguna modificación, por razones que el técnico responsable hubiere considerado oportunas sobre el proyecto original, éste lo hará constar mediante certificado.

Todo ello de acuerdo con los modelos en vigor que dictamine la Dirección General de Industria, Energía y Minas.

4.9. LIBRO DE ÓRDENES

Durante la ejecución de la presente instalación, el técnico director de la instalación, llevará un libro de órdenes debidamente registrado, donde anotará las órdenes y observaciones realizadas al instalador durante las preceptivas visitas de supervisión efectuadas a la instalación durante su ejecución.

Con lo expuesto y a la vista de los planos que se acompañan, considera el técnico que suscribe haber descrito las instalaciones de referencia.

4.10. LIBRO DE MANTENIMIENTO

5. ESTUDIO BÁSICO DE SEGURIDAD Y SALUD

5.1. ANTECEDENTES, OBJETO Y JUSTIFICACIÓN

5.2. DISPOSICIONES LEGALES DE APLICACIÓN

5.3. CONDICIONES AMBIENTALES

5.4. CARACTERISTICAS GENERALES DE LA OBRA

5.4.1. Descripción de la obra y situación

5.4.2. Suministro de energía eléctrica

5.4.3. Suministro de agua potable

4.8. Documentación técnica del trabajo. Informes

Como venimos estudiando, para la ejecución de un montaje es necesaria una documentación sobre la que nos basaremos en el momento de realizar el trabajo de montaje, tal como se indica a continuación. Cuanta más información se tenga, tanto mejor para conseguir los objetivos de calidad y trabajo bien realizado.

- Cuaderno de Cargas (descriptivo en detalle de todo el Proyecto).
- Cuaderno de Especificaciones Técnicas (descriptivo de las características técnicas de los materiales y de su forma de instalación y montaje).

  Copia de los pedidos de materiales (un pedido de suministro se acompaña con un descriptivo, donde se recogen las especificaciones y características del mismo, así como los plazos de suministro y garantías exigidas).
- Dosier Técnico (planos de la obra civil, planos constructivos, planos de detalle, planos de implantación del montaje, planos de montaje de estructuras y soportes, planos o instrucciones del montaje de módulos FV).

- Listado de materiales (el listado de materiales es una herramienta imprescindible para llevar un montaje con fluidez, controlando la recepción de los mismos y su disponibilidad en el momento de su montaje).
- Toda la información proporcionada por los fabricantes de los materiales.
- Planning de ejecución (los plazos de suministro de materiales se ajustarán a las fechas de montaje para que no se originen paradas.

Informes

Con el período que se establezca (diario, semanal, quincenal y mensual) se pasará un informe a la Dirección Técnica de la obra en el que se recoja la marcha e incidencias ocurridas en el montaje, con varios objetivos:

- Que haya una constancia escrita.
- Que se indique la situación de la marcha de los montajes de acuerdo con el Planning.
- Que se recuperen los retrasos que pudieran darse en la marcha del montaje.
- Que se listen las anomalías encontradas, para subsanarlas.
- Que se refuercen los medios humanos y técnicos que puedan necesitarse.
- Que se aceleren los suministros, si se produce un retardo.
- Que se corrijan las deficiencias en seguridad y se cumpla la normativa establecida.

4.9. Control de calidad de las labores de montaje

Las instalaciones se venden o suministran al cliente con unas garantías mínimas, para los aparatos eléctricos, módulos fotovoltaicos, estructuras y soportes y el acondicionamiento del lugar.

La calidad de un montaje está en muchos aspectos del trabajo, de los materiales, y la forma en que se ejecuta la obra, tal como se resume continuación:

- En la profesionalidad y competencia del personal que interviene en el montaje.
- En el conocimiento del trabajo que tiene que realizar.
- En la redacción de un buen Cuaderno de Cargas, que especifique con claridad y precisión todo o que hay que hacer en la instalación.
- En una buena Dirección Técnica de la obra.

- En el cumplimiento del Planning de ejecución.
- En un dosier Técnico bien ejecutado (planos de implantación, planos de despiece y planos de conjunto).
- En un completo Listado de Materiales.
- En el seguimiento de todas las indicaciones que puedan suministrar los fabricantes de materiales respecto a la forma y condiciones de montaje.
- En la correcta recepción y almacenado de los materiales en la obra.
- En desechar piezas y materiales que no se ajustan a las Especificaciones Técnicas, o no están en buenas condiciones, o están averiados o rotos.
- La Dirección de la Obra, llevará un Cuaderno de Seguimiento del Montaje, donde anote todas las incidencias relativas al mismo.

El control de la calidad debe ser continuo, aplicando las "reglas del arte" que corresponda para cada tarea que se realiza (preparación, movimiento de cargas, sujeción, ensamblado, apriete, nivelado, soldadura, colocación de módulos, acabado, retirada de sobrantes, etc.).

El control de la calidad se aplicará en todo momento, no hay que esperar que venga un técnico a comprobarlo, somos nosotros mismos, los que tenemos que trabajar en calidad.

Como podemos apreciar, la calidad de un montaje está en muchas cosas. Cuanto mejor preparado esté un proyecto, y más rigurosos seamos, más fácil será que se realice un montaje con la calidad exigida.

4.10. Herramientas de calidad para la mejora de las operaciones de montaje

Para el montaje de instalaciones se emplean diferentes herramientas, manuales y motorizadas que serán de buena calidad y estarán en correctas condiciones de utilización.

El mecánico montador y el electricista, deben tener unos conocimientos de las herramientas y utensilios que utilizarán en las diversas operaciones de montaje.

Las herramientas más utilizadas en los montajes son:

a) Herramientas manuales

- Herramientas y llaves de apriete para el montaje y desmontaje de elementos y conjuntos.

- Herramientas de sujeción y fijación.
- Herramientas de golpeo.
- Herramientas de corte.
- Utillaje diverso.

b) Herramientas motorizadas

Las herramientas motorizadas ayudan al montador a realizar las diferentes tareas y complementos a que da lugar el desarrollo de la marcha de un montaje. Podrán funcionar con electricidad o por presión neumática o hidráulica.

Entre las herramientas más utilizadas están las siguientes:

- Taladros.
- Amoladoras.
- Atornilladores.
- Martillos neumáticos.
- Pistolas para remachado.

c) Accesorios diversos

En este apartado se incluyen:

- Equipos de soldadura.
- Grupo electrógeno.
- Grupo compresor para alimentar a herramientas neumáticas.
- Eslingas y complementos para la manipulación de materiales.
- Medios de transporte y elevación.

d) Aparatos de medida eléctrica

Los aparatos de medida pueden ser analógicos (aguja) o digitales (numéricos).

Los principales aparatos utilizados son:

- **Amperímetro**

  Aparato para medir corriente continua (CC) y corriente alterna (CA).

  - La unidad de intensidad es: **Amperio** (A).
  - Múltiplo del amperio es: el kiloamperio (kA).
  - Submúltiplo del amperio es: el miliamperio (mA).
  - Aparato de medida: **Amperímetro**.

  El amperímetro se conecta en serie con la corriente a medir.

<table>
<tr><th colspan="2">AMPERÍMETRO</th></tr>
<tr><th>Aparato de medida</th><th>Conexión en el circuito</th></tr>
<tr><td>
</td><td>a) En un circuito monofásico.
b) En un circuito trifásico equilibrado.
c) En un circuito trifásico desequilibrado.
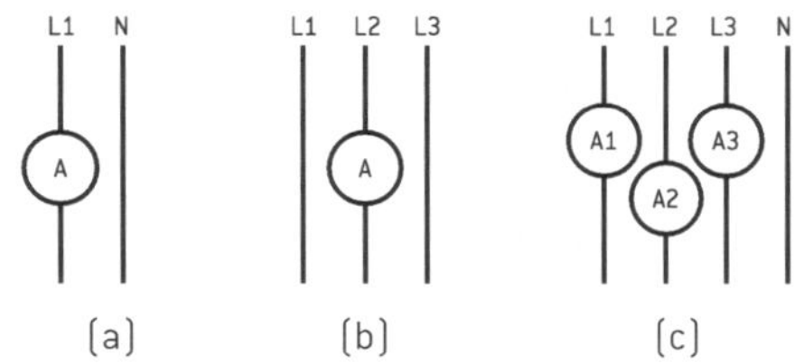
</td></tr>
</table>

Figura 4.43. Amperímetro y medida de la intensidad.

- **Voltímetro**

Aparato para medir corriente continua (CC) y corriente alterna (CA).

- La unidad de tensión es: **Voltio** (V).
- Múltiplos del voltio son: el kilovoltio (kV).
el megavoltio (MV).
- Submúltiplo del voltio es: el milivoltio (mV).
- Aparato de medida: **Voltímetro**.

El voltímetro se conecta en derivación con la corriente a medir.

<table>
<tr><th>Aparato de medida</th><th>Conexión en el circuito</th></tr>
<tr><td>
</td><td>a) En un circuito monofásico.
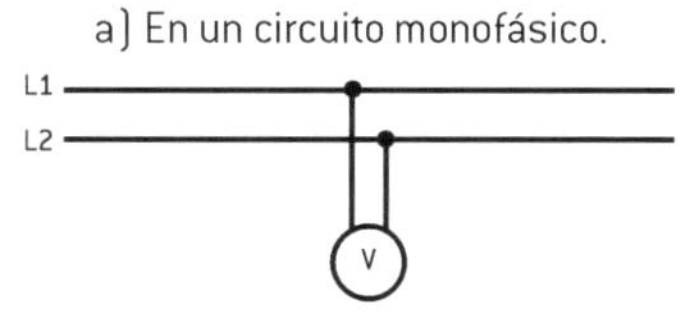

b) En un circuito trifásico.
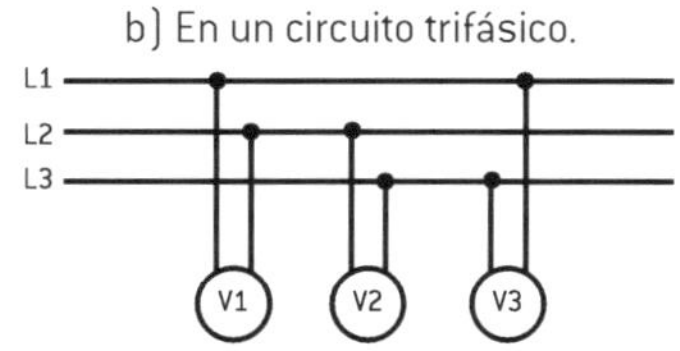
</td></tr>
</table>

Figura 4.44. Voltímetro y medida de la tensión.

- **Pinza amperimétrica**

  Permite la medida directa de la intensidad de corriente por inducción magnética, sin tener que conectar el aparato.

  Hay aparatos multifunción que permiten hacer diversas mediciones, por lo que se comportan como polímetros.

<table>
<tr><th>Aparato de medida</th><th>Conexión en el circuito</th></tr>
<tr><td>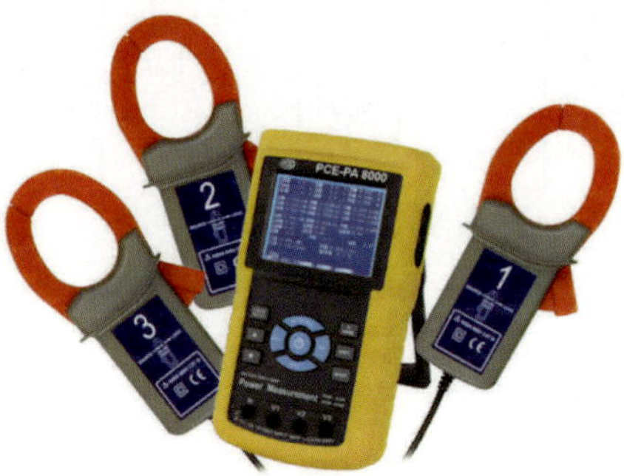
</td><td>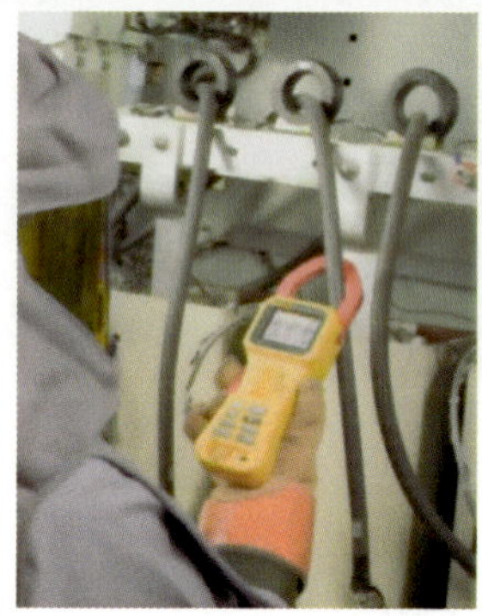</td></tr>
</table>

Figura 4.45. Pinzas amperímetricas y medida directa de la intensidad.

- **Frecuencímetro**

  Aparato que mide la frecuencia de las redes de corriente alterna (CA).

  La unidad de frecuencia es: Hercio (Hz).

  Las redes eléctricas de corriente alterna (CA) tienen una frecuencia de 50 Hz.

<table>
<tr><th>Aparato de medida</th><th>Conexión en el circuito</th></tr>
<tr><td>
</td><td>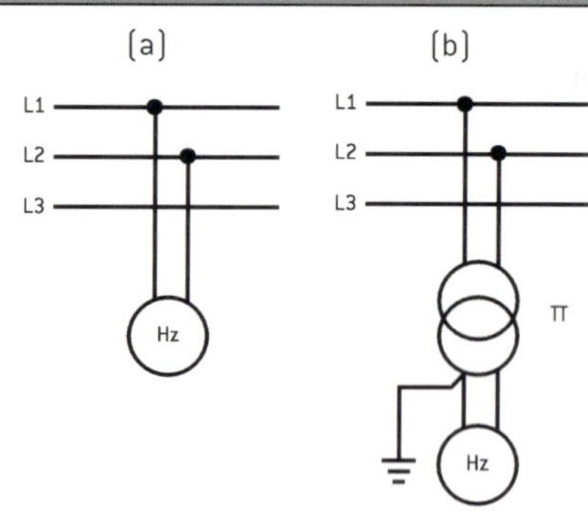

a) Conexión a baja tensión.
b) Conexión a alta tensión.</td></tr>
</table>

Figura 4.46. Frecuencímetro y medida de la frecuencia.

- **Polímetro**

  Aparato capaz de medir diversas magnitudes eléctricas y otras.

Aparato de medida	Conexión en el circuito
	Dependerá de la medida que se vaya a realizar, dado que los polímetros permiten realizar muchas mediciones de magnitudes diferentes, tales como: • Intensidad: CC (CD) y CA (AC) • Tensión: CC (CD) y CA (AC) • Frecuencia • Capacidad • Resistencia • Temperatura • Otras

Figura 4.47. Polímetro para efectuar diversas mediciones eléctricas.

- **Telurómetro**

Aparato con el que se mide la resistencia a tierra.

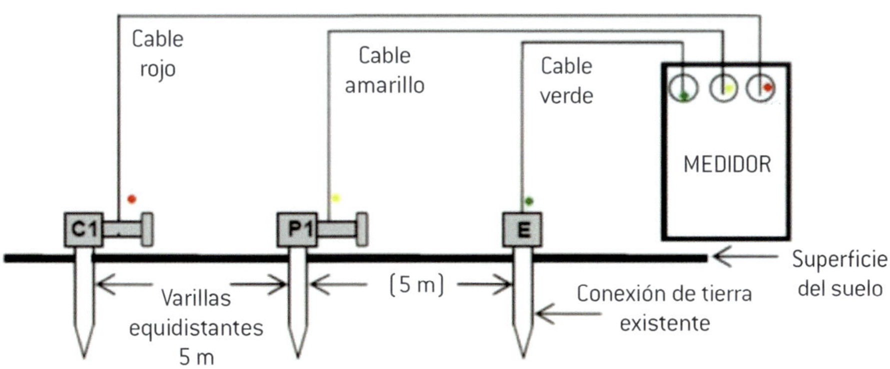

Figura 4.48. Distancia a que se colocan las picas para medir la resistencia a tierra.

e) Instrumentación solar:

Existen varios instrumentos para medir los parámetros solares:

- **Solarímetro o Piranómetro**

  Este instrumento mide la radiación solar total, y es muy usado. Mide la radiación semiesférica directa y difusa (global) que se mide sobre una superficie horizontal en un ángulo de 180º, obtenida a través de la diferencia de calentamiento de dos sectores pintados alternativamente de blanco y negro en un pequeño disco plano. Cuando el aparato es expuesto a la radiación solar, los sectores negros se vuelven más cálidos que los blancos. Esta diferencia de temperatura se puede detectar electrónicamente generándose un voltaje eléctrico proporcional a la radiación solar incidente. En la variación de la temperatura puede intervenir el viento, la lluvia y las pérdidas térmicas de la radiación al ambiente. Un piranómetro acondicionado con una banda o disco parasol, que suprime la radiación directa, puede medir la radiación difusa.

De acuerdo a las especificaciones de la OMM existen varias clases de piranómetros, los cuales son clasificados por la norma ISO 9060, en: patrones secundarios, de primera y segunda clase.

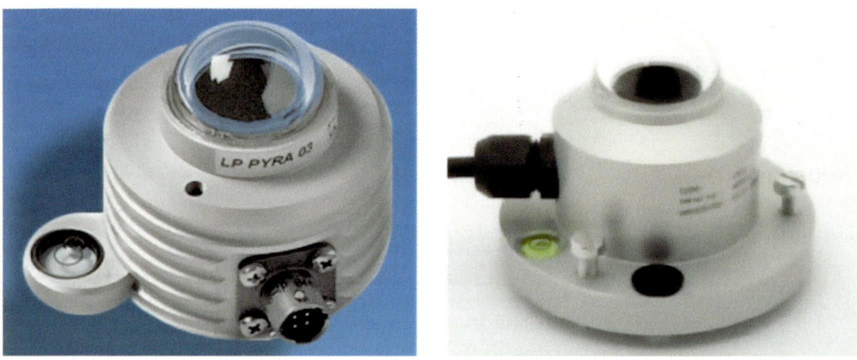

Figura 4.49. Piranómetros para medir la radiación solar total.

- **Heliógrafo**

  Este instrumental mide la insolación, que son las horas de sol brillante que tiene el día.

- **Actinómetro o pirheliómetro**

  Es el instrumento capaz de medir la radiación directa.

- **Medidor de radiación de energía solar**

  El medidor de radiación solar es un instrumento muy útil como medidor de la radiación de la potencia solar. Dependiendo del modelo, podremos medir la corriente, tensión y otros parámetros de la instalación. La medición de la intensidad de luz se efectúa a través de una célula solar de silicio monocristalino, siendo el parámetro más importante el que corresponde a la potencia P_{tot} (en W/m^2) que se puede leer directamente en pantalla. Puede disponer de un procesador integrado

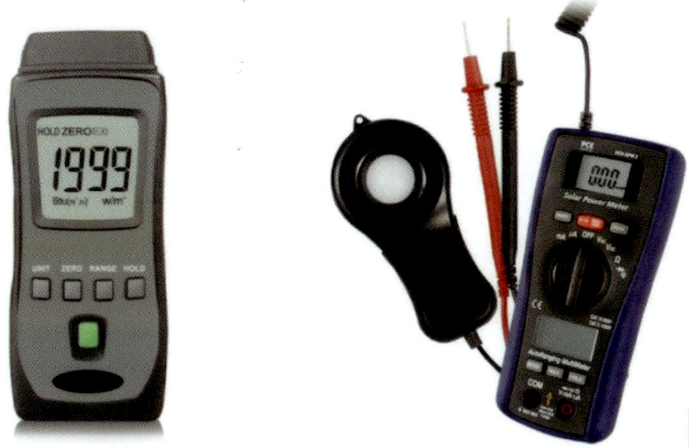

Figura 4.50. Medidores de radiación solar.

f) Aparatos de medida mecánica

En los montajes mecánicos se necesitan diferentes aparatos de medida para hacer las implantaciones, comprobar holguras, dimensiones de materiales, medidas de tornillos, agujeros, etc. A continuación estudiamos los principales aparatos de medida más utilizados.

- **Flexómetro y cintas de medida**

  Realizar medidas de longitud es una tarea que hace el montador de forma continua.

  Equivalencias de las principales unidades de medida:

  1 km (kilómetro) = 1.000 m (metros)

  1 m = 10 dm = 100 cm = 1.000 mm

  1 mm = 10 décimas = 100 centésimas = 1.000 milésimas

Figura 4.51. Aparatos de medida de longitud, flexómetro y cinta.

- **Calibrador o "pie de rey"**

  Es una de las herramientas de trabajo más empleadas por el mecánico y puede ser con nonius o con pantalla digital.

  Si el calibrador es de nonius la precisión de la medida puede ser:

  Con nonius de 9 mm dividido en 10 partes, precisión: 1/10 = 0,1 mm (1 décima).

  Con nonius de 19 mm dividido en 20 partes, precisión: 1/20 = 0,5 mm (1/2 décima).

  Con nonius de 49 mm dividido en 50 partes, precisión: 1/50 = 0,02 mm (2 centésimas).

- **Micrómetro palmer**

  Utilizado para realizar medidas de precisión para pequeñas medidas.

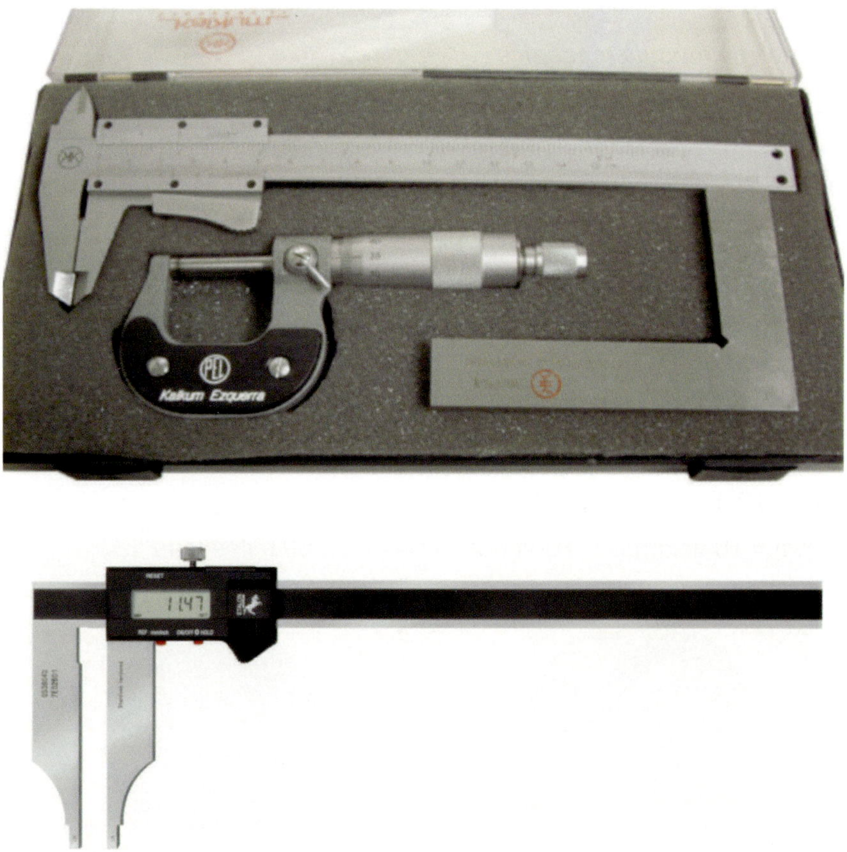

Figura 4.52. Calibrador, micrómetro y escuadra.

- **Niveles**

  Aparato muy empleado en los montajes mecánicos. Hay niveles de gran precisión.

Figura 4.53. Niveles de burbuja y digital.

- **Escuadras y reglas**

  Las escuadras pueden ser fijas o móviles (falsas escuadras).

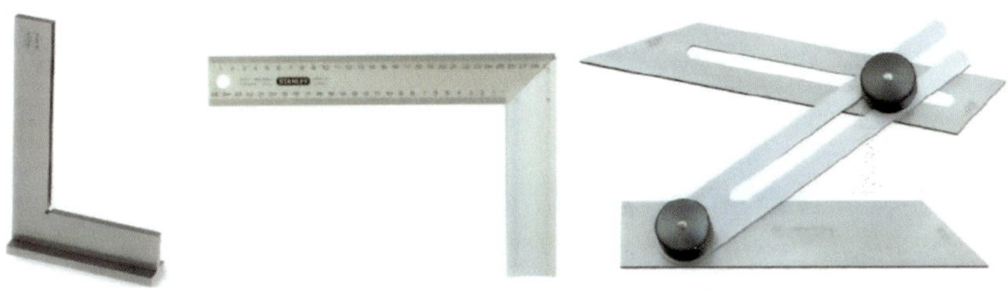

Figura 4.54. Escuadra de solapa, escuadra y falsa escuadra.

- **Láser**

  Se trata de un sistema de nivelación y trazado de ejes, de amplio campo de acción y precisión.

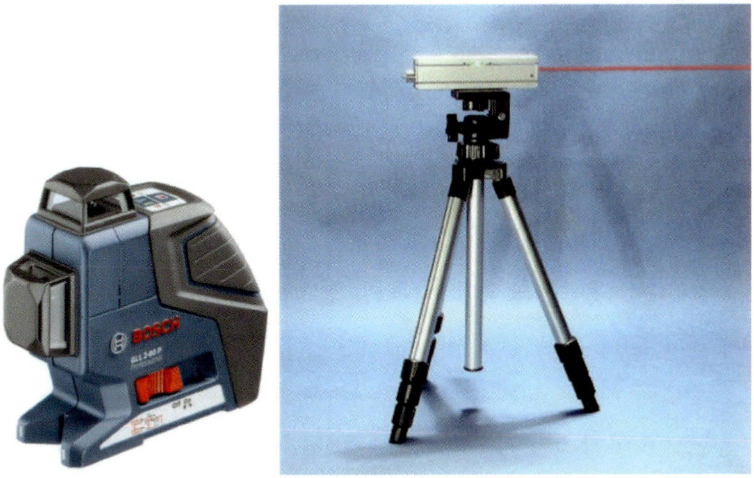

Figura 4.55. Niveles de precisión láser.

- **Dinamómetro**

  El apriete de ciertos tornillos debe hacerse a unos determinados valores, lo que se logra con llaves especiales que miden la fuerza de apriete.

  La fuerza se mide en newton (N) y decanewton (daN).

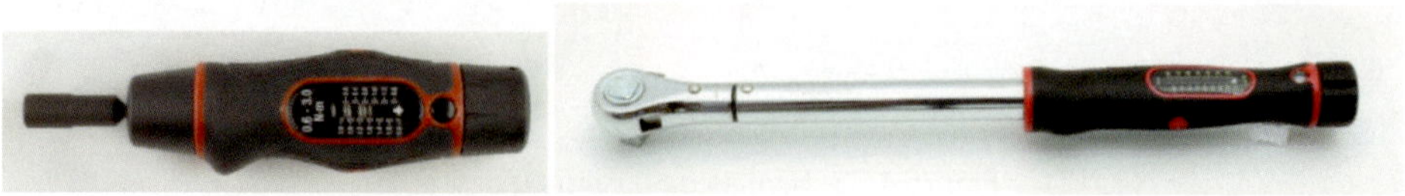

Figura 4.56. Llaves dinamométricas tipo destornillador y palanca.

- **Anemómetro**

  Con el anemómetro se mide la velocidad del viento.

  La velocidad del viento se mide en m/s y km/h.

Figura 4.57. Anemómetros para medir la velocidad del viento.

- **Termómetro e higrómetro**

  Con el termómetro se mide la temperatura ambiente donde están instalados los módulos fotovoltaicos y las baterías.

  Otro dato a considerar es el de la humedad del ambiente (higrómetro).

  La humedad se mide en % de humedad ambiental.

  La temperatura se mide en grados centígrados (°C).

  En el mundo anglosajón la temperatura se mide en grados Fahrenheit (°F).

Termómetro de máxima-mínima	Termo-higrómetro digital

Figura 4.58. Termómetro para escalas °F y °C y termómetro e higrómetro digital.

- **Brújula**

  La brújula sirve para comprobar la orientación de un punto geográfico, especialmente el Sur, para el hemisferio Norte, y el Norte, para los situados en el hemisferio Sur.

  El Norte Magnético Terrestre no coincide en la mayoría de las zonas del mundo con el Norte Geográfico, ambas direcciones forman un ángulo, que se denomina Declinación Magnética, que es diferente para cada lugar. En España, la Declinación varía entre 6° y 10° Oeste. Por lo tanto, para obtener el Norte Geográfico, tendremos que sumar al Norte Magnético, la Declinación.

Figura 4.59. Brújulas.

4.11. Redacción del manual de montaje y procedimientos de montaje

Cada instalación tiene unas características que les son propias. Difícilmente se pueden encontrar dos instalaciones iguales.

Para cada instalación se redactará el manual de montaje que corresponda con indicación de los procedimientos de montaje que le sean apropiados.

a) Manual de Montaje

El Manual de Montaje se realizará de acuerdo con todas las especificaciones técnicas que se puedan recopilar de un determinado Proyecto, y estará fundamentado en el dosier técnico, como son:

- Planning general de la instalación.
- Planos generales de implantación de la instalación.
- Planos constructivos de estructuras y soportes.
- Planos de montaje.
- Copia de pedidos relacionados con el montaje.
- Instrucciones de los fabricantes y proveedores.
- Nuestra experiencia en otros montajes.

A partir de toda esta documentación, estableceremos:

- Planning de montaje, cuanto más detallado, mejor.
- Descriptivo del montaje. Detalle del montaje y sus fases.
- Fluidos necesarios en la obra (electricidad, aire neumático, agua).
- Forma de acondicionamiento de la zona de trabajo.
- Estudio de la seguridad en la obra (personal y colectiva).
- Necesidades de equipamiento de personal.
- Medios de manutención e izado de materiales.
- Equipamiento de herramientas y máquinas necesarias para el montaje.
- Medios de verificación y control.

b) Procedimientos de montaje

La forma de ejecutar una instalación dependerá del tipo de instalación de que se trate, y en función de sus características, estableceremos los procedimientos que más convengan a cada tipo de instalación.

El manual de montaje tendrá en cuanta las dificultades que entrañe cada tipo de instalación, aunque básicamente se parezcan, cada lugar de instalación tiene sus particularidades que habrá que estudiar de forma especial.

Ya hemos visto, que no es lo mismo montar una pequeña instalación que otra de grandes dimensiones, aunque sean módulos repetidos, o montar una instalación sobre tejado de tejas cerámicas, que sobre superficie a nivel de suelo. Cada una aplica procedimientos y técnicas que le son propias.

Figura 4.60. Montaje de módulos fotovoltaicos.

4.12. Repaso de la materia estudiada

A continuación y a modo de repaso sobre la materia estudiada, se presentan una serie de preguntas con respuesta, que tienes que intentar responder correctamente, tapando la respuesta, para que puedas evaluarte sobre los conocimientos adquiridos.

Preguntas		Respuestas
1	¿Qué capítulo nos afecta de forma directa de la Ordenanza de Seguridad e Higiene en el Trabajo?	De forma especial, el Capítulo X, y de él, una serie de artículos.
2	¿Qué es un polipasto?	Es una máquina que está compuesta por dos o más poleas y una cuerda, cable o cadena que alternativamente va pasando por las diversas poleas de cada una de aquellas. Se utilizan para elevar cargas, aplicando una fuerza mucho menor que el peso que hay que mover
3	¿Qué está prohibido en las carretillas con uñas?	Subirse las personas a las uñas para realizar trabajos diversos o simplemente desplazarse.
4	Tipos de eslingas:	Tres tipos de eslingas: textiles (poliéster), de eslabones metálicos y de cables de acero.
5	Características que definen una eslinga:	1º. Tipo de cable empleado (composición, diámetro, resistencia/mm^2, protección, torsión, etc.). 2º. Longitud total L (incluida la de las gazas u ojales. 3º. Dimensiones interiores de las gazas. Ancho (a), largo (b). 4º. Tipo de confección de las gazas (con casquillo o cosidas y forradas a mano). 5º. Tipo de accesorios que le complementan (guarda cabos, ganchos, grilletes, tensores, argollas, etc.
6	¿Qué carga máxima soporta una eslinga textil de color rojo?	5 toneladas (5.000 kg).

7	Principales medios de elevación:	• Poleas. • Grúas-torre. • Montacargas. • Polipastos manuales y motorizados. • Grúas-camión. • Elevadores para obras.
8	Tipos de polipastos:	Manuales y motorizados.
9	Determinar la fuerza a realizar para elevar una carga de 500 kg, si empleamos un polipasto cuya polea mayor tiene un radio de 140 mm y el radio de la polea menor es de 110 mm.	53,57 kgf
10	¿Qué son ganchos de seguridad?	Ganchos de seguridad son aquellos que tienen una lengüeta que impide la salida involuntaria de la eslinga, cable o cadena.
11	¿Quién debe dirigir los trabajos de izado?	Una persona experta y preparada para este fin.
12	¿Con qué se mide la tensión eléctrica?	Con un voltímetro
13	Con un calibrador que tiene nonius de 10 divisiones, ¿cuál es la precisión de la medida?	Con nonius de 9 mm dividido en 10 partes, precisión: 1/10 = 0,1 mm (1 décima).
14	Para pequeñas medidas de precisión el mecánico utiliza:	• Calibrador o "pie de rey". • Micrómetro o palmer.
15	¿Qué mide un solarímetro o piranómetro?	Este instrumento mide la radiación solar total.
16	¿Qué es un polímetro?	Un aparato con el que se miden diversas magnitudes eléctricas: tensión, intensidad, resistencia, frecuencia, capacidad, etc.
17	¿Qué son los módulos fotovoltaicos?	Son generadores eléctricos fotovoltaicos (FV) que están constituidos por un determinado número de células fotovoltaicas. Los módulos FV generan electricidad en forma de corriente continua (CC), directamente a partir de la luz solar.
18	¿Para qué utilizamos la brújula?	Para posicionar los paneles fotovoltaicos en orientación Sur.
19	**¿Qué es el Pliego de Prescripciones Técnicas?**	El Pliego de Prescripciones Técnicas (PPT) recoge las características generales y particulares de un determinado proyecto. Su extensión dependerá de la magnitud del mismo.
20	Cita alguna herramienta motorizada:	• Taladro. • Radial. • Atornillador. • Martillo neumático.
21	¿Qué fluidos se utilizan en este tipo de obras?	• Electricidad. • Aire neumático. • Agua.

22	Tipos de canalizaciones eléctricas:	• De obra civil. • Tubos de hormigón. • Tubos de PVC, flexibles o rígidos. • Tubos metálicos aislados. • Canaletas especiales. • Bandejas metálicas o de plástico, abiertas o cerradas.
23	¿Para qué se les da movimiento a los paneles FV?	Para conseguir la perpendicularidad de los rayos solares a lo largo del día, y así, obtener mayor rendimiento (+40 %).
24	¿Por qué es necesario planificar un proyecto?	Para conseguir diferentes objetivos: • Cumplimiento de un Planning establecido. • Saber lo que hay que hacer en todo momento. • Determinar los medios humanos y materiales que son necesarios. • Establecer un plan de seguridad. • Determinar el método de montaje a utilizar. • Conseguir un óptimo nivel de calidad.

5. Puesta en servicio de instalaciones solares fotovoltaicas

Introducción

Una vez concluido el montaje (mecánico, eléctrico, complementos y limpieza) se procederá a realizar las pruebas de la instalación siguiendo el orden que se haya establecido.

Las instalaciones pueden ser aisladas de pequeña o media potencia, con acumulación de energía o sin ella, con suministro a receptores en corriente continua o en corriente alterna, o conectadas a la red eléctrica, siendo de mediana y gran potencia, y pudiendo a su vez, ser montajes con paneles fijos o móviles, de uno o dos ejes de seguimiento.

También hay instalaciones de generación fotovoltaica, que incorporan otros sistemas de apoyo (generación eólica y grupos electrógenos), que tienen una determinada forma de conexión al sistema.

Por tanto, cada tipo de instalación tendrá su problemática particular y a ella habrá que atenerse en el momento de realizar su fase de pruebas y puesta en marcha.

En toda instalación hay puntos críticos y mediciones concretas a realizar, tal como veremos en el desarrollo de este capítulo.

Las instalaciones que se conectan a la red eléctrica general, tienen una larga tramitación, como veremos a continuación, y en las que hay una componente administrativa, otra técnica y otra con la compañía a la que se conecta la instalación de generación eléctrica fotovoltaica.

La normativa en que se fundamentan los Proyectos y desarrollos de instalaciones FV es muy amplia, razón por la cual, no vamos a ponerlas todas, porque nos llevaría a dar un volumen desaconsejado para esta obra, y más teniendo en cuenta, que es la parte del montaje la que nos afecta. No entra la tramitación de la instalación, aunque consideramos muy importante su conocimiento, para que nos hagamos una idea clara sobre las exigencias de la normativa (Normas, Reglamentos, Reales Decretos, Leyes, Directivas Europeas), y las administraciones (Local, Autonómica y del Estado).

El electricista estará capacitado para emitir el Certificado de Instalación y de realizar todas las mediciones y ajustes que correspondan.

En la fase de pruebas y puesta en marcha se aplicarán las consignas de seguridad que correspondan a este tipo de instalaciones, teniendo en cuenta que se trabaja en bajas tensiones con corriente continua y corriente alterna, estas últimas pueden ser muy elevadas, cuando se conecta la instalación a redes de media y alta tensión.

Al final de este capítulo se adjunta como anexo I, una Memoria de un Proyecto de instalación fotovoltaica. Su lectura es muy interesante porque resume lo que se ha estudiado en esta obra.

Gran panel con 126 módulos FV.

Contenido

5.1. Organización de las pruebas eléctricas

Como hemos leído en la introducción al principio de esta obra, los trabajos a realizar para efectuar las pruebas, son los siguientes:

- Organizar y controlar las pruebas de seguridad y funcionamiento y la puesta en servicio de las instalaciones solares fotovoltaicas, ajustando los equipos y elementos de regulación y control, asegurando las condiciones de funcionamiento establecidas de acuerdo con la siguiente forma de proceder.

    1. El plan de prueba para la puesta en servicio de la instalación solar fotovoltaica se organiza y supervisa, garantizando la realización de las pruebas de seguridad reglamentarias y de funcionamiento que requiere la instalación y coordinando los procedimientos que se deben seguir y su secuencia.
    2. Todas las pruebas realizadas a las instalaciones cumplirán las prescripciones reglamentarias asegurando que los valores obtenidos se ajustan a los exigidos por la normativa de aplicación.
    3. El ajuste de los elementos de seguridad, protección y control de funcionamiento del sistema se coordinará y supervisará, asegurando que se realizan de acuerdo con lo especificado y con los requerimientos del proceso.
    4. Los sistemas de emergencias y de alarmas se supervisan verificando que responden a las situaciones de contingencias establecidas y en condiciones de eficacia.
    5. Los manuales de operación y mantenimiento se supervisan y se facilitan al usuario.

Clasificación de las instalaciones fotovoltaicas:

Las instalaciones solares fotovoltaicas conectadas a la red de baja tensión se clasifican desde el punto de vista de su tramitación administrativa en dos grupos:

a) Instalaciones de potencia nominal igual o inferior a 10 kW

Las solicitudes de autorización y registro de dichas instalaciones se tramitarán, previa la presentación de la correspondiente Memoria Técnica de diseño y del Certificado de Instalación Eléctrica en Baja Tensión, a los efectos de acreditar el cumplimiento del Reglamento Electrotécnico para Baja Tensión, aprobado por el Real Decreto 842/2002, de 2 de agosto (REBT).

b) Instalaciones de potencia nominal superior a 10 kW

Son instalaciones en las que la definición de sus características técnicas se efectuará por medio de un proyecto firmado por técnico titulado competente y visado por el Colegio Oficial correspondiente, y que exigirán para la puesta en servicio, además del Certificado de Instalación Eléctrica en Baja Tensión, la presentación de un Certificado de Dirección de Obra que garanticen la concordancia de la instalación con el proyecto presentado y su adaptación a la reglamentación vigente.

Recepción y pruebas:

Según PCT-A-REV-febrero 2009 (IDAE).

Instalaciones de Energía Solar Fotovoltaica.

Pliego de Condiciones Técnicas (PCT) de Instalaciones Aisladas de Red.

- El instalador entregará al usuario un documento-albarán en el que conste el suministro de componentes, materiales y manuales de uso y mantenimiento de la instalación. Este documento será firmado por duplicado por ambas partes, conservando cada una un ejemplar. Los manuales entregados al usuario estarán en alguna de las lenguas oficiales españolas para facilitar su correcta interpretación.
- Antes de la puesta en servicio de todos los elementos principales (módulos FV, inversores, contadores y otros) éstos deberán haber superado las pruebas de funcionamiento en fábrica, de las que se levantará oportuna acta que se adjuntará con los certificados de calidad.
- Las pruebas a realizar por el instalador, con independencia de lo indicado con anterioridad en este PCT, serán como mínimo las siguientes:
  - Funcionamiento y puesta en marcha de todos los sistemas.
  - Pruebas de arranque y parada en distintos instantes de funcionamiento.
  - Pruebas de los elementos y medidas de protección, seguridad y alarma, así como su actuación, con excepción de las pruebas referidas al interruptor automático de la desconexión.
  - Determinación de la potencia instalada, de acuerdo con el procedimiento descrito en el anexo I.
- Concluidas las pruebas y la puesta en marcha se pasará a la fase de la Recepción Provisional de la Instalación. No obstante, el Acta de Recepción Provisional no se firmará hasta haber comprobado que todos los sistemas

y elementos que forman parte del suministro han funcionado correctamente durante un mínimo de 240 horas seguidas, sin interrupciones o paradas causadas por fallos o errores del sistema suministrado, y además se hayan cumplido los siguientes requisitos:

- Entrega de toda la documentación requerida en este PCT, y como mínimo la recogida en la norma UNE-EN 62466: Sistemas fotovoltaicos conectados a red. Requisitos mínimos de documentación, puesta en marcha e inspección de un sistema. Retirada de obra de todo el material sobrante.
- Limpieza de las zonas ocupadas, con transporte de todos los desechos a vertedero.

- Durante este período el suministrador será el único responsable de la operación de los sistemas suministrados, si bien deberá adiestrar al personal de operación.
- Todos los elementos suministrados, así como la instalación en su conjunto, estarán protegidos frente a defectos de fabricación, instalación o diseño por una garantía de tres años, salvo para los módulos fotovoltaicos, para los que la garantía mínima será de 10 años contados a partir de la fecha de la firma del acta de recepción provisional.
- No obstante, el instalador quedará obligado a la reparación de los fallos de funcionamiento que se puedan producir si se apreciase que su origen procede de defectos ocultos de diseño, construcción, materiales o montaje, comprometiéndose a subsanarlos sin cargo alguno. En cualquier caso, deberá atenerse a lo establecido en la legislación vigente en cuanto a vicios ocultos.

5.2. Ajuste de circuitos de control

Recordamos que hay varios tipos de instalaciones de generación eléctrica FV, que repasamos a continuación:

- Generación FV con salida directa a receptor.
- Generación FV con salida a regulador y receptores alimentados en CC.
- Generación FV con salida a regulador y receptores alimentados en CA, después de pasar la corriente por un inversor CC/CA.
- Generación FV con salida a regulador, acumulación de energía (baterías) y receptores alimentados en CC

- Generación FV con salida a regulador, acumulación de energía (baterías) y receptores alimentados en CA después de pasar la corriente por un inversor CC/CA.
- Generación FV con salida a inversor CC/CA, y suministro a una red eléctrica de baja o media tensión.

5.2.1. Aparatos básicos de las instalaciones FV

1. **Módulos fotovoltaicos**

   Transforman la radiación solar en energía eléctrica, en forma de corriente continua (CC), a tensión irregular. A más radiación solar, más producción de energía.

2. **Regulador**

   Recoge la energía producida por los módulos y estabiliza la tensión a un nivel predeterminado por el sistema de baterías (12, 24, 36 voltios...). Se encarga de la carga y descarga de las baterías y de su protección.

3. **Baterías de acumulación de la energía**

   Almacenan la energía para cuando no existe radiación solar. Es el componente más frágil de la instalación y el que más coste específico tiene, por ello hay que prestar especial atención a su calidad.

4. **Inversor de corriente CC/CA**

   Si queremos utilizar electrodomésticos y lámparas de alumbrado comunes, debemos modificar la energía del regulador (U_{CC} a 12, 24, 36...voltios) a la corriente normalizada que tengamos en un suministro público (U_{CA} a 230 voltios y f = 50 Hz).

5. **Convertidor CC/CC**

   Dispositivo que transforma corriente continua (CC) de un valor de tensión U_{CC} a otra U_{CC1}. Suelen ser reguladores de conmutación, dando a su salida una tensión regulada, en la mayoría de las veces con limitación de corriente.

6. **Transformadores de tensión**

   Transforman el valor de la tensión (CA) para elevarla o reducirla.

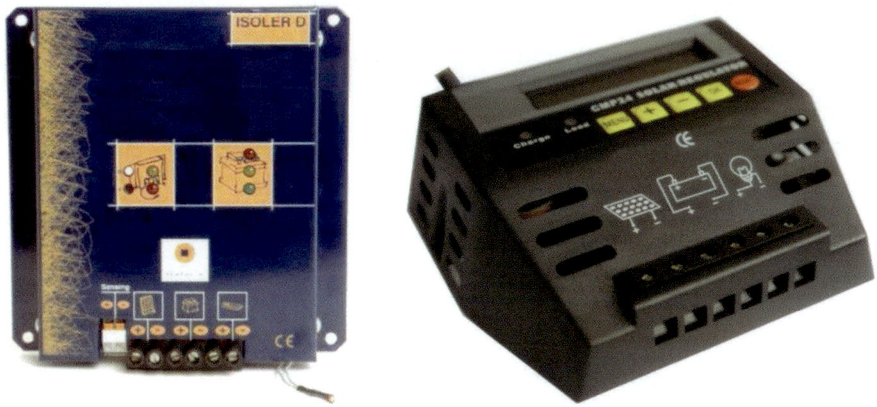

Figura 5.1. Equipos reguladores.

Figura 5.2. Equipo de acumulación de energía eléctrica (baterías).

5.2.2. Medidas, reglajes y control de los circuitos

Cada aparato y tipo de instalación tendrá unos parámetros de regulación que le son característicos, y que habrá que reglar y medir en la fase de puesta en marcha y periódicamente cuando esté establecido.

- Medida de la radiación solar.
- Medidas de los valores de generación de los módulos FV.
- Ajuste del regulador.
- Medida de tensiones de generación y de suministro.

- Medidas de corrientes continuas y alternas (intensidad).
- Ajustes del inversor (tensión (U) y frecuencia (f)).
- Frecuencia de suministro (50 Hz).
- Carga y descarga de las baterías.
- Regulación de los aparatos eléctricos de protección.
- Corrientes monofásicas y corrientes trifásicas.
- Lectura de contadores.

5.3. Control de puntos críticos

Los puntos críticos de una instalación fotovoltaica son:

- Los generadores fotovoltaicos (módulos FV).

  Conexiones, tensiones de salida, protecciones, caja de conexiones.
- El regulador

  Conexiones y ajustes.
- El equipo de acumulación.

  Conexiones, electrolito, aspecto exterior, mediciones varias.
- El convertidor (CC/CC).

  Conexiones y reglajes para el suministro de una determinada tensión en CC.
- El inversor (CC/CA).

  Conexiones y reglajes (tensión y frecuencia).
- El transformador (U_1/U_2).

  Tensión de entrada y salida. Aislamientos y puestas a tierra.
- Equipos y aparatos de protección.

  Descargadores de sobrecargas, fusibles, diodos, interruptores diferenciales, interruptores magnetotérmicos y especiales para este tipo de circuitos que pueden tener convertidores de frecuencia y tensión.

5.3.1. Análisis de puntos de control críticos

a) Respecto a la generación fotovoltaica

1. **Corriente de cortocircuito**

   Es la máxima corriente que puede entregar un dispositivo, bajo condiciones determinadas de radiación y temperatura, correspondiendo a tensión nula, y por lo tanto, a potencia nula.

2. **Tensión a circuito abierto**

   Máxima tensión que puede entregar un dispositivo, bajo condiciones determinadas de radiación y temperatura, y en condiciones de corriente nula y por lo tanto, potencia nula.

3. **Potencia pico**

   Es el máximo valor de potencia que puede entregar un dispositivo. Corresponde al punto en el que el producto (V · I = Potencia), es máximo.

4. **Corriente a máxima potencia**

   Corriente que entrega el dispositivo a potencia máxima, bajo condiciones determinadas de radiación y temperatura. Es utilizada como la corriente nominal del dispositivo.

5. **Tensión a potencia máxima**

   Tensión que entrega el dispositivo cuando la potencia alcanza su valor máximo, bajo condiciones determinadas de radiación y temperatura. Es utilizada como tensión nominal del dispositivo.

6. **Tensión máxima del sistema**

   Es la máxima tensión a la que pueden estar sometidas las células fotovoltaicas que componen el sistema.

7. **Efecto de la radiación sobre la intensidad y tensión**

   La intensidad de radiación solar hace variar la corriente de salida sea cual sea la tensión. La intensidad de corriente varía proporcionalmente con la radiación, mientras que la tensión se mantiene constante.

8. **Efecto de la temperatura sobre la intensidad y tensión**

   El aumento de la temperatura en el sistema supone una reducción de la tensión en forma directamente proporcional, produciéndose también un pequeño incremento de la intensidad para valores bajos de tensión.

   En lugares con altas temperaturas, el rendimiento del sistema será menor, cuanto mayor número de receptores se puedan alimentar con menor intensidad, lo que se consigue aumentando la tensión. A mayor tensión, mejor rendimiento.

Tabla 5.1. Ejemplo de características generales de módulos monocristalinos y policristalinos:

Tipología	Pmax	Vmax	Imax	Voc	Isc	Coef. Temp. Voc	Coef. temp. Isc	NOCT (/°C)	Toleran.	Vmax sistema	Largo (mm)	Ancho (mm)	Prof. (mm)	Peso (kg)
Monocr.	5W	17,4V	0,29A	21.6V	0,32A	-0,34 %	-0,037 %	45±2	±10 %	715V	216	306	18	0,8
Monocr.	20W	17,6V	1,14A	21.7V	1,26A	-0,34 %	-0,045 %	45±2	±10 %	715V	656	306	18	2,5
Monocr.	80W	17,5V	4,58A	21.9V	4,95A	-0,34 %	-0,037 %	45±2	±5 %	715V	1195	541	30	8,0
Monocr.	85W	17,8V	4,80A	22.2V	5,15A	-0,34 %	-0,045 %	45±2	±5 %	715V	1195	541	30	8,0
Policrist.	10W	17,4V	0,57A	21.6V	0,65A	-0,34 %	-0,037 %	45±2	±10 %	715V	310	368	18	1,5
Policrist.	30W	17,2V	1,74A	21.6V	1,94A	-0,34 %	-0,037 %	45±2	±10 %	715V	426	680	18	3,2
Policrist.	40W	17,4V	2,30A	21.8V	2,58A	-0,34 %	-0,045 %	45±2	±5 %	715V	537	665	30	4,5
Policrist.	45W	17,6V	2,58A	22.0V	2,79A	-0,34 %	-0,045 %	45±2	±5 %	715V	537	665	30	4,5
Policrist.	50W	17,4V	2,93A	21.8V	3,13A	-0,34 %	-0,045 %	45±2	±5 %	715V	631	665	30	6,4
Policrist.	55W	17,5V	3,14A	22.2V	3,34A	-0,34 %	-0,045 %	45±2	±5 %	715V	631	665	30	6,4
Policrist.	60W	17,4V	3,45A	21.6V	3,90A	-0,34 %	-0,045 %	45±2	±5 %	715V	771	665	30	6,2
Policrist.	65W	17,6V	3,69A	21.8V	4,11A	-0,34 %	-0,037 %	45±2	±5 %	715V	771	665	30	6,2
Policrist.	70W	17,8V	3,93A	22.0V	4,27A	-0,34 %	-0,037 %	45±2	±5 %	715V	771	665	30	6,2
Policrist.	130W	17,4V	7,47A	22.0V	8,09A	-0,34 %	-0,045 %	45±2	±5 %	1.000V	1482	676	35	12,0
Policrist.	135W	17,5V	7,71A	22.3V	8,20A	-0,34 %	-0,045 %	45±2	±5 %	1.000V	1482	676	35	12,0
Policrist.	140W	17,6V	7,95A	22.4V	8,33A	-0,34 %	-0,045 %	45±2	±5 %	1.000V	1482	676	35	12,0
Monocr.	190W	36,6V	5,20A	45.2V	5,62A	-0,34 %	-0,037 %	45±2	0/+5W	1.000V	1580	808	35	15,5
Monocr.	195W	36,6V	5,33A	45.4V	5,69A	-0,34 %	-0,037 %	45±2	0/+5W	1.000V	1580	808	35	15,5
Monocr.	195W	37,6V	5,19A	45.5V	5,52A	-0,29 %	-0,046 %	45±2	0/+5W	1.000V	1580	808	35	15,5
Monocr.	200W	37,9V	5,28A	45.7V	5,62A	-0,29 %	-0,046 %	45±2	0/+5W	1.000V	1580	808	35	15,5
Policrist.	205W	26,3V	7,8A	33.5V	8,23A	-0,34 %	-0,045 %	45±2	0/+5W	1.000V	1482	992	35	16,8
Policrist.	210W	26,4V	7,95A	33.6V	8,33A	-0,34 %	-0,045 %	45±2	0/+5W	1.000V	1482	992	35	16,8
Policrist.	220W	29,5V	7,46A	36.6V	8,05A	-0,34 %	-0,045 %	45±2	0/+5W	1.000V	1665	991	50	22,5
Policrist.	225W	29,6V	7,61A	36.7V	8,15A	-0,34 %	-0,045 %	45±2	0/+5W	1.000V	1665	991	50	22,5
Policrist.	275W	35,1V	7,84A	44.7V	8,26A	-0,34 %	-0,045 %	45±2	0/+5W	1.000V	1956	992	50	27
Policrist.	280W	35,2V	7,95A	44.8V	8,33A	-0,34 %	-0,045 %	45±2	0/+5W	1.000V	1956	992	50	27

b) Inversor / convertidor

Sistema de acondicionamiento de potencia

Los módulos fotovoltaicos generan corriente continua de intensidad proporcional a la irradiación incidente. Para que el sistema fotovoltaico pueda conectarse a la red existente, es necesario transformar esa corriente continua en corriente alterna de las mismas características (tensión y frecuencia) que la de la red eléctrica.

El dispositivo encargado de realizar esa transformación de corriente continua a corriente alterna, se denomina inversor (CC/CA).

Para realizar la conexión a la red se cumplirán las consideraciones técnicas referentes a protecciones y seguridad de acuerdo a la normativa vigente (RD 1663/2000), así como los requerimientos exigidos por la compañía eléctrica.

La conexión a la red de la instalación fotovoltaica de 100 kW será trifásica en media tensión utilizando un centro de transformación debidamente homologado.

Las pequeñas potencias se suministran a la red monofásica en baja tensión y las grandes potencias en corriente trifásica.

Para cada caso se tendrá en cuenta esta circunstancia en lo que se refiere a las condiciones de conexión.

Las grandes potencias requieren de una estación de transformación para elevar el valor de la tensión a la que tenga la red donde se conecta.

Los parámetros de control de una instalación conectada a la red, son:

A la salida del inversor:

- Tensión (U).
- Frecuencia (f).
- Comprobar regularidad de la corriente suministrada dentro de las tolerancias establecidas.

A la salida del transformador elevador:

- Tensión de la salida del transformador (U).
- Tensión de la red eléctrica (U).
- Frecuencia de salida (f).
- Frecuencia de la red eléctrica (f).
- Puestas a tierra.

Figura 5.3. Inversores CC/CA.

c) Elementos de medida

Los contadores se ajustarán a la normativa metrológica vigente y su precisión deberá ser como mínimo la correspondiente a la de clase de precisión 2, regulada por el Real Decreto 436/2004, por el que se aprueba el Reglamento para la aprobación de modelo y verificación primitiva de contadores de uso corriente (clase 2) en conexión directa, nueva, a tarifa simple o a tarifas múltiples, destinadas a la medida de la energía en corriente monofásica o polifásica (trifásica) de frecuencia 50 Hz.

5.3.2. Estudio de métodos de control

Sistema de monitorización:

El sistema de monitorización permite el control en tiempo real del funcionamiento de instalaciones de generación eléctrica de diferentes tecnologías, entre ellas, la energía fotovoltaica.

La monitorización se logra a base de equipos informáticos que permiten el control sobre las instalaciones fotovoltaicas.

La monitorización es una herramienta fiable, eficaz y de bajo coste de implantación que está diseñada para realizar un control estándar de la instalación, estableciendo unas reglas pre-normalizadas, basadas en experiencia.

La cantidad de datos y señales que se obtienen es amplia e importante, tales como:

- Estaciones Meteo (meteorológica).
- Contadores de medida en baja y media tensión.
- Centros de Distribución.
- Centros de Transformación.
- Protecciones del circuito de corriente alterna.
- Todos los Inversores.
- Analizadores de red.
- Cajas de monitorización String.
- Series (Strings).
- Sobretensiones.
- Panel a panel.
- Mantenimiento.
- Disponibilidad.
- Estadísticas.
- Gráficas.

5.4. Interconexión de la instalación de apoyo

Hay instalaciones de generación fotovoltaica que se quedan cortas, por alguno de los motivos que se relacionan a continuación:

- Diseño incorrecto al evaluar las necesidades reales de generación.
- Se ha aumentado la demanda por la incorporación de más receptores.
- Falta de capacidad de generación en época de invierno.
- Falta de generación debido a un período largo de inestabilidad atmosférica.
- Avería en alguno de los elementos de la instalación.
- Avería en el equipo de acumulación.
- Por otras circunstancias.

En estos casos de emergencia, lo normal es recurrir a otros medios alternativos de generación de electricidad, bien sea en el momento en que se necesita la energía, o apoyando a la instalación de generación FV, para que la energía pueda ser acumulada.

Los tres procedimientos de apoyo más utilizados son:

- Aerogenerador.
- Grupo electrógeno.
- Desde la propia instalación de distribución de energía.

Durante el día, los paneles fotovoltaicos se encargan de las necesidades energéticas y cargan las baterías. Si las baterías empiezan a agotarse, el equipo generador de apoyo se pone en marcha para cargar las baterías.

Los generadores de refuerzo pueden ser:

- **Dinamos** que generan corriente continua (la misma que los módulos fotovoltaicos).
- **Alternadores** que generan corriente alterna.

Las dinamos y los alternadores pueden ser accionados por:

- La fuerza del aire (aerogeneradores).
- Un motor de gasolina o gasoil (grupos electrógenos).

Antes de instalar un sistema eléctrico híbrido, es esencial que conozcamos para cubrir las necesidades, la energía que genera la central fotovoltaica y los recursos del lugar (viento).

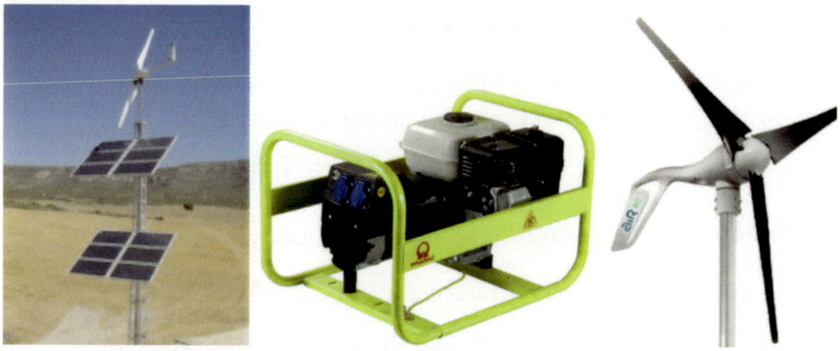

Figura 5.4. Instalación mixta (módulos FV y mini-aerogenerador), grupo electrógeno y aerogenerador.

5.4.1. Métodos de conexión

Hay equipos de apoyo que pueden producir electricidad en cualquier momento, siendo un complemento excelente de energía durante la noche o en los días nublados en los que los módulos solares FV reducen de una forma muy sensible su potencia de generación.

Otros equipos son de refuerzo, como es el caso de los aerogeneradores, que solo suministran energía, cuando hay viento en la zona.

Estas formas de generación de los equipos de apoyo, permiten realizar conexiones diferentes en la instalación de generación fotovoltaica, teniendo en cuenta del tipo de generador que se trate (dinamo o alternador) y la tensión de suministro. Podemos encontrar, grupos de apoyo que se conectarán en:

- Conexión directa al circuito de receptores.
- En conexión con el equipo acumulador (carga de baterías) a través del regulador.

  En las figuras 5.5 y 5.7 se representan los esquemas de dos formas de conexión diferentes de grupos de apoyo a una instalación de generación FV.
- Hay instalaciones con conexión a la red pública, que tienen la posibilidad de suministrar la energía sobrante que generan, y tomar de ella la que necesitan, cuando no hay generación por falta de luz solar.

a) Aerogenerador de apoyo

En este caso, el aerogenerador (dinamo) se utiliza como apoyo, para cargar las baterías, cuando hay viento en la zona.

No es una solución para alimentar al circuito cuando falta suministro desde el circuito fotovoltaico, dado que la intensidad del aire no es previsible.

La figura 5.5 representa un esquema de generación FV que incorpora el apoyo de un aerogenerador.

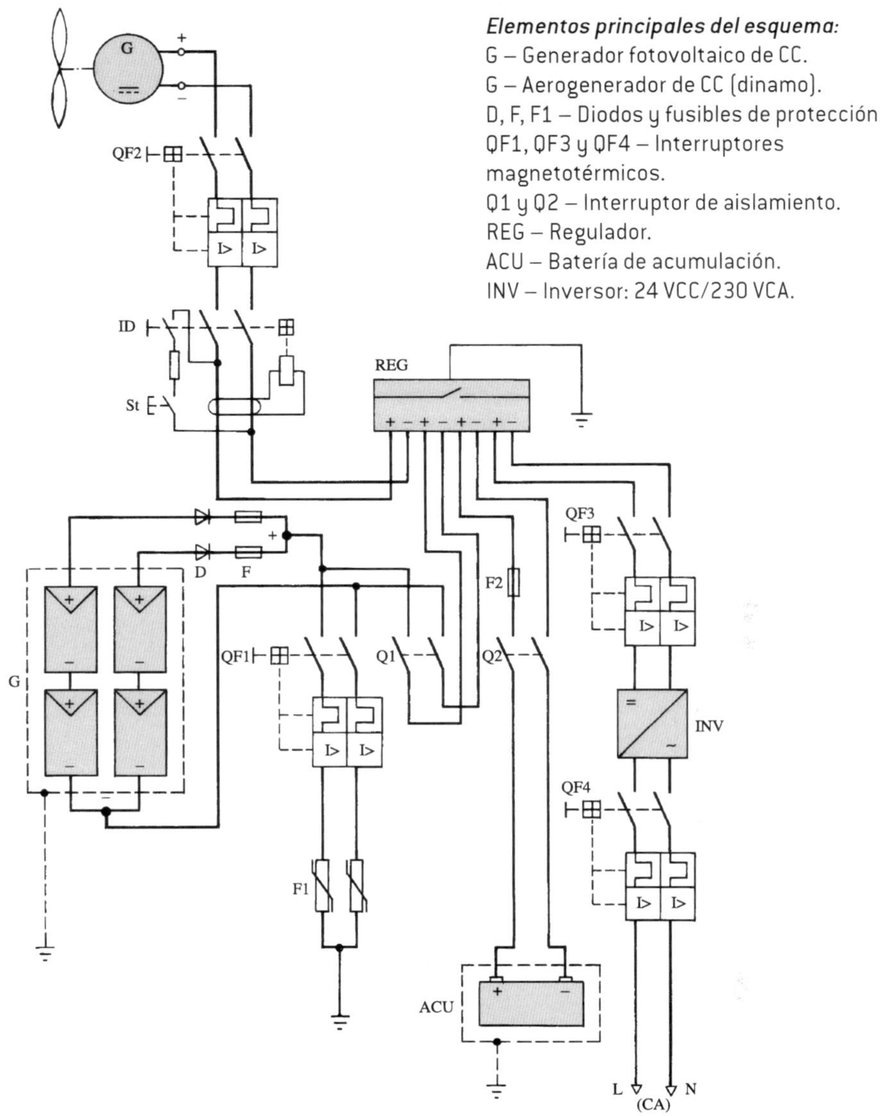

Figura 5.5. Instalación FV que incorpora un apoyo eólico.

b) Grupo electrógeno de apoyo

Otra alternativa para ayudar a las instalaciones FV, cuando su generación resulta insuficiente para cubrir la demanda de energía eléctrica, es la de ayudarse con un grupo electrógeno de generación de corriente continua o alterna, según casos. En instalaciones aisladas puede ser suficiente esta ayuda, en tiempo de invierno, días de nublado prolongado, o mayor demanda de energía por causas varias y puede dedicarse para alimentar directamente a los receptores o para cargar las baterías, y desde éstas, alimentar los receptores, caso del esquema de la figura 5.7.

Figura 5.6. Grupo electrógeno generador de electricidad con motor de gasolina a 3.000 rpm con equipo de regulación.

La figura 5.7 representa un esquema de generación FV que incorpora el apoyo de un grupo aerogenerador.

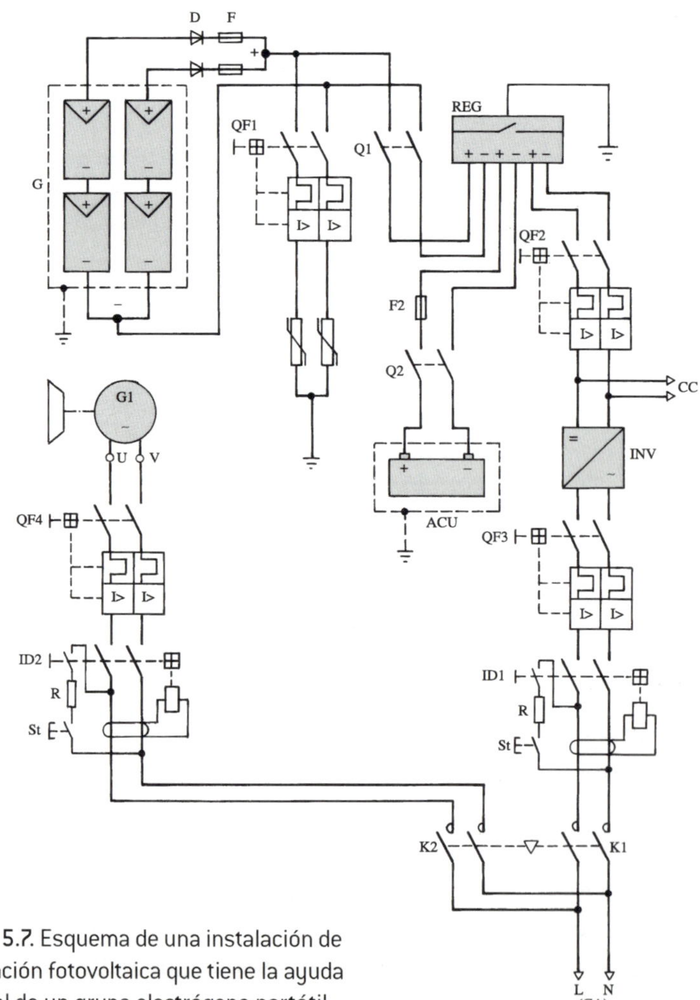

Figura 5.7. Esquema de una instalación de generación fotovoltaica que tiene la ayuda puntual de un grupo electrógeno portátil.

Elementos principales del esquema:

G – Generación fotovoltaica.
D – Diodo de protección.
F y F2 – Fusibles.
QF1 – Interruptor magnetotérmico del circuito de descarga de sobretensión.
Q1 y Q2 – Interruptores de aislamiento.
REG – Regulador.
ACU – Baterías de acumulación de energía.
CC – Salida a 24 VCC.
INV – Inversor 24 VCC/230 VCA.
QF2, QF3 y QF4 – Interruptores magnetotérmicos de protección.
ID1 e ID2 – Interruptor diferencial.
G1 – Grupo electrógeno (generador de CA).
K1 Y K2 – Contactores con enclavamiento para seleccionar el circuito que viene de la instalación FV, o el que viene del equipo de apoyo (grupo electrógeno).

5.4.2. Sistemas de control

El control de las instalaciones FV se realiza por medio de aparatos de medida adecuados, como son los sistemas de monitorización y comprobadores especiales.

El comprobador de PCE Instruments para instalaciones fotovoltaicas, permite una inspección de instalaciones fotovoltaicas según VDE 0126-23 o UNE-EN 62446.

Las principales medidas a realizar son:

- Medición de resistencia del conductor protector.
- Medición de tensión en vacío, módulo FV / fase FV.
- Medición de corriente de cortocircuito, módulo FV / fase FV.
- Medición de resistencia del aislamiento y prueba de funcionamiento mediante la medición de corriente.

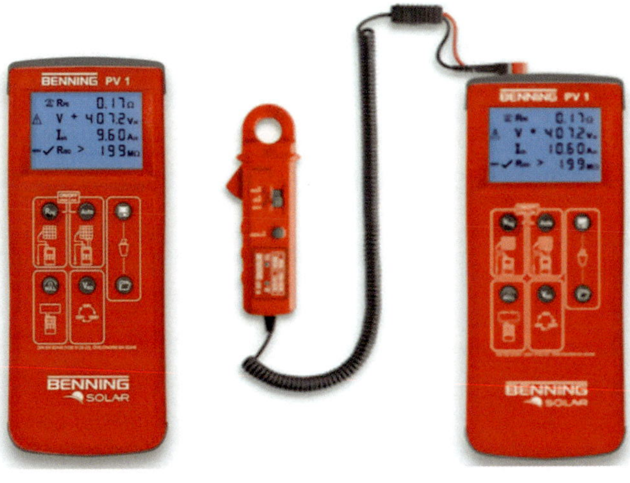

Figura 5.8. Comprobador de PCE Instruments para instalaciones fotovoltaicas.

a) Objeto y campo de aplicación:

La norma internacional VDE 0126-23 o UNE-EN 62446 define la información mínima y documentación requerida para ser entregada a un cliente tras finalizar una instalación FV conectada a red. Esta norma también describe las pruebas de puesta en marcha esenciales, criterios de inspección y documentación necesaria para verificar la seguridad de la instalación y correcta operación de un sistema FV. El documento puede ser utilizado también para realizar pruebas periódicas.

Este documento está destinado únicamente para sistemas de conexión a red y no para sistemas de CA sin conexión a la red, sistemas que utilicen almacenamiento de energía (por ejemplo baterías) o sistemas híbridos.

> **Nota:**
> Es de esperar que una información adicional y pruebas de puesta en marcha serán necesarias bajo determinadas circunstancias. Por ejemplo, grandes instalaciones comerciales.

Esta norma está destinada a diseñadores de sistemas y a instaladores de sistemas FV conectados a red, para ser utilizada como plantilla para proporcionar documentación efectiva al cliente. A base de detallar las pruebas esenciales de puesta en marcha y los criterios de inspección, esta norma también trata de dar respuesta a la verificación / inspección de sistemas conectados a red después de la instalación y para las posteriores inspecciones, mantenimientos o modificaciones.

b) Extracto del documento UNE-EN 62446

ÍNDICE

4.7. Resultados de las pruebas y datos de la puesta en marcha

5. VERIFICACIÓN

5.1. Generalidades

5.2. Generalidades

5.3. Inspección

5.3.1. Generalidades

5.3.2. Inspección de sistemas de CC

5.3.3. Protección contra sobretensiones / descarga eléctrica

5.3.4. Sistema CA

5.3.5. Etiquetado e identificación

5.4. Ensayos

5.4.1. Generalidades

5.4.2. Continuidad del la protección de tierra y / o red equipotencial

5.4.3. Ensayos de polaridad

5.4.4. Cadena fotovoltaica – Medida de la tensión de circuito abierto

5.4.5. Cadenas fotovoltaicas – Medidas de corriente

5.4.6. Ensayos funcionales

5.4.7. Ensayo de resistencia de aislamiento del generador FV

5.5. Informe de verificación

5.5.1. Generalidades

5.5.2. Verificación inicial

5.5.3. Verificaciones periódicas

ANEXO A. (Informativo) CERTIFICADO DE VERIFICACIÓN DEL MODELO

ANEXO B. (Informativo) MODELO DE INFORME DE INSPECCIÓN

5.5. Documentación técnica relacionada con la puesta en funcionamiento

5.5.1. ¿Qué es necesario para instalar energía solar fotovoltaica conectada a la red?

El promotor de una instalación fotovoltaica deberá conocer todas las implicaciones económicas que una instalación de este tipo lleva consigo. No solo es importante el desembolso inicial que hay que realizar, sino que el promotor de una instalación de este tipo tiene que informarse sobre el régimen fiscal que más le interesa, así como las mejores financiaciones que pueda obtener y otro tipo de aspectos económicos, técnicos y jurídicos.

Cuando se tengan claros estos conceptos hay que asegurarse de que el terreno donde se quieren instalar los módulos fotovoltaicos cumple con todo lo necesario, para lo cual habrá que valorar:

- La superficie debe ser adecuada. La superficie media que ocupan los paneles es de unos 100 m^2 por cada 10 kW de potencia instalada. A esto habrá que añadir la superficie libre entre las filas de paneles, para que no se den sombra.

- Además de la superficie, se tendrá en cuenta la orientación del terreno (la orientación óptima es la sur), que no existan obstáculos que den sombra a los paneles tales como árboles, construcciones…

- Hay que prever un punto para la descarga de energía eléctrica. Se buscará una línea eléctrica que esté próxima a la instalación. Este punto deberá fijarlo la empresa distribuidora y conviene que esté cercano al parque, ya que el promotor de la instalación se tiene que hacer cargo de esa línea de conexión. Cuanto más alejada esté, más costosa será.

Figura 5.9. Huerto solar fotovoltaico. Al fondo, el poste que lo conecta a la red eléctrica.

5.5.2. Trámites administrativos para la legalización de una instalación

Los complejos y numerosos trámites que hay que realizar para conseguir la puesta en marcha de una instalación solar fotovoltaica hay que tenerlos muy en cuenta, no solo por la dificultad, sino porque pueden dilatarse mucho en el tiempo, alargando la recuperación de la inversión.

Los trámites son los siguientes, en este orden:

1. Constitución de un aval bancario por una cantidad establecida según la potencia a instalar (50 €/kW para tipo I.1 y 500 €/kW para el resto).
2. Solicitud del punto de conexión (a la Empresa Distribuidora de Energía).
3. Redacción de la memoria (empresa instaladora o ingeniería).
4. Solicitud de licencia de obras (en el ayuntamiento de la localidad donde se vaya a instalar).
5. Inscripción provisional en el registro de productores de energías renovables en régimen especial (en la Consejería de la Comunidad Autónoma que corresponda). Para ello:
   - Memoria resumen de la entidad solicitante.
   - Memoria resumen de la instalación.
   - Evaluación cuantificada de la energía eléctrica que va a ser transferida en su caso a la red.

- Informe sobre punto de conexión emitido por la empresa distribuidora (R.D. 1663/2000).
- Documentación acreditativa del derecho a la utilización de los terrenos.

6. Inscripción en el registro de Preasignación de la retribución. Este paso es una novedad con respecto al anterior Real Decreto y es fundamental ya que de este registro dependerá la prima que corresponda a la instalación durante el funcionamiento de la misma.

7. Memoria de obra y legalización (al órgano encargado en cada municipio de la recalificación de terrenos).

8. Solicitud de puesta en marcha previa de la instalación (a la Sección de Industria de cada ciudad). Para ello:
   - Boletín de la instalación eléctrica.
   - Certificado del inversor, certificando el ajuste de las protecciones eléctricas y el marcado CE.
   - Código de Identificación Fiscal del propietario.
   - Autorización del punto de conexión con la red eléctrica de la Compañía que esté más cercana a la instalación).
   - Escritura de la sociedad.
   - Hojas de registro industrial debidamente cumplimentadas.
   - Protocolo de ensayos tipo de relés de protección y certificado de ajuste.
   - Inscripción previa en el Régimen Especial de productores de energía.
   - Permiso de paso de la línea.
   - Memoria técnica del proyecto.

9. Solicitud de firma de contrato con empresa distribuidora (en la Empresa Distribuidora de Energía). Para ello:
   - Protocolo de ensayos tipo de los relés de protección y certificado de ajuste.
   - Protocolo de ensayos tipo del sistema de aislamiento galvánico (en caso de no disponer de transformador de aislamiento).
   - Certificado de desconexión en caso de isla del inversor.
   - Copia de la condición de instalación de Producción en Régimen Especial, e inscripción previa en el registro.
   - Boletín de Instalación sellado por la delegación Provincial de Industria.
   - Administración competente.
   - Certificado de ajuste de las protecciones a los valores de tarado establecidos en el RD 1663/2000. Asimismo, en el caso que estas protecciones sean efectuadas por software, certificado de no accesibilidad

al usuario de la instalación de los ajustes ni al software del inversor que controla estas protecciones.

- Número de cuenta bancaria.
- Teléfono de contacto 24 horas con los responsables del Centro de Control de la Empresa Distribuidora.
- Si el contador no es de la compañía, certificación de verificación de origen y datos técnicos.
- Fotocopia del DNI/CIF para proceder a darle de alta en SAP.

10. Inscripción definitiva en registro de productores de energía en régimen especial (en la Consejería de correspondiente de la Comunidad Autónoma que corresponda).

Desde la Agencia de la Energía se recomienda que sea la empresa instaladora la que realice estos trámites, ya que la complejidad de los mismos dificulta llevarlos a cabo por personas o instituciones que no los hayan realizado antes. Además, la Agencia presta asesoramiento y apoyo en este sentido para la realización de estos trámites en Corporaciones locales.

5.5.3. Instalación de Régimen Especial

Recoge la generación de energía eléctrica en instalaciones de potencia no superior a 50 MW.

Instalación de Régimen Ordinario: Recoge la generación de energía eléctrica en instalaciones de potencia superior a 50 MW.

Tabla 5.2. Resumen del orden y pasos a seguir para solicitar instalaciones solares fotovoltaicas de Régimen especial.

	Trámite	Entidad	Documentación	Plazo aprox.	Coste
1	SOLICITUD DE PUNTO DE CONEXIÓN A RED	COMPAÑÍA ELECTRICA SUMINISTRADORA DE LA ZONA	1. Solicitud telefónica del punto de conexión como "Servicio de trabajo a Terceros" de la que se obtendrá un nº de solicitud. 2. En las oficinas principales de la citada compañía. Actualmente se solicita la siguiente documentación: • Carta de solicitud de Punto de conexión a la Red indicando el nº de solicitud ya obtenido. • Memoria resumen de la instalación; plano de ubicación, esquemas, características de los módulos fotovoltaicos e inversores, etc. • Punto de conexión propuesto.	1 Mes Aprox.	Sin coste.

2	AUTORIZACIÓN ADMINISTRATIVA	COMUNIDAD AUTONOMICA	Consejería de Industria, Comercio y Nuevas Tecnologías Servicio de Instalaciones Energéticas. 1. Solicitud firmada por el titular o representante legal. 2. Proyecto (10 kW o más) o memoria técnica (menos de 10 kW) de diseño de la instalación fotovoltaica. 3. Relación de organismos y empresas de servicio público afectadas por la instalación. 4. Documentación que acredite fehacientemente la titularidad de los terrenos donde se implante la planta solar. 5. Comunicado del punto de enganche a la red pública. Instalaciones más de 100 kWp o necesitar instalación de media tensión, este paso se alarga al necesitar una parte primera de aprobación del proyecto, y por obligaciones de audiencia y participación de particulares y administraciones afectadas o interesadas. Instalaciones 10 kWp o más, o subvención solicitada. Se pedirá proyecto de obra visado. En caso contrario basta con una memoria técnica más básica.	3 Meses Aprox. Si es de más de 100 kW el procedimiento se alarga en el tiempo.	Tasas de la Consejería. Se paga una vez por los trámites de Autorización Administrativa y Autorización de Puesta en Servicio.
3	LICENCIA DE OBRA MAYOR	AYUNTAMIENTO OFICINA TÉCNICA MUNICIPAL	1. NIF o CIF solicitante. 2. Proyecto de la instalación. 3. Proyecto de seguridad y salud y la hoja de encargo del Técnico facultativo. 4. Autorización administrativa de industria según potencia. 5. Si es en suelo rústico calificación territorial, así como cualquier otro informe preceptivo de otras administraciones en su caso.	3 Meses Max. Según establezca ordenanza fiscal municipal.	Aprox. 5 % presupuesto del proyecto.
4	CONDICIÓN DE INSTALACIÓN DE PRODUCCIÓN DE ENERGÍA ELÉCTRICA ACOGIDA AL RÉGIMEN ESPECIAL E INSCRIPCIÓN PREVIA EN EL R.P.R.E.	COMUNIDAD AUTONOMICA Consejería de Industria, Comercio y Nuevas Tecnologías Servicio de Instalaciones Energéticas.	1. Solicitud firmada por el titular o representante legal. 2. NIF o CIF del solicitante y DNI del representante. 3. Escrituras de la empresa y poderes del representante. 4. Evaluación energía. 5. Principales características técnicas y de funcionamiento de la instalación. 6. Memoria resumen (según art 7 RD 436/2004). 7. Autorización administrativa de industria.	Aprox. menos de un mes.	Sin coste.
5	CONTRATO DE VENTA DE ENERGÍA EN RÉGIMEN ESPECIAL	COMPAÑÍA ELECTRICA SUMINISTRADORA DE LA ZONA	1. Modelo de contrato facilitado por compañía eléctrica cumplimentado y firmado en todas sus hojas por el titular. 2. Carta de concesión de Punto de Conexión a la Red de Distribución Eléctrica. 3. Autorización Administrativa de la Instalación. 4. Inscripción Previa en el Registro de Productores en Régimen Especial (R.P.R.E.) o Solicitud Sellada de la misma. 5. Fotocopia del DNI del Titular o representante. 6. Poderes o copia de la publicación oficial que autoriza a dicha persona	2 Semanas aprox.	Sin coste.

6	AUTORIZACIÓN DE PUESTA EN SERVICIO	COMUNIDAD AUTONOMICA Consejería de Industria, Comercio y Nuevas Tecnologías Servicio de Instalaciones Energéticas eléctrico de baja tensión especialista en instalaciones generadoras de baja tensión.	1 Solicitud de puesta en servicio. 2. Certificado de dirección de obra (potencia Q10 kW). 3. Certificado de instalación extendido por instalador	1 Mes Aprox.	Sin coste, (ya pagado).
7	CONEXIÓN A LA RED	COMPAÑÍA ELECTRICA SUMINISTRADORA DE LA ZONA	Solo una vez cumplidos todos los puntos anteriores de este documento se podrá realizar este trámite. Estos tres puntos (7, 8 y 9) se solicitarán de una sola vez. Presentar la siguiente documentación al Dpto. de ATR y Régimen Especial: (documentación principal). 1. Carta de solicitud de conexión a red, Primera verificación y emisión de certificado de cumplimiento R.P.M. 2. Autorización de Puesta en Servicio 3. Certificado de Instalación en Baja Tensión. (Antiguo Boletín) 4. Inscripción previa en el R.P.R.E. 5. Protocolo de pruebas/ensayos de contadores emitido por el fabricante. 6. Certificado de los inversores emitido por el fabricante. Adicionalmente, si hubieran sido requeridos en los puntos anteriores por la consejería de Industria o por Compañía eléctrica se requerirá: 7. Proyecto de la Instalación. 8. Proyecto de acometida. La conexión deberá ser realizada por un instalador autorizado para trabajos en tensión.	Se tramitan simultáneamente y la división es a efectos internos. Plazo máximo de Tramitación conjunta 31 días. Plazo aproximado 1 mes.	Ingresar aprox. 100 € en Correos por la visita del inspector para que Unelco emita certificado. Para todas las instalaciones.
8	VERIFICACIÓN DE EQUIPOS DE MEDIDA	COMPAÑÍA ELECTRICA SUMINISTRADORA DE LA ZONA	Cumplir con el punto anterior. Se tramitan simultáneamente y la división es a efectos internos.	Plazo máximo de Tramitación conjunta 31 días. Plazo aproximado 1 mes	Ingresar aprox. 100 € en Correos por la visita del inspector para que Unelco emita certificado Para todas las instalaciones.
9	EMISIÓN DE CERTIFICADO DE CUMPLIMIENTO COMPAÑÍA ELECTRICA	SUMINISTRADORA DE LA ZONA	Cumplir con el punto anterior. El certificado se entregará una vez realizado el pago de los derechos.de primera verificación según Art. 6 del R.D. 1663/2000. Se tramitan simultáneamente y la división es a efectos internos.	Plazo máximo de tramitación conjunta 31 días. Plazo aproximado 1 mes.	Ingresar aprox. 100 € en Correos por la visita del inspector para que Unelco emita certificado. Para todas las instalaciones.

10	INSCRIPCIÓN DEFINITIVA EN EL R.P.R.E.	COMUNIDAD AUTONOMICA Consejería de Industria, Comercio y Nuevas Tecnologías, Servicio de Instalaciones Energéticas.	1. Solicitud firmada por el titular o representante legal. 2. Contrato de compraventa de energía con la empresa distribuidora. 3. Documento de opción de venta de la energía. 4. Certificado del encargado de la lectura (trámite nº 9). 5. Acta de inspección (autorización de puesta en servicio).	1 Mes máximo Aprox. 3 semanas.	Sin coste.

Tabla elaborada por SOLAR FOTOVOLTAICAS (web: www.solarfotovoltaicas.com).

5.5.4. ¿Dónde encontrar información al respecto?

El incremento de instalaciones de energías renovables ha hecho que aumenten los actores implicados en este tipo de instalaciones, por lo que la información disponible en este sentido es muy amplia y está disponible en muchas páginas e instituciones.

Dentro de las muchas páginas web de instituciones en las que se puede encontrar información sobre el tema, se encuentran las siguientes:

- En el Ayuntamiento de tu localidad.
- En la delegación que corresponda de la Comunidad Autonómica.
- www.idae.es (Instituto para la Diversificación y Ahorro Energético).
- www.asif.org (Asociación de la Industria Fotovoltaica).
- www.appa.es (Asociación de Productores de Energías Renovables).
- www.cener.com (Centro Nacional de Energías Renovables).
- www.energias-renovables.com (Periódico de las Energías Renovables).

5.6. Confección del certificado de la instalación

La confección del certificado de una instalación fotovoltaica se realizará siguiendo el camino que establezca la Comunidad Autonómica y el Ayuntamiento del lugar donde esté ubicada la instalación FV.

En el apartado anterior 5.5 "Documentación técnica relacionada con la puesta en funcionamiento" hemos visto los pasos a seguir para tramitar una instalación FV. La confección del certificado de la instalación es uno de los pasos que hay que dar para obtener el certificado de la instalación.

Trámites para acceso a Red de Distribución de nuevas Instalaciones de Producción:

Se relacionan a nivel general y para España los pasos necesarios y su orden para la tramitación, aunque luego en cada Comunidad Autónoma y en cada Ayuntamiento puede cambiar la prioridad de alguno de ellos.

1. **Solicitud Punto de Acceso**

   Para la cesión de la energía eléctrica generada por la planta solar fotovoltaica a la empresa distribuidora más próxima que tenga características técnicas y económicas suficientes para su ulterior distribución.

2. **Solicitud de inclusión en el régimen especial**

   Una vez ejecutada la instalación solar fotovoltaica y superadas con éxito las pruebas reglamentarias, ha de presentarse solicitud de autorización de puesta en servicio e inscripción de la instalación en el Registro de Instalaciones de Producción de Energía Eléctrica en Régimen Especial de la Comunidad Autónoma correspondiente.

3. **Inscripción previa en el registro de instalaciones de régimen especial**

   Inclusión en el Registro Administrativo de instalaciones de producción en régimen especial para las instalaciones que se indican al objeto de un adecuado control y seguimiento del mismo.

4. **Permisos Medioambientales, Urbanísticos, del Patrimonio Cultural, etc.**

   En las instalaciones solares fotovoltaicas sobre terreno cuya potencia de producción sea superior a 3.500 KW son precisas la **Declaración de Interés Comunitario** y la **Evaluación de Impacto Ambiental**, de competencia de la Consejería de Medio Ambiente, Urbanismo y Vivienda.

5. **Solicitud de autorización administrativa**

   Especialidades de aplicación, competencias y ejemplos de aplicación a instalaciones con tensión inferior o superior a 1 kW, según proceda.

6. **Permiso municipal de Licencia de Obras**

   La instalación de sistemas de captación de energía solar en los diversos municipios estará sujeta a la previa obtención de la licencia municipal de obra.

7. **Aval y Depósito**

   A realizar en la Caja General de Depósitos de la Consejería de Hacienda y Administración Pública de la Comunidad Autónoma correspondiente, con el procedimiento específico que la misma tiene para ello y consignando aval.

A partir de la fecha de promulgación del Real Decreto 1578/08 de 26 de septiembre, es obligatorio que las instalaciones solares sobre cubierta cuenten con aval.

Observación:
Dado que cada Comunidad Autónoma tiene sus particularidades, lo mejor es dirigirse al departamento que corresponda y solicitar toda información que proceda para cada caso en particular de que se trate.

Tabla 5.3. Tipología de las instalaciones fotovoltaicas:
Se definen en el artículo 3 del R.D. 1578/2008 de 26 de septiembre, y son las siguientes:

Tipo	Definición	Subtipos
I	Instalaciones que estén ubicadas en cubiertas o fachadas de construcciones fijas, cerradas, hechas de materiales resistentes, dedicadas a usos residencial, de servicios, comercial o industrial, incluidas las de carácter agropecuario. O bien, instalaciones que estén ubicadas sobre estructuras fijas de soporte que tengan por objeto un uso de cubierta de aparcamiento o de sombreamiento, en ambos casos de áreas dedicadas a alguno de los usos anteriores, y se encuentren ubicadas en una parcela con referencia catastral urbana.	**Tipo I.1** Instalaciones con Pot. $\leq$ 20 kW **Tipo I.2** Instalaciones con Pot. > 20 kW
II	Instalaciones no incluidas en el Tipo I anterior.	

Se considerarán por separado las instalaciones eléctricas de baja tensión y las de alta tensión, estando ambas instalaciones sujetas a los requerimientos de sus respectivos reglamentos y normas que les afecte, en cuanto su ejecución, mantenimiento y revisión e inspecciones periódicas.

Tabla 5.4. Documentos necesarios para el registro y puesta en servicio de una instalación eléctrica de alta tensión.

	DOCUMENTOS NECESARIOS PARA EL REGISTRO Y PUESTA EN SERVICIO DE UNA INSTALACIÓN ELÉCTRICA DE ALTA TENSIÓN DE UNA INSTALACIÓN FOTOVOLTAICA	Todas	Cambio de titular
Formulario	**Autorización de la instalación de AT**		
Instancia general	1. Solicitud de la autorización de la instalación	X	
	2. Proyecto eléctrico de la instalación de AT, por técnico competente y visado	X	
	Autorización de enganche y de la puesta en servicio de la instalación de AT		
Instancia general	3. Solicitud de la autorización de la puesta en servicio de la instalación eléctrica de AT	X	
	4. Dirección técnica fin de obra de la instalación, por técnico competente y visada.	X	

	DOCUMENTOS NECESARIOS PARA EL REGISTRO Y PUESTA EN SERVICIO DE UNA INSTALACIÓN ELÉCTRICA DE ALTA TENSIÓN DE UNA INSTALACIÓN FOTOVOLTAICA	Todas	Cambio de titular
	5. Contrato de mantenimiento de los centros de transformación con empresa instaladora eléctrica autorizada.	X	
	Cambio de titular del responsable de la instalación de AT		
	6. Contrato de mantenimiento a nombre del nuevo titular		X
Fc7.09.13. BT	7. Solicitud del cambio de titular, a la vez que el cambio de titular de la instalación de BT, si es el caso.		X
	8. Acta de inspección por Organismo de Control, si le corresponde por periodicidad.		X

a) Instalaciones de BT:

En la Instrucción ITC-BT-40 del Reglamento Electrotécnico para BT se trata de: "Instalaciones generadoras de Baja Tensión".

Su lectura es necesaria para aquellos que trabajamos con instalaciones de generación fotovoltaica. Los temas tratados son:

1. Objetivo y campo de aplicación.
2. Clasificación.
3. Condiciones generales.
4. Condiciones para la conexión.
5. Cables de conexión.
6. Forma de onda.
7. Protecciones.
8. Instalaciones puesta a tierra.
9. Puesta en marcha.
10. Otras disposiciones.

Las instalaciones fotovoltaicas se clasifican dentro del Grupo C-1 (locales mojados) en las siguientes clases según la potencia nominal de la instalación, de acuerdo con el Reglamento Electrotécnico para BT y la Tabla II de la Carpeta BT de las instalaciones eléctricas de Baja Tensión y considerando la tipología de la instalación fotovoltaica.

Tabla 5.5. Clase, tipo y potencia de las instalaciones FV.

Clase	Tipo de instalación fotovoltaica/Potencia	
M	Tipo I.1 con Pot ≤ 20 kW	Tipo II con Pot ≤ 20 kW
P	Tipo I.2 con Pot > 20 kW	Tipo II con Pot > 20 kW
P1	Tipo I.2 y Tipo II con Pot > 25 kW	

Clase M, requiriendo Memoria Técnica de Diseño.

Clase P, requiriendo proyecto eléctrico y dirección técnica fin de obra.

Clase P1, si la potencia nominal es > de 25 kW, requiriendo proyecto eléctrico, dirección técnica fin de obra e inspección inicial por un Organismo de Control.

Las instalaciones de Clase P1 requerirán inspecciones periódicas cada 5 años de acuerdo con la ITC-BT-05 del REBT (Verificaciones e inspecciones).

5.7. Seguridad en la puesta en servicio de instalaciones solares fotovoltaicas

En la puesta en servicio de la instalación se tendrá en cuenta lo que hemos estudiado en el Capítulo 1 de esta obra, recordando que los módulos generan electricidad en el instante en que hay luz natural, por lo que podemos decir que en los bornes del módulo habrá una diferencia de potencial (tensión eléctrica), cuyo peligro depende de la situación de cada momento y conexión, tal como vemos a continuación.

a) Peligro de descarga eléctrica

Los módulos solares generan tensión y producen electricidad cuando están expuestos a la luz. La tensión producida por un módulo se encuentra por debajo del nivel de "muy baja tensión (MBTS) de seguridad". Sin embargo, cuando los módulos se conectan en serie (las tensiones se suman) o en paralelo (las corrientes se suman) pueden producir unos niveles de tensión y corriente que pueden resultar peligrosos. Aunque los contactos del enchufe de los cables de salida del módulo estén completamente aislados y proporcionen una protección segura al contacto, será necesario respetar los puntos siguientes al manejar los módulos para evitar el riesgo de que se produzcan chispas, incendios, quemaduras y descargas eléctricas mortales.

- No se deben introducir objetos metálicos ni conductores en los enchufes ni en las tomas.
- Compruebe que todas las conexiones eléctricas estén completamente secas antes de ensamblarlas. Es necesario que los materiales, las herramientas y el entorno de trabajo estén limpios y secos.
- Se debe tener sumo cuidado al cablear los módulos y se debe trabajar con un equipo de seguridad adecuado, por ejemplo, herramientas y guantes con aislamiento, etc.
- No use módulos solares dañados. Si el cristal delantero está roto o la lámina trasera estropeada, se podrían producir daños personales, ya que se generarían tensiones peligrosas y podría haber riesgo de cortes.

Los módulos no se deben desembalar, hasta que no se vaya a realizar su instalación.

- No se debe aplicar pintura, adhesivos, ni detergentes en la parte trasera de la lámina. No marque el módulo con objetos afilados o punzantes.

b) Peligro por arco eléctrico

Los módulos solares generan corriente continua (CC) cuando están expuestos a la luz. La rotura o apertura de una conexión en carga, es decir, cuando la corriente está fluyendo, puede dar lugar a que se produzca un arco eléctrico, que no se extinguirá por sí solo. Por lo tanto, se recomienda cubrir los módulos con una cubierta opaca durante la instalación. La apertura o ruptura de la conexión en cadena de módulos en los que fluya corriente, por ejemplo, la desconexión de un cable de CC del inversor mientras está en carga o conectado a la red de energía eléctrica, puede producir un arco eléctrico potencialmente mortal.

c) Instrucciones de instalación para módulos fotovoltaicos de REC Solar

- El generador solar nunca se debe desconectar del inversor mientras esté conectado a la red de energía eléctrica pública. Primero se debe quitar/abrir el disyuntor/fusible de CA del inversor, para luego desconectar el inversor de la red de energía eléctrica.
- Cuando se desconecta un inversor, es necesario esperar el tiempo especificado por el fabricante antes de manipularlo. Los componentes de alta tensión del inversor necesitan tiempo suficiente para descargarse.
- El cableado del módulo se debe realizar con cuidado. Preste atención a los extremos de cables dañados, extremos de cables abiertos, suciedad, etc.
- En todo momento se deberán seguir las instrucciones de instalación, manejo y funcionamiento del fabricante del inversor.

5.8. Repaso de la materia estudiada

A continuación y a modo de repaso sobre la materia estudiada, se presentan una serie de preguntas con respuesta, que tienes que intentar responder correctamente, tapando la respuesta, para que puedas evaluarte sobre los conocimientos adquiridos.

	Preguntas	Respuestas
1	Clasificación de las instalaciones solares fotovoltaicas conectadas a la red de baja tensión:	a) Instalaciones de potencia nominal igual o inferior a 10 kW. b) Instalaciones de potencia nominal superior a 10 kW.
2	¿Qué es el IDAE?	Instituto para la Diversificación y Ahorro Energético.
3	¿Cuál es el efecto de la radiación solar sobre la intensidad y tensión obtenida de los módulos FV?	La intensidad de radiación solar hace variar la corriente de salida sea cual sea la tensión. La intensidad de corriente varía proporcionalmente con la radiación, mientras que la tensión se mantiene constante.
4	Principales dispositivos en una instalación solar fotovoltaica aislada:	• Módulos fotovoltaicos. • Regulador. • Equipo acumulador (baterías). • Inversor de CC/CA.
5	Principales sistemas de apoyo de instalaciones solares fotovoltaicas:	• Aerogenerador. • Grupo electrógeno.
6	Las instalaciones que se conectan a la red eléctrica general, tienen una larga tramitación, en tres vertiente que son:	• Administrativa. • Técnica. • Con la compañía a la que se conecta la instalación de generación eléctrica fotovoltaica.
7	¿Qué efectos produce la temperatura sobre la intensidad y tensión generada en los módulos fotovoltaicos?	El aumento de la temperatura del sistema supone una reducción de la tensión en forma directamente proporcional, produciéndose también un pequeño incremento de la intensidad para valores bajos de tensión.
8	¿Cuál es la superficie media ocupada por los módulos FV para 10 kW potencia instalada?	La superficie media que ocupan los paneles se estima en unos 100 m^2 por cada 10 kW de potencia instalada.
9	¿Qué peso tiene un módulo FV policristalino de $P_{máx}$ =210 W?	16,8 kg Según la tabla 5.1.
10	¿Cuáles son las máquinas eléctricas para generar electricidad?	• **Dinamos** que generan corriente continua (la misma que los módulos fotovoltaicos). -• **Alternadores** que generan corriente alterna.
11	¿Cuándo una instalación es de Régimen Especial?	Cuando la generación de energía eléctrica en instalaciones de potencia no es superior a 50 MW.
12	¿De qué tratan las normas VDE 0126-23 o EN 62446?	Sobre el procedimiento de inspección de instalaciones fotovoltaicas.
13	Clasificación de las instalaciones fotovoltaicas dentro del Grupo C-1 (locales mojados) en las siguientes clases según la potencia nominal y de acuerdo con el REBT y la Tabla II de la Carpeta BT de las instalaciones eléctricas de Baja Tensión y considerando la tipología de la instalación fotovoltaica:	**Clase M,** requiriendo Memoria Técnica de Diseño. **Clase P,** requiriendo proyecto eléctrico y dirección técnica fin de obra. **Clase P1,** si la potencia nominal es > de 25 kW, requiriendo proyecto eléctrico, dirección técnica fin de obra e inspección inicial por un Organismo de Control. Las instalaciones de Clase P1 requerirán inspecciones periódicas cada 5 años de acuerdo con la ITC-BT05 del Reglamento.

14	¿Qué debemos hacer con los módulos en el supuesto de rotura o apertura de una conexión en carga?	Para que no se produzca un arco o eliminarlo, habrá que cubrir los módulos con una cubierta no transparente durante la intervención. Sustituirlo por otro de iguales características.
15	¿Qué hay que hacer con los módulos rotos o dañados?	Retirarlos. Si el cristal delantero está roto o la lámina trasera estropeada, se podrían producir daños personales, ya que se generarían tensiones peligrosas y cortes.
16	¿En qué nos apoyaremos en el momento de realizar un proyecto de instalación FV?	En los realización de proyectos de instalaciones FV debemos acudir a: Normas, Reglamentos, Reales Decretos, Leyes, Directivas Europeas), y las emitidas por las administraciones (Local, Autonómica y del Estado).

Anexo

ANEXO I

Introducción:

Tal como se menciona el apartado 2.7.1 del capítulo 2, en esta Ordenanza Municipal reguladora de la captación de energía solar fotovoltaica para generación de electricidad, podemos ver a modo de ejemplo, todo aquello que exigen los Ayuntamientos para este tipo de instalaciones, redactadas de acuerdo con la normativa en vigor.

Para nuestro caso, y aunque no seamos los que realizamos el Proyecto, si que hacemos el montaje dentro de un término municipal, por lo que debemos observar también, todo aquello de nos indiquen las Ordenanzas Municipales.

ORDENANZA REGULADORA DE LAS INSTALACIONES DE CAPTACIÓN DE ENERGÍA SOLAR FOTOVOLTAICA PARA GENERACIÓN DE ELECTRICIDAD DEL MUNICIPIO DE SANTA LUCÍA (Publicada en Boletín Oficial de la Provincia de Las Palmas, número 45, de fecha 8 de Abril de 2009).

Artículo 1. Objeto

El objeto de esta Ordenanza es regular las instalaciones, sistemas de captación y transformación de energía solar, por procedimientos fotovoltaicos, en electricidad; establecer los requisitos mínimos que han de cumplir dichos sistemas y las tipologías de instalación en el Término Municipal de Santa Lucía.

Artículo 2. Ámbito de aplicación

Las determinaciones de esta ordenanza serán de aplicación a todas las instalaciones de producción de energía eléctrica de origen fotovoltaico en el Término Municipal de Santa Lucia que se implanten en construcciones, instalaciones, infraestructura, o suelo, en su caso.

Es de aplicación a los denominados sistemas aislados o autónomos y a los sistemas conectados a red.

El sistema aislado o autónomo es aquel que tiene como fin garantizar un abastecimiento de electricidad autónomo (independiente de la red eléctrica pública) de consumidores, edificaciones, instalaciones e infraestructuras, etc.

El sistema conectado es el que tiene como finalidad conectar a la red una instalación fotovoltaica y vender toda la energía producida a una compañía eléctrica.

Acorde a las determinaciones de la normativa sectorial que es de aplicación, las instalaciones que únicamente utilizan la radiación solar como tecnología, se encuadran en el ámbito de la actividad de producción de energía eléctrica en régimen especial.

Artículo 3. Tecnología.

La aplicación de esta ordenanza se realizará en cada caso, de acuerdo con la mejor tecnología disponible.

Las licencias reguladas en esta ordenanza quedan sometidas a la reserva de modificación no sustancial de su clausulado a los efectos de permitir la permanente adaptación a los avances tecnológicos.

Artículo 4. Ubicación de Instalaciones según clase y categoría del suelo

Los paneles o módulos fotovoltaicos, según la clase y categoría de suelo se podrán instalar en:

a) Suelo Urbano Consolidado: construcciones, edificaciones, instalaciones, infraestructuras o en suelo, que no imposibiliten y/o impidan el uso que les asigna el planeamiento urbanístico.

b) Suelo Urbano no consolidado no ordenado: construcciones, edificaciones, instalaciones e infraestructuras preexistentes. No obstante y sin perjuicio de lo anterior, se permitirá el uso en suelo para la instalación de paneles fotovoltaicos de forma provisional en los términos establecidos en el artículo 61 del Texto Refundido de Las Leyes de Ordenación del Territorio de Canarias y Espacios Naturales de Canarias (Decreto 1/2000).

No se tendrá en cuenta a efectos del aumento del valor tanto de las preexistencias de las edificaciones, como del suelo, para los supuestos en que proceda para la ejecución de las determinaciones del planeamiento urbanístico.

Y en lo que le sea de aplicación de esta ordenanza, se aplicarán las mismas condiciones que las previstas para el suelo rústico.

No está permitida la instalación de parques o módulos fotovoltaicos en el Suelo Urbano no consolidado ordenado en aplicación de lo dispuesto el artículo 61 del Texto Refundido de Las Leyes de Ordenación del Territorio de Canarias y Espacios Naturales de Canarias (Decreto 1/2000), toda vez que este artículo limita los usos provisionales al suelo no ordenado.

c) Suelo Urbanizable Sectorizado no Ordenado: construcciones, edificaciones, instalaciones e infraestructuras preexistentes. No obstante y sin perjuicio de lo anterior, se permitirá el uso en suelo para la instalación de paneles fotovoltaicos de forma provisional en los términos establecidos en el artículo 61 del Texto Refundido de Las Leyes de Ordenación del Territorio de Canarias y Espacios Naturales de Canarias (Decreto 1/2000).

   No se tendrá en cuenta a efectos del aumento del valor tanto de las preexistencias tanto de las edificaciones como del suelo, para los supuestos en que proceda para la ejecución de las determinaciones del planeamiento urbanístico.

   Y en lo que le sea de aplicación de esta ordenanza se aplicarán las mismas condiciones que las previstas para el Suelo Rústico.

   No se permite en Suelos Urbanizables Sectorizados Ordenados, la instalación de paneles o módulos fotovoltaicos en aplicación del artículo 61 del Texto Refundido de Las Leyes de Ordenación del Territorio de Canarias y Espacios Naturales de Canarias (Decreto 1/2000), toda vez que este artículo limita los usos provisionales al suelo no ordenado.

d) Suelo Urbanizable no Sectorizado. Se podrán instalar paneles o módulos fotovoltaicos en esta categoría de suelo en los términos y condiciones que prevea el Planeamiento General y demás normativa de general y pertinente aplicación. Y en lo que le sea de aplicación de esta ordenanza se aplicarán las mismas las determinaciones previstas para el Suelo Rústico.

e) Suelo Rústico: En edificaciones, instalaciones e infraestructuras y suelo en su caso, en tanto no incompatible con la normativa reguladora de las mismas, y en todo caso acorde a la calificación territorial y condicionado que, en su caso, se establezca.

En lo que respecta a la instalación de parques solares fotovoltaicos solo se podrán implantar en las categorías de suelo rústico que el planeamiento urbanístico y/o territorial lo permita.

Artículo 5. Instalaciones en Suelo Urbano

Las instalaciones fotovoltaicas en construcciones, instalaciones, infraestructura o suelo deberán ajustarse a las siguientes condiciones:

a) **Cubiertas Inclinadas.** Podrán situarse paneles de captación de energía solar en los faldones de cubierta, con la misma inclinación de estos y sin salirse de su plano, armonizando con la composición de la fachada y del resto del edificio, hasta una superficie máxima del 70 % de la superficie total de la cubierta en cuestión. Las instalaciones tendrán que estar integradas arquitectónicamente, quedando limitado su uso hasta no superar las pérdidas de aprovechamiento indicadas en el Anexo I.

   Excepcionalmente y de forma debidamente justificada se permitirá incrementar el ángulo de los módulos hasta en un máximo de 10°, en cualquiera de los ejes, considerando el mayor aprovechamiento y condicionado a su integración en el entorno y con el menor impacto visual.

   Para el caso de cubiertas mixta (con parte de cubierta inclinada y parte plana) en la parte plana se permitirá realizar estructuras, estas debidamente dimensionadas e instaladas a tal fin. Estas infraestructuras, incluidas los módulos fotovoltaicos, no podrán sobrepasar la altura de dos (2) metros sobre la altura máxima del edificio.

En todo caso la instalación estará provista de un pasillo de mantenimiento de los módulos u otros elementos constitutivos, salvo que se acredite de forma fehaciente la no necesidad de estos.

b) **Cubiertas Planas.** Tendrán que situarse por debajo de un plano paralelo a la cubierta de 2,00 metros desde la parte superior del último forjado. Aquellas instalaciones que superen dicha altura se considerarán como nueva planta por lo que tendrán que cumplir con la normativa urbanística vigente.

   En aquellos supuestos en lo que se pretenda instalar módulos fotovoltaicos y no se hubiere agotado la altura máxima de la edificación en planta, se podrá ocultar la instalación mediante falsa fachada, no obstante tendrá el mismo tratamiento en cuanto a su autorización que el suelo urbano no consolidado.

   Si los equipos, sistemas, elementos y montajes de la instalación se encontraran en la última planta deberán retranquearse un metro, como mínimo del plano de fachada y no podrán rebasar un plano de 45º trazado en la línea de cornisa.

   En el supuesto de que se realicen instalaciones de módulos fotovoltaicos con elementos de captación integrados como parte de la cubierta del edificio (captadores solares integrados, vidrios fotovoltaicos, tejas fotovoltaicas, etc.) podrán ubicarse en cualquier parte de la misma siempre que se justifique de manera fehaciente y dentro de los parámetros admisibles en esta Ordenanza.

c) **Fachadas.** Solo podrán situarse módulos fotovoltaicos en las fachadas cuando en el proyecto se prevea solución constructiva que garantice la integración arquitectónica en la estética del edificio, así como en el entorno.

   Queda prohibido expresamente el trazado visible por fachadas de cualquier tubería y otras canalizaciones que sirvan, salvo que se acompañe en el proyecto, de forma detallada, solución constructiva que garantice su adecuada integración en la estética del edificio.

   Las instalaciones y todos los elementos constitutivos del sistema de aprovechamiento por energía solar deberán estar debidamente protegidos y sujetos para evitar el desprendimiento de éstos, se justificará la solución adoptada.

   En zonas comunes se permitirá instalaciones fotovoltaicas siempre y cuando estén integrados en el entorno y no implique la reducción en el uso de estas zonas.

   Se podrán instalar módulos fotovoltaicos en aquellos espacios que tengan uso específico de recreo, lindero o medianías entre edificios contiguos siempre y cuando no impida el uso previsto en la ordenación urbanística y el que le es propio por su calificación.

d) **Espacios de aparcamientos públicos o privados.** Se podrán instalar módulos fotovoltaicos en aquellos espacios que tengan un uso específico de aparcamientos siempre y cuando no se impida el uso previsto en la ordenación urbanística y el uso le es propio por su calificación.

   Las estructuras con destino a tal fin no podrán tener una altura superior a 4 metros y no inferior a 2,80 m, medido desde el suelo verticalmente desde cualquier punto debajo del área de barrido de la estructura en cuestión. Las estructuras deberán ser materiales resistentes a la corrosión, deterioro e impactos.

   No se reducirá el espacio destinado al estacionamiento o pasillos de las instalaciones salvo que se detalle solución constructiva.

   La potencia instalada, no superará los límites previstos en las ordenanzas municipales, en materia de potencia prevista por metro cuadrado en zonas urbanas, en su caso, salvo que se justifique la viabilidad de la misma.

e) **Mobiliario urbano.** Si el Ayuntamiento de Santa Lucía lo estima oportuno podrá integrar los sistemas de captación de energía solar fotovoltaica en los diversos elementos del mobiliario urbano que lo admita, como por ejemplo: marquesinas, farolas, columnas informativas, quioscos, pérgolas, etc.

f) **Edificios catalogados.** Se permitirá siempre y cuando sea compatible con el grado de protección e intervención establecido en el Catálogo Municipal de Protección Arquitectónico y Etnográfico del Municipio de Santa Lucía y no desvirtúen las características que dieron lugar a la protección de la edificación y/o elemento.

g) Los edificios que no posean instalación solar térmica y opten por la implantación de módulos fotovoltaicos en lugar de colectores solares térmicos deberán justificar y además dejar el espacio necesario para la implantación de los mismos.

h) La instalación de sistemas solares fotovoltaicos en cubiertas no podrá reducir en modo alguno las condiciones de habitabilidad y funcionalidad de la edificación, por lo que, a modo de ejemplo, no se podrá cubrir patios o claraboyas u otros que sirvan de ventilación o iluminación de la edificación.

Artículo 6. Instalaciones en Suelo Rústico.

En el suelo rústico se podrán instalar parques y módulos fotovoltaicos según las determinaciones establecidas en el Plan General de Ordenación y en las siguientes condiciones:

Tipologías de implantación de los parques y módulos fotovoltaicos.

a) **Parques solares fotovoltaicos sobre cubierta de invernadero.**

Esta tipología solo se podrá instalar en los invernaderos (según solución técnica – paneles o módulos sobre seguidores solares). Las superficies cubiertas por módulos fotovoltaicos, no podrán ser, en caso alguno superiores, a las superficies en cultivo y producción.

b) **Parques solares fotovoltaicos sobre suelo.**

En suelo, se podrán instalar parques solares fotovoltaicos acorde a las siguientes condiciones:

En cuanto a la ubicación la instalación solar fotovoltaica deberá situarse en el lugar de la finca menos fértil o idóneo para el cultivo, ocupando preferentemente aquellas zonas improductivas que pudieran existir en la parcela, salvo cuando provoquen un mayor efecto negativo ambiental o paisajístico.

La instalación se retranqueará un mínimo de cinco metros a los linderos de la finca / parcela.

c) **Infraestructura y/o edificaciones de apoyo a las explotaciones agropecuarias.**

Se podrá utilizar la infraestructura y/o edificaciones de apoyo a la actividad agrícola o ganadera y la que se ejecute en el futuro para el aprovechamiento solar fotovoltaico conforme a lo que establezca al respecto la Calificación Territorial pertinente y el resto de condicionantes emanados de la normativa en suelo rústico establecida en el Plan General.

d) **Espacios Intersticiales**

Caminos agrícolas

Se utilizarán preferentemente para acoger las infraestructuras asociadas a los parques solares fotovoltaicos (estaciones transformadoras y tendidos eléctricos) se ubicarán preferentemente siguiendo la línea de los caminos agrícola y viarios existentes, paralelamente a ellos.

Espacios entre aerogeneradores

Se podrán rellenar los espacios intersticiales entre aerogeneradores pertenecientes a parques eólicos con la implantación de paneles o módulos solares fotovoltaicos y similares, siguiendo los criterios y condiciones de implantación para la categoría de suelo rústico en la que se ubique

Para la implantación en los términos anteriores, los parques eólicos habrán de disponer de todos los títulos habilitantes.

e) **Implantación de paneles o módulos solares fotovoltaicos en edificaciones y/o instalaciones e infraestructuras de cualquier naturaleza para autosuficiencia y/o autoabastecimiento eléctrico (sistemas aislados o autónomos) en Suelo Rústico.**

Se podrá instalar paneles o módulos solares fotovoltaicos en cualquier edificación, instalación, infraestructura o construcción con la finalidad del autoabastecimiento eléctrico, con las siguientes condiciones:

- Se deberá respetar los principios de mejor integración paisajística, para no desvirtuar del principio de autosuficiencia y/o autoabastecimiento y equidad territorial.
- Se deberá asegurar que no se desvirtúa el carácter rural o tradicional de las edificaciones e instalaciones y para ello se optará por la mejor solución técnica desde el punto de vista paisajístico.

Excepcionalmente, y con la finalidad del autoabastecimiento de las instalaciones, infraestructuras, edificaciones o construcciones a las que se vayan a prestar servicio se podrán ubicar en suelo en cuyo caso tendrán que cumplir las siguientes condiciones:

- La instalación deberá situarse en el lugar de la finca menos fértil o idóneo para el cultivo cuando se trate de fincas o complejos agropecuarios.
- En el resto de los casos, si se sitúa la instalación en el suelo deberá ubicarse en el lugar de la finca en el que cause menor impacto paisajístico o se consiga una mayor ocultación visual aunque esto implique una menor eficiencia del sistema.
- Sin perjuicio de lo anteriormente expuesto, no obstante, esta opción vendrá asimismo condicionada por la protección de los valores en presencia del suelo del que se trate que podrá tener la consecuencia de la "imposibilidad de su implantación", lo que se determinará en la correspondiente Calificación Territorial previo informe municipal.

Artículo 7. Protección del paisaje urbano y rural

Las instalaciones reguladas en esta Ordenanza no podrán provocar la desfiguración de la perspectiva del paisaje urbano o perjuicios a la armonía paisajística o arquitectónica y además deberán quedar preservados y protegidos los edificios, conjuntos, entornos y paisajes urbanos y rurales incluidos en los catálogos o planes de protección del patrimonio, por lo que de este orden le son de aplicación las normas urbanísticas que se recojan en esta u otras ordenanzas reguladoras de estas cuestiones.

Asimismo se tendrá en cuenta que estas instalaciones no produzcan reflejos frecuentes que puedan molestar a personas residentes en edificios colindantes, vías de comunicación terrestre y aérea y zonas de especial interés paisajístico

Los servicios técnicos municipales verificarán la adecuación de las instalaciones a las normas urbanísticas y valorará su integración arquitectónica, así como sus posibles beneficios y perjuicios ambientales.

Las instalaciones fotovoltaicas instaladas en suelo, instalaciones, construcciones e infraestructuras, salvo en aquellos supuestos que estén integrados arquitectónicamente en los edificios, deberán ser retirados, en los tres siguientes meses al cese de la actividad, prorrogables otros 3 meses, cualquiera que fuera la causa, dejando el soporte (cuando este no sea parte de la instalación fotovoltaica) en perfecto estado para el uso principal de este.

En obras de nueva planta y sustitución, el diseño y composición del edificio tendrá en cuenta las condiciones de inclinación y orientación más favorables para el rendimiento óptimo de las instalaciones

Además del resto de condiciones, en suelo rústico se deberá tener en cuenta las siguientes determinaciones:

a) La instalación deberá situarse en el lugar de la finca menos fértil o idóneo para el cultivo cuando se trate de fincas o complejos agropecuarios y la instalación se ubique en suelo.

b) Además, si se sitúa la instalación en el suelo deberá ubicarse en el lugar de la finca en el que cause menor impacto paisajístico o se consiga una mayor ocultación visual aunque esto implique una menor eficiencia del sistema.

c) En el caso de instalaciones o sistemas aislados que se instalen en edificaciones de cualquier índole (edificaciones residenciales, turísticas, agropecuarias) se deberá asegurar que no se desvirtúa el carácter rural o tradicional de las mismas y para ello se optará por la mejor solución técnica desde el punto de vista de la integración paisajística.

Artículo 8. Condiciones generales de implantación de los módulos, infraestructura asociada y necesaria para la conexión a la red.

a) Características de los módulos

El Parque solar fotovoltaico constará de un sistema de captación mediante módulos fotovoltaicos.

En las instalaciones solo podrán emplearse módulos fotovoltaicos que cumplan, como mínimo, las especificaciones UNE-EN 61215 para módulos de silicio monocristalino o UNE – EN 61646 para los módulos de capa delgada o cualquier otro de mejor tecnología. En el proyecto se deberán aportar las características de los elementos que la componen incluyendo los certificados correspondientes.

Cuando los módulos fotovoltaicos que integren la instalación sean de modelos distintos, el diseño debe garantizar totalmente la compatibilidad entre ellos y la ausencia de efectos negativos en la instalación, de cualquier índole, por dicha causa.

Los marcos laterales, si existen, serán de material que garanticen la durabilidad y rigidez de los mismos.

Por motivos de seguridad y para facilitar el mantenimiento y reparación del generador fotovoltaico, se instalarán los elementos necesarios (fusibles, interruptores, automáticos, etc.) para la desconexión, de forma independiente y en ambos terminales, de cada una de las ramas del resto del sistema.

Las instalaciones fotovoltaicas de sistema "aislado o autónomo" se recomienda que cuenten con los subsistemas de control y regulación, almacenamiento, adecuación de la energía eléctrica generada a las cargas de consumo y de seguridad.

Las instalaciones fotovoltaicas del tipo "conectada a la red" se recomiendan cuenten con los subsistemas de control y regulación, desconexión e inversión y seguridad e inyección a la red eléctrica destinataria de la electricidad generada.

Con el objeto de obtener el máximo aprovechamiento energético en las instalaciones fotovoltaicas, siempre que sea posible, debe proyectarse el sistema de captación orientado al Sur geográfico e inclinado con respecto a la horizontal según la zona, con desviaciones que supongan unas pérdidas inferiores a las descritas en el ANEXO I de esta ordenanza en función de su tipología.

Todas las partes constituyentes de la instalación solar fotovoltaica tendrán que estar homologadas por la Unión Europea (indicada como marcado CE).

La estructura de los módulos y todas sus partes integrantes deberán ser de materiales a los que no afecte la corrosión, debiendo estar garantizada esta característica durante al menos 15 años.

b) Infraestructura mínima

La infraestructura mínima necesaria para la posible conexión a la red de distribución de la energía eléctrica de los parques solares fotovoltaicos deberá ser evaluada en sus respectivos proyectos conforme, como mínimo, a los siguientes principios:

- Adecuado dimensionamiento al parque y al territorio.
- Adecuada integración en el medio en el que se inserta al mejor aprovechamiento de la infraestructura y los recursos.

  Así se establecen las siguientes determinaciones que, con carácter de mínimos, se habrán de cumplir.
- Las estaciones transformadoras deberán estar dimensionadas con el fin de dar cobertura a un mínimo de potencia instalada de 630 kVA, debiendo estar enterradas. De este modo, los pequeños parques de hasta 100 kW, podrán compartir si fuese necesaria una estación de esta capacidad, impidiéndose la disgregación de infraestructura por el territorio.
- La infraestructura de tendido eléctrico deberá estar siempre enterrada.
- En la tipología de parque solar sobre invernadero, se permitirá que el cableado discurra por el interior del invernadero en su parte superior.
- Las instalaciones precisas se tendrán que ajustar a la normativa de general y pertinente aplicación.
- El cableado eléctrico se tendrá que ajustar al reglamento de baja tensión en sus apartados correspondientes (Real Decreto 842/2002, de 2 de agosto, por el que se aprueba el Reglamento Electrotécnico para baja tensión) o normativa que le sustituya y la de general y pertinente aplicación, sin perjuicio, de que, en todo caso, los cables a utilizar no podrán ser inferiores a 0,6 kV.
- Las instalaciones auxiliares (inversores, contadores, etc.) deberán ir debidamente protegidos.

Todo lo establecido anteriormente es sin perjuicio de las determinaciones que de obligado cumplimiento establezca la normativa sectorial.

Artículo 9. De la estructura de soporte.

La estructura soporte de módulos deberá resistir, con los módulos instalados, las sobrecargas de los elementos naturales como viento, lluvia, granizo, etc., y ello acorde, como mínimo, a lo establecido en el Código Técnico de la Edificación y normativa de general y pertinente aplicación.

El diseño y la construcción de la estructura y el sistema de fijación de módulos deberán permitir las necesarias dilataciones térmicas, sin transmitir cargas que puedan afectar a la integridad de los módulos, siguiendo las indicaciones de los fabricantes.

Los puntos de sujeción para el módulo fotovoltaico deberán ser suficientes en número teniendo en cuenta el área de apoyo y posición relativa, de forma que no se produzcan flexiones en los módulos superiores a las permitidas por el fabricante y con los métodos homologados para el modelo de módulo.

El diseño de la estructura se realizará para la orientación y el ángulo de inclinación especificado para la zona de instalación, teniendo en cuenta la facilidad de montaje y desmontaje, y la posible necesidad de sustituciones de elementos.

La estructura se protegerá superficialmente contra la acción de los agentes ambientales. La realización de taladros en la estructura se llevará a cabo antes de proceder en su caso, al galvanizado o protección de la estructura, excepto en los supuestos, por su relativamente pequeño espesor, se produzca la protección galvanizada del material.

La tornillería será realizada en acero inoxidable, cumpliendo el código técnico de la edificación. En el supuesto de ser la estructura galvanizada se admitirán tornillos galvanizados, exceptuando la sujeción de los módulos a la misma, que serán de acero inoxidable para evitar los pares galvánicos de estos, además se instalará con arandela en la zona de la tuerca para no rasgar el cubrimiento galvanizado.

Los topes de sujeción de módulos y la propia estructura no podrán arrojar sombra sobre los módulos.

En supuestos de instalaciones integradas en cubierta, que hacen las veces de cubierta del edificio, el diseño de la estructura y la estanqueidad entre los módulos se ajustarán, como mínimo, a las exigencias del Código Técnico de la Edificación, a la Ordenanza de Edificación del Municipio, y en defecto a las técnicas habituales en la construcción de las cubiertas.

Si es de tipo galvanizada en caliente, cumplirá las normas UNE 37-501 y UNE 37-508, con un espesor mínimo de galvanizado de 80 micras para eliminar las necesidades de mantenimiento y prolongar la vida útil.

Si se pudiese crear par galvánico, en la unión entre el módulo fotovoltaico y estructura, se intercalará algún tipo material que impida la posibilidad del citado par galvánico, tales como materiales aislantes o bimétalicos.

Asimismo, deberá estar eléctricamente unida a una toma tierra que cumpla con las especificaciones del Reglamento de Baja Tensión, asegurar un buen contacto eléctrico entre el marco del módulo y la tierra, para posibilitar la protección de las personas frente a posibles pérdidas de aislamiento en el generador, y favorecer la integración estética del generador en el medio en el que funciona. Se tendrá especial cuidado en creación de pares galvánicos, utilizando los terminales adecuados para los elementos constituyentes.

Artículo 10. Suelos industriales.

Las cubiertas de las edificaciones en las parcelas cuyo uso principal sea industrial se tendrán que calcular y ejecutar con una sobrecarga de uso no menor de 25 kg/m^2 sobre lo establecido al respecto como obligatorio en la normativa que le sea de aplicación.

Artículo 11. Potencia a instalar.

No se establece para las instalaciones de producción de energía solar fotovoltaica (parque solar fotovoltaico en todas sus modalidades) potencia mínima y potencia máxima pico.

No obstante lo anterior, no podrán instalarse parques solares fotovoltaicos cuya potencia máxima pico sea superior a la capacidad de evacuación de la estación transformadora y la red general eléctrica disponible al momento.

Artículo 12. Empresas Instaladoras.

Las instalaciones habrán de ser realizadas por empresas instaladoras conforme a lo previsto en la normativa sectorial de aplicación y solo podrán emplearse elementos homologados por una entidad debidamente autorizada. En el proyecto o la memoria técnica de diseño de la instalación deberá aportarse, siempre, las características de los elementos que la componen.

Artículo 13. Medidas y control.

Todas las instalaciones solares fotovoltaicas que se ejecuten al amparo de esta Ordenanza deberán disponer de los aparatos e infraestructura necesaria y adecuada para la medición de energía eléctrica y de control, intensidad, voltaje, armónicos etc., que permitan comprobar el funcionamiento integral del sistema

En el supuesto de instalaciones que sirvan a más de un usuario, los aparatos de medida permitirán imputar los gastos que se ocasionen en proporción a la energía realmente consumida (contadores individuales de energía).

Artículo 14. Medidas de inspección.

Los servicios técnicos municipales podrán realizar, en cualquier momento, inspecciones en las instalaciones en orden a comprobar si cumplen con las previsiones de la normativa en vigor así como con las licencias otorgadas para su funcionamiento.

Si se constatara por los técnicos municipales incumplimientos a las normativas y licencias que afecten a la instalación, se iniciará expediente, en los términos legalmente pertinentes, en orden a la subsanación de los mismos o revocación de las licencias que procedan, en su caso, y sin perjuicio del seguimiento de expedientes sancionadores que, por determinación legal, procedan.

Todo ello sin perjuicio de comunicarlo, en su caso, al Organismo del Gobierno Autónomo, con competencia en la materia, y en los términos que se establezca en la normativa sectorial de aplicación y a los efectos que proceda.

Los titulares de las instalaciones en las que sea de aplicación la presente ordenanza estarán obligados a prestar la asistencia y colaboración necesaria a quienes realicen las actuaciones de vigilancia, inspección y control. Asimismo se podrá requerir a los titulares de los parques fotovoltaicos para que aporten la documentación que en su caso sea preceptiva en orden a acreditar el cumplimiento de los condicionados a que se hayan sometido la instalación de que se trate.

Artículo 15. Deber de conservación.

El propietario de la instalación y/o el titular de la actividad deberán conservarla en buen estado de seguridad, salubridad y ornato público.

El deber de conservación de la instalación implica su mantenimiento, mediante la realización de mediciones periódicas y reparaciones que sean precisas, para asegurar el cumplimiento de, entre otros, los siguientes fines:

a) Preservar las condiciones con arreglo a las cuales hayan sido autorizadas las citadas instalaciones.

b) Preservar las condiciones de funcionalidad, seguridad, salubridad y ornato público, incluidos los elementos soporte de las mismas.

c) Todas las instalaciones que se implanten al amparo de esta Ordenanza deben disponer de los equipos adecuados de medida de energía y control que permitan comprobar el funcionamiento del sistema.

d) Serán responsables del mantenimiento de la instalación sus propietarios y/ o titulares de derechos sobre la misma, con independencia de que su utilización sea individual o colectiva.

e) Las instalaciones se recomiendan que cumplan con los parámetros de mantenimiento recogidos en el anexo II y cualquier otro que se establezca en la normativa sectorial que le sea de aplicación

f) Acreditación anual del cumplimiento del condicionado establecido en las licencias preceptivas, especialmente, los relativos a los suelos rústicos y los de tratamientos análogos.

Artículo 16. Responsables del cumplimiento de esta Ordenanza.

Son responsables del cumplimiento de las prescripciones de esta Ordenanza el promotor de la instalación o reforma, el propietario, en su caso, del inmueble o mueble afectado, el facultativo autor del proyecto, el director de ejecución de la instalación, así como la empresa que realiza la instalación y el titular de las actividades que se realicen.

Artículo 17. Licencias.

Para la implantación de sistemas de energía fotovoltaica es preciso solicitar la licencia de apertura para la actividad a desarrollar, así como licencia de obras ante el Ayuntamiento de Santa Lucia, sin perjuicio de la obtención de las autorizaciones, concesiones, permisos y licencias preceptivas por razón de la actividad y obra que se pretende implementar.

Asimismo para la puesta en servicio, y sin perjuicio de las autorizaciones, concesiones, permisos que hayan de expedir otras Administraciones por razón de la actividad a desarrollar, se habrá de obtener, del Ayuntamiento Licencia de Primera Ocupación.

La documentación mínima a aportar se referencia en el ANEXO IV.

Artículo 18. Instrumentos de Ordenación Urbanística.

Los instrumentos de ordenación urbanística deberán, al momento de redactar sus determinaciones, tener en cuenta esta ordenanza, en orden a que las mismas puedan coadyuvar a la implantación de las instalaciones en las mejores condiciones para optimizar las prestaciones que se pretenden.

Artículo 19. Normativa de aplicación.

Las Instalaciones de energía solar fotovoltaica deberán cumplir las determinaciones de esta Ordenanza, así como las de la normativa sectorial, especialmente:

- Real Decreto 314/2006, de 17 de marzo, por el que se aprueba el Código Técnico de la Edificación. BOE nº 74, de 28 de marzo.
- Actualizado a febrero de 2008. Texto modificado por RD 1371/2007, de 19 de octubre (BOE 23/10/2007) y corrección de errores (BOE 25/01/2008)
- Real Decreto 1663/2000, de 29 de septiembre, sobre conexión de instalaciones fotovoltaicas a la red de baja tensión.
- UNE EN 61215:1997 "Módulos fotovoltaicos (FV) de silicio cristalino para aplicación terrestre.
- Cualificación del diseño y aprobación tipo".
- UNE EN 61646:1997 "Módulos fotovoltaicos (FV) de lámina delgada para aplicación terrestre. Cualificación del diseño y aprobación tipo".
- Ley 54/1997, de 27 de noviembre, del Sector Eléctrico.
- Real Decreto 436/2004, de 12 de marzo, por el que se establece la metodología para la actualización y sistematización del régimen jurídico y económico de la actividad de producción de energía eléctrica en régimen especial.
- Real Decreto 1955/2000, de 1 de diciembre, por el que se regulan las actividades de transporte, distribución, comercialización, suministro y procedimientos de autorización de instalaciones de energía eléctrica.
- Resolución de 31 de mayo de 2001 por la que se establecen modelo de contrato tipo y modelo de factura para las instalaciones solares fotovoltaicas conectadas a la red de baja tensión.
- Real Decreto 841/2002 de 2 de agosto por el que se regula para las instalaciones de producción de energía eléctrica en régimen especial su incentivación en la participación en el mercado de producción, determinadas obligaciones de información de sus previsiones de producción, y la adquisición por los comercializadores de su energía eléctrica producida.
- Real Decreto 842/2002 de 2 de agosto por el que se aprueba el Reglamento electrotécnico para baja tensión.
- Real Decreto 1433/2002 de 27 de diciembre, por el que se establecen los requisitos de medida en baja tensión de consumidores y centrales de producción en Régimen Especial.
- Decreto 161/2006, de 8 de noviembre, por el que se regulan la autorización, conexión y mantenimiento de las instalaciones eléctricas en el ámbito de la Comunidad Autónoma de Canarias (B.O.C. 224, de 17.11.2006; c.e. B.O.C. 18, de 24.1.2007).
- Real Decreto 661/2007, de 25 de Mayo, por el que se regula la actividad de producción de energía eléctrica en régimen especial. Publicado en el Boletín Oficial del Estado de fecha 26 de Mayo de 2007, y en vigor desde el día 1 de Junio de 2007.
- Real Decreto 2019/1997, de 26 de diciembre, por el que se organiza y regula el mercado de producción de energía eléctrica.
- Texto Refundido de las Leyes de Ordenación del Territorio de Canarias y de Espacios Naturales de Canarias, aprobado por Decreto Legislativo 1/2000 de 8 de Mayo (TRLOTC y ENC'00)
- Ley 1/1998 de actividades clasificadas y espectáculos públicos.
- Y toda aquella demás normativa de general y pertinente aplicación por razón de la obra, instalación y desarrollo de la actividad.

Artículo 20. Infracciones

Tienen la consideración de infracciones administrativas las acciones u omisiones que vulneren las normas contenidas en la presente Ordenanza, así como la desobediencia de los mandatos de la Administración municipal o sus agentes, dictados en aplicación de la misma.

Artículo 21. Responsables de las Infracciones

Son responsables de las infracciones, atendiendo a las circunstancias que concurren en cada caso las personas referenciadas en el artículo 16 de esta ordenanza.

Cuando el incumplimiento de obligaciones, corresponda a varias personas conjuntamente, éstas responderán solidariamente de las infracciones que, en su caso, cometan y de las sanciones que se le impongan. En los supuestos de personas jurídicas, podrá exigirse subsidiariamente la responsabilidad a los administradores de aquellas en los supuestos de extinción de la personalidad jurídica y acorde a la normativa vigente.

Artículo 22. Procedimiento Sancionador

El procedimiento sancionador a las infracciones a la presente Ordenanza será el establecido en la legislación que le sea de aplicación, atendiendo a si ésta afecta a la obra y/o a la actividad de que se trata y en su defecto el establecido en la legislación administrativa básica de carácter general.

El procedimiento sancionador, las circunstancias de la calificación de las infracciones y las medidas complementarias a las sanciones son las que estén establecidas y/o que se establezcan en la normativa que le sea de aplicación por razón de la naturaleza de la acción y/u omisión.

DISPOSICIÓN ADICIONAL

Las instalaciones de captación de energía solar fotovoltaica para generación de electricidad se podrán implantar en las clases y categorías de suelo que el planeamiento urbanístico y territorial o legislación específica expresa lo permita, para lo cual es condición previa y preceptiva, que los instrumentos de ordenación estén aprobados definitivamente y en vigor.

DISPOSICIÓN FINAL PRIMERA

La promulgación futura y entrada en vigor de normas de rango superior al de esta Ordenanza que afecten a las materias reguladas en la misma determinará la aplicación automática de aquellas, sin perjuicio del pertinente proceso de adaptación de esta Ordenanza.

DISPOSICIÓN FINAL SEGUNDA

Esta Ordenanza es además complementaria de las Ordenanzas de Edificación del Municipio de Santa Lucia y del Plan General de Ordenación.

DISPOSICIÓN FINAL TERCERA

Esta Ordenanza entrará en vigor a los 20 días de la publicación de la misma en el Boletín Oficial de la Provincia.

DISPOSICIÓN DEROGATORIA

Quedan derogadas cuantas normas y disposiciones de carácter local contradigan o se opongan sus determinaciones.

ANEXO I. PÉRDIDAS MÁXIMAS ADMISIBLES

Caso	Orientación e inclinación	Sombras	Total
General	10 %	10 %	15 %
Superposición	20 %	15 %	30 %
Integración arquitectónica	40 %	20 %	50 %

En la tabla anterior se consideran tres casos: general, superposición de módulos e integración arquitectónica. Se considera que existe integración arquitectónica cuando los módulos cumplen una doble función energética y arquitectónica y además sustituyen elementos constructivos convencionales. Se considera que existe superposición arquitectónica cuando la colocación de los captadores se realiza paralela a la envolvente del edificio, no aceptándose en este concepto la disposición de total horizontalidad con el fin de favorecer la autolimpieza de los módulos. Una regla fundamental a seguir para conseguir la integración o superposición de las instalaciones solares es la de mantener, dentro de lo posible, la alineación con los ejes principales de la edificación.

En todos los casos se han de cumplir las tres condiciones: pérdidas por orientación e inclinación, pérdidas por sombreado y pérdidas totales inferiores a los límites estipulados respecto a los valores óptimos. Los ángulos de inclinación permitidos serán aquellos que cumplan con los valores límites permitidos en la tabla anterior.

Cálculo de las pérdidas por orientación e inclinación y por sombras

El cálculo de las pérdidas por orientación e inclinación y por sombras se calcula según el Código Técnico de Edificación especificado en el Documento Básico HE Ahorro de Energía, HE 5 puntos 3.3 y 3.4 páginas 8,9 y 10.

ANEXO II. MANTENIMIENTO

Para englobar las operaciones necesarias durante la vida de la instalación para asegurar el funcionamiento, aumentar la fiabilidad y prolongar la duración de la misma, se definen dos escalones complementarios de actuación:

a) Plan de vigilancia.

b) Plan de mantenimiento preventivo.

Plan de vigilancia:

El plan de vigilancia se refiere básicamente a las operaciones que permiten asegurar que los valores operacionales de la instalación son correctos. Es un plan de observación simple de los parámetros funcionales principales (energía, tensión etc.) para verificar el correcto funcionamiento de la instalación, incluyendo la limpieza de los módulos en el caso de que sea necesario.

Tendrá que ajustarse a lo descrito en la siguiente tabla:

Elemento de la instalación	Operación	Frecuencia (meses)
	MÓDULO FOTOVOLTAICO	
Módulos fotovoltaicos	– Inspección visual de condensaciones en las horas centrales del día. – Limpieza de módulos con agua y productos adecuados.	6
Conexiones	– Inspección visual	6
Estructura	– Inspección visual de degradación, índices de corrosión.	6
	ACUMULADORES	
	– Comprobación del estado de carga y densidad de electrolito.	6
Equipos electrónicos	– Inspección visual de funcionamiento.	6
	SISTEMAS DE SEGURIDAD	
Sistemas de seguridad	– Inspección visual de funcionamiento.	6

No obstante, en Suelo Rústico se reduce los plazos referenciados a 3 meses en todos los supuestos.

Plan de mantenimiento preventivo:

Son operaciones de inspección visual, verificación de actuaciones y otros, que aplicados a la instalación deben permitir mantener dentro de límites aceptables las condiciones de funcionamiento, prestaciones, protección y durabilidad de la instalación.

El plan de mantenimiento debe realizarse por técnico competente en tecnología solar fotovoltaica y en instalaciones eléctricas en general. La instalación tendrá un libro de mantenimiento en el que se reflejen todas las operaciones realizadas así como el mantenimiento correcto.

El mencionado libro estará en la instalación debidamente protegido, siendo accesible a los órganos municipales en materia de inspección.

El mantenimiento preventivo ha de incluir todas las operaciones de mantenimiento y sustitución de elementos fungibles o desgastados por el uso, necesarias para asegurar que el sistema funcione correctamente durante su vida útil.

El mantenimiento preventivo de la instalación incluirá, al menos, una revisión anual, que en el supuesto de suelo rústico será semestral en la que se realizarán las siguientes actividades:

a) Comprobación de las protecciones eléctricas.

b) Comprobación del estado de los módulos.

c) Comprobar la situación respecto al proyecto original y verificar el estado de las conexiones.

d) Comprobación del estado del inversor: funcionamiento, lámparas de señalizaciones, alarmas, etc.

e) Comprobación del estado mecánico de cables y terminales (incluyendo cables de tomas de tierra y reapriete de bornes, pletinas, uniones, reaprietes, transformadores, ventiladores/extractores, limpieza.

f) Verificación de la densidad, nivel y terminales de los acumuladores.

ANEXO III. GUÍA DE CONTENIDOS MÍNIMOS DE PROYECTOS DE INSTALACIONES FOTOVOLTAICAS

A.- Los contenidos y documentación exigidos por la normativa sectorial vigente en cada momento y en todo caso como orientativo la siguiente:

1. MEMORIA DESCRIPTIVA

1.1. Antecedentes y objeto del proyecto.

1.2. Peticionario, promotor y titular de la instalación.

1.3. Situación y emplazamiento de la instalación.

1.4. Descripción de la actividad y del edificio o local.

1.5. Potencia total prevista para la instalación.

1.6. Componentes de la instalación (módulos, estructura, inversor, otros).

1.7. Reglamentación.

1.8. Solución adoptada. Diseño de la instalación (un inversor o varios, serie paralelo módulos).

1.9. Programa de ejecución en obra.

1.10. Fórmulas utilizadas.

1.10.1. Intensidad máxima admisible.

1.10.2. Caída de tensión.

1.10.3. Intensidad de cortocircuito.

2. MEMORIA DE CÁLCULO

2.1. Radiación solar.

2.1.1. Cálculo del número de módulos fotovoltaicos. Factor de seguridad.

2.1.2. Cálculo pérdidas de sombras.

2.1.3. Cálculo pérdidas por orientación.

2.1.4. Cálculo del inversor.

2.2. Cálculo de líneas.

2.2.1. Acometida.

2.2.2. Línea general.

2.2.3. Derivación individual.

2.2.4. Cálculos de puesta a tierra.

2.2.4.1. Resistencia de la puesta a tierra de las masas.

2.2.4.2. Resistencia de la puesta a tierra del neutro.

2.2.4.3. Protección contra contactos indirectos.

2.3. Cálculo de protecciones.

2.3.1. Cuadro general de fusibles.

2.3.2. Interruptor de corte general fotovoltaico.

2.3.3. Cuadro contadores.

2.3.4. Cuadro general de mando.

2.3.5. Cuadro individual fotovoltaico.

2.4. Cálculo de estructura soporte módulos fotovoltaicos instalación aislada de la red.

2.5. Cálculo de la capacidad de acumulación.

2.5.1. Número de baterías y disposición.

2.6. Cálculo del regulador (tipo y disposición).

3. PLANOS

3.1. Generales.

3.1.1. Situación y emplazamiento.

3.1.2. Distribución en parcela.

3.1.3. Distribución en edificio con orientación.

3.2. Plantas, secciones y alzados.

3.3. Detalles y esquemas de la instalación.

4. PLIEGO DE CONDICIONES

4.1. Características de equipos y materiales.

4.2. Normativa vigente.

4.3. Uso, mantenimiento y seguridad.

4.4. Certificados y documentación.

4.5. Condiciones facultativas.

4.6. Condiciones económicas y legales.

4.7. Pruebas reglamentarias.

4.7.1. Comprobación de la puesta a tierra.

4.7.2. Resistencia de aislamiento.

5. ESTUDIO BASICO DE IMPACTO MEDIOAMBIENTAL

6. MEDICIONES Y PRESUPUESTO

7. ESTUDIO DE SEGURIDAD Y SALUD

8. ANEXO AL PROYECTO CON EL SIGUIENTE CONTENIDO

8.1. Plano estado inicial de la cubierta, planta y sección, todo ello acotado e indicando el sur geográfico.

8.2. Plano estado final de la cubierta, planta y sección, todo ello acotado e indicando el sur geográfico.

8.3. Plano de detalle de la instalación, placas, anclajes, estructuras, etc.

8.4. Plano de trazado de líneas para la interconexión a la red.

8.5. Acreditación y disposición del punto de conexión.

8.6. Estudio de integración en el entorno.

8.3. Impacto con respecto al resto de edificios.

8.4. Reflejos a los usuarios.

8.5. Reflejos a otros edificios.

8.6. Reflejos al cielo.

ANEXO IV. DOCUMENTACIÓN A APORTAR (Grupo B1.1)

DOCUMENTACIÓN PARA LA TRAMITACIÓN DE LICENCIA DE INSTALACIÓN

- Fotocopia del D.N.I. o NIE (en el caso de extranjeros).
  - Si la solicitud se formula en nombre de persona distinta del solicitante: fotocopia del D.N.I. o N.I.E. y Copia del Poder de representación.
  - Si el solicitante es una Sociedad: Fotocopia del D.N.I. o NIE del representante, Copia del Poder de representación, C.I.F. de la Sociedad y Copia de la escritura de constitución.
  - Si el solicitante es una Comunidad de Propietarios: copia del Acta de constitución de la comunidad en la que conste el nombre del presidente, Fotocopia del D.N.I. o NIE del presidente o representante de la comunidad, C.I.F. de la Comunidad.
- Título de Propiedad (Escritura Pública, y si el documento fuera privado deberá estar debidamente liquidado el Impuesto de Transmisiones Patrimoniales y Actos Jurídicos documentados).
- Copia del contrato de arrendamiento y Autorización previa y por escrito del arrendador en su caso.
- Fotografías de la edificación completa en su caso (desde la rasante hasta la coronación) y/o fotografías del lugar de implantación de la instalación. Los paramentos exteriores (fachada, laterales y trasera) deberán estar debidamente encalados y pintados. Los depósitos de agua cerrados con celosías.
- Plano de situación de la Ordenación Pormenorizada del Plan General (lo puede solicitar en la Oficina Técnica del Ayuntamiento).
- 3 Ejemplares del Proyecto redactado por técnico competente y visado por el Colegio Oficial correspondiente.
- Licencia de Primera Ocupación del Local o Edificio en su caso. En su defecto, Certificado de Antigüedad de más de diez años expedido por el Ayuntamiento.
- Comunicación del punto de conexión mediante informe de la entidad titular del mismo.
- Calificación Territorial o Proyecto de Actuación Territorial (Suelo Rústico), en su caso.
- Autorización, Permisos, Concesiones y/o Licencias Sectoriales preceptivas, en su caso.
- Abono de los Tributos Municipales y Fianzas correspondientes de acuerdo con las Ordenanzas Fiscales.
- Certificación acreditativa de no ser deudor con la Hacienda Municipal del solicitante de la Licencia y del propietario de la edificación.
- Último recibo del I.B.I, que deberá constar a nombre del titular de la propiedad o, en su defecto, deberá tramitarse el cambio de titularidad (Modelo 901) y, en su caso, se deberá tramitar el Alta de la edificación en el Catastro (Modelo 902), si no estuviera de alta.
- Acreditación de Abono del Impuesto sobre el Incremento del Valor del Suelo (Plusvalía).
- Acreditación de ser productor de energía en régimen especial.
- Acreditación en su caso de la situación de "en cultivo de la finca" que podrá ser mediante presentación de la siguiente documentación:
- Acreditación de la condición de agricultor profesional, S.A.T, cooperativa agrícola, etc.
- Presentación de memoria agrícola o ganadera anual ante el Ilustre Ayuntamiento de Santa Lucía, la cual constará al menos de los siguientes puntos:
  - producción anual, indicando productos cultivados y cantidad en kg
  - superficie cultivada.
  - nº de trabajadores de la explotación agrícola o ganadera del año (tc1 y tc2).
  - Empresas o sociedades a quien se ha vendido la producción.
  - Producción anual en euros.
- Entrega de fianza (a determinar) en el Ayuntamiento el cual servirá de aval para responder durante 1 año en caso de abandono de la explotación agrícola.

  En caso de continuar con el abandono, se deberá atender a lo siguiente:
  - para mantener la explotación fotovoltaica se debe abonar cada año cantidad económica en calidad de fianza para la no revocación de licencia de apertura.
  - En caso de no acogerse al abono anual volver a poner la explotación agraria en uso y presentar al final de la campaña lo establecido en el punto 2 anterior.

Nota: *A los documentos que sean copias habrán de acompañarles originales para su cotejo en el Registro del Ayuntamiento-OAC).*

DOCUMENTACIÓN PARA LA LICENCIA DE OBRA

- Solicitud firmada por el interesado
- Fotocopia del D.N.I.
  - Si la solicitud se formula en nombre de persona jurídica o de interesado/a distinto del/de la solicitante, deberá acompañarse copia del poder y exhibirse el original de éste para su cotejo en el momento de la presentación en el registro.
  - Si el solicitante es una sociedad deberá aportar fotocopia de la escritura de constitución y de los poderes de representación de quien firma la instancia.
  - Si el solicitante es una comunidad de propietarios: copia del acta de constitución de la comunidad en la que conste la comunidad el nombre del presidente, fotocopia del D.N.I. o N.I.E. del presidente o representante de la comunidad, C.I.F de la comunidad.
- Proyecto redactado por técnico competente y visado por colegio oficial correspondiente.
- Hoja de Dirección de Obras de técnico competente y visado por el colegio oficial correspondiente.
- Informe favorable del adquirente de la energía en su caso al proyecto que se presenta.
- Informe con significación del punto de enganche a la red eléctrica en su caso.
- Plano Situación de la Ordenación Pormenorizada del Plan General (lo puede solicitar en Oficina Técnica).
- Título de propiedad (escritura pública, y si el documento fuera privado deberá estar debidamente liquidado en Impuesto de Transmisiones Patrimoniales y Acto jurídico documentado).
- Último recibo del I.B.I. (Contribución), deberá constar a nombre del titular de la propiedad o en su defecto deberá tramitar cambio de titularidad (Modelo 901).
- Fotografía de la finca, parcela o en su caso, de fachada, laterales y trasera de edificación preexistente.
- Licencia de Apertura.
- Acreditación de Abono del Impuesto sobre el Incremento del Valor del Suelo (Plusvalía), que se podrá acreditar con Certificación del Ayuntamiento, Justificante de Abono o acreditación de presentación a liquidación del documento referencia (en caso de dudas, dirigirse al Dpto. Tesorería del Ayuntamiento).
- Calificación Territorial, en casos de que las obras se desarrollen en suelo rústico.
- Abono de Tributos Municipales, canon y fianzas correspondientes acorde con las Ordenanzas Fiscales (Información Departamento de Fomento).
- Licencia de 1ª Ocupación o en su caso, acreditación de la situación de la edificación preexistente.
- Certificación acreditativa de no ser Deudor con la Hacienda Municipal (se solicita en Oficina de Recaudación Municipal).
- Acreditación de ser productor de energía en régimen especial.
- Acreditación en su caso de la situación de "en cultivo de la finca" que podrá ser mediante presentación de la siguiente documentación:
- Acreditación de la condición de agricultor profesional, S.A.T, cooperativa agrícola, etc.
- Presentación de memoria agrícola o ganadera anual ante el Ilustre Ayuntamiento de Santa Lucía, la cual constará al menos de los siguientes puntos:
  - producción anual, indicando productos cultivados y cantidad en Kg
  - superficie cultivada.
  - nº de trabajadores de la explotación agrícola o ganadera del año (tc1 y tc2).
  - Empresas o sociedades a quien se ha vendido la producción.
  - Producción anual en euros.
- Entrega de fianza (a determinar) en el Ayuntamiento el cual servirá de aval para responder durante 1 año en caso de abandono de la explotación agrícola. En caso de continuar con el abandono, se deberá atender a lo siguiente:
  - para mantener la explotación fotovoltaica se debe abonar cada año cantidad económica en calidad de fianza para la no revocación de licencia de apertura.
  - En caso de no acogerse al abono anual volver a poner la explotación agraria en uso y presentar al final de la campaña lo establecido en el punto 2 anterior.

DOCUMENTACIÓN PARA LA LICENCIA DE APERTURA

- Solicitud firmada por el interesado.
- Certificado Final de Obra de la Instalación (original y visado).
- Certificado de Seguridad, Solidez e Higiene (original y visado).
- Boletín de Extintores actualizado y Copia del contrato de mantenimiento de los mismos.
- Alta en el epígrafe correspondiente del Impuesto sobre Actividades Económicas.
- Póliza de Seguro de Responsabilidad Civil, con cobertura suficiente para hacer frente al pago de las indemnizaciones que procedan frente a terceros, así como para responder de los eventuales daños que puedan causarse al dominio público y último recibo que acredite que la misma está en vigor.
- Contrato suscrito con la empresa adquirente y titular de la red y en dicho contrato se reflejará como mínimo los siguientes extremos:
- Puntos de conexión y medida, indicando al menos las características de los equipos de control, conexión, seguridad y medida.
- Características cualitativas y cuantitativas de la energía cedida y, en su caso, de la consumida, especificando potencia y previsiones de producción, consumo, generación neta, venta y, en su caso, compra.
- Causas de rescisión o modificación del contrato.
- Condiciones de explotación de la interconexión, así como las circunstancias en las que se considere la imposibilidad técnica de absorción de los excedentes de energía.
- Contrato de mantenimiento.

DOCUMENTACIÓN PARA LA TRAMITACIÓN DE LA LICENCIA DE PRIMERA UTILIZACIÓN U OCUPACIÓN

- Solicitud firmada por el interesado.
- Si la solicitud se formula en nombre de persona jurídica o de interesado/a distinto del/ de la solicitante, deberá acompañarse copia del poder y exhibirse el original de éste para su cotejo en el momento de la presentación en el registro.
- Si el solicitante es una sociedad deberá aportar fotocopia del C.I.F. y de la escritura de constitución.
- Certificado final de Obras (Original).
- Fotografía de la instalación y su entorno.
- Último recibo del I.B.I. (Contribución), deberá constar a nombre del titular de la propiedad o en su defecto deberá tramitar cambio de titularidad (Modelo 901) y acreditar el Alta en el Impuesto de Bienes Inmuebles de la Edificación (Modelo 902)
- Licencia de Apertura, si no se hubiera aportado con la licencia de Obras, o de forma previa a esta solicitud.
- Abono de Tributos Municipales acorde a las Ordenanzas.
- Certificación acreditativa de No ser Deudor con la Hacienda Municipal (Se solicita en O.A.C./Oficina de Recaudación Municipal).
- Certificación acreditativa.